LIBROTECA PAOLINE

65

Enrico Fedrighini

MOBY PRINCE

Un caso ancora aperto

Presentazione di Giovanni Minoli

Paoline

Foto tratte da Tg Rai dell'epoca.
Dall'alto a sinistra:

- Il Moby Prince, bara di fuoco per 140 persone, viene trainato in porto il giorno dopo la collisione.
- Le sagome fumanti del Moby Prince e, poco distante, della petroliera Agip Abruzzo nella rada del porto di Livorno.
- Mezzi antincendio intervengono sulla petroliera Agip Abruzzo: impressionante lo squarcio a "V" sulla fiancata, prodotto dalla prua del Moby Prince.
- Il traghetto Moby Prince (*foto centrale*).
- Accanto a irriconoscibili resti umani carbonizzati, si riconosce il corpo integro di Antonio Rodi sul ponte imbarcazioni del Moby Prince.
- I resti di uno dei marinai del Moby che, al momento della collisione, si trovavano sul ponte imbarcazioni esterno del traghetto passeggeri.
- La rimozione delle salme del traghetto passeggeri da parte dei vigili del fuoco.

6ª edizione, 2022

PAOLINE Editoriale Libri

Via Francesco Albani, 21 - 20149 Milano
www.paoline.it • www.paolinestore.it
edlibri.mi@paoline.it
Distribuzione: Diffusione San Paolo s.r.l.
Piazza Soncino, 5 - 20092 Cinisello Balsamo (MI)

Al ricordo di centoquaranta vittime innocenti
e alle loro famiglie.

A Gabriella e alle mie figlioline Camilla e Carlotta
che credono alle fiabe
e all'importanza di parole come *giustizia* e *verità.*

PRESENTAZIONE

Moby Prince, il ricordo è tutto lì, scolpito su pietra, cristallizzato nella memoria di tutti noi. « Ma sì, certo, mi ricordo perfettamente: è stata la nebbia e poi il comandante stava guardando la partita con tutto l'equipaggio! ». Poco più di un decennio fa, esattamente il 10 aprile 1991, nella rada di Livorno, il traghetto Moby Prince entrò in collisione con la petroliera Agip Abruzzo.

Immediata fu la tragedia: un inferno di fiamme, di fumo e di petrolio. L'equipaggio della petroliera si salvò per intero, ma sul traghetto delle 141 persone a bordo, tra equipaggio e passeggeri, uno solo fu il superstite.

È la più grande tragedia della Marineria civile italiana dopo la seconda guerra mondiale. Un evento che lasciò tutti esterrefatti. Ma perché ritirarlo fuori, ricordarlo dopo tanto tempo? In fondo un processo c'è stato, anzi due, il primo grado a Livorno e l'appello a Firenze, un colpevole è stato trovato e c'è anche chi ha pagato i danni ai familiari delle vittime. Tutto a posto, dunque, ma allora perché parlarne ancora? Perché la verità processuale è altra cosa dal diritto d'informazione, perché gli interrogativi lasciati aperti dalla sentenza d'appello sono tanti e senza risposta, risposte che spesso una verità processuale non può dare.

Moby Prince: un caso ancora aperto, avvincente come un romanzo, sospeso tra il *legal thriller* e il giallo con intrigo internazionale, è vero giornalismo d'inchiesta, che parte da fatti e documenti e ne sa cogliere collegamenti e implicazioni. E in questa storia di implicazioni ce ne sono tante, basti pensare che quella sera il porto di Livorno era affollato di navi militarizzate americane, di ritorno dalla prima guerra del Golfo, cariche di armi e munizioni; che controversi furono subito i dati microclimatici e le testimonianze su quella serena-nebbiosa sera d'aprile; che sul traghetto furono accertate, ma altrettanto scientificamente negate, tracce di esplosivo militare, del tipo usato negli attentati terroristici che avevano insanguinato l'Italia dagli anni '70 in poi; e ancora, radar accesi che nessuno guardava; comandanti che sbagliano perché troppo bravi, comandanti che con la massima tranquillità affermano una cosa e il suo contrario, comandanti che nelle decisioni di vita o di morte si affidano ai loro sottoposti. E poi, le tante manomissioni delle prove, la sparizione di importanti documenti – come il decisivo Allegato 1 che sparirà misteriosamente prima del processo per riapparire solo a sentenza emessa. Infine, le numerose omissioni tra cui quella che appare più lampante, ma resta solo presumibile: che *Camp Darby*, una delle più grandi e importanti basi Nato americane in Europa, non fosse monitorata e non controllasse la rada dove le sue navi, dal carico pericoloso, erano ancorate, che quindi l'unica fotografia di quella sera, resti uno striminzito tracciato radar, il tracciato di Poggio Lecceta, con tanto di cono d'ombra sul punto della collisione.

Insomma, una storia questa del Moby Prince, che più ci si addentra più i rimandi a Ustica si fanno evidenti. Moby Prince e Volo Bologna/Palermo dell'Itavia, sembrano due storie speculari, storie dove s'intrecciano cose che non possono essere dette, muri di gomma contro cui impattano fatti e prove precise. Con una differenza però, che della tragedia di Ustica si è parlato, si è scritto e si continua in qualche modo a indagare, per il Moby Prince invece si è come accettato di congelare la tragedia in una foto fatta di nebbia inavvertibile, di partita di calcio, di errore umano.

Personalmente, con *Mixer* prima – due inchieste nel '91, una nel '93 – e ora come direttore di Rai Educational con l'inchiesta *Moby Prince, il porto delle nebbie*, di Michele Buono e Piero Riccardi, non ho mai considerato questa storia congelata né tanto meno conclusa.

Ora mi trovo a scrivere la prefazione a questo libro di Fedrighini che esce in contemporanea all'inchiesta televisiva. Due linguaggi diversi, quello televisivo e di questo testo pregevole, che condividono un metodo d'indagine meticoloso, attento ai fatti, ai documenti approfonditi, riletti con rigore e libertà da qualsiasi condizionamento. Così si scopre che, a volte, per avvicinarsi alla verità basta riprendere in mano vecchi documenti – una sentenza, una deposizione – ritrovare negli archivi Rai i telegiornali dell'epoca, riascoltarli con attenzione, rivedere il *girato* senza tagli, per scoprire delle falle, per capire che i conti non tornano e allora tentare di ricomporre tutti gli elementi, ritrovare un ordine ai numerosi tasselli e finalmente poter vedere una figura che prima non c'era.

Considero questa contemporaneità del libro e dell'inchiesta di Rai Educational, come un auspicio a che questa storia possa mantenersi aperta a ulteriori indagini, una storia che avrebbe meritato un'attenzione particolare, magari con l'istituzione di una Commissione parlamentare d'inchiesta.

GIOVANNI MINOLI

INTRODUZIONE

La sera del 10 aprile 1991, il traghetto Moby Prince salpa da Livorno diretto a Olbia, dove non arriverà mai: dopo pochi minuti di navigazione entra in collisione con una petroliera ancorata in rada, l'Agip Abruzzo, infilando la prua dentro una tanica della nave cisterna contenente greggio altamente infiammabile. È una strage: centoquaranta persone muoiono tra le fiamme a bordo della nave passeggeri, la più grande tragedia della marineria italiana.

A distanza di tanti anni nessuno è stato ancora in grado di spiegare le ragioni di questa tragedia. Le prime ipotesi formulate dalla Capitaneria di porto, subito riprese dai media, imprimono un marchio indelebile nella memoria collettiva: presenza di una fitta nebbia, manovra incauta da parte del comandante, grave distrazione causata da una partita di calcio trasmessa in tv... Col passare del tempo, quella del Moby Prince diventa una delle tante tragedie dimenticate.

Per la prima volta, questo libro ricostruisce quanto avvenuto attraverso i documenti e gli atti d'inchieste amministrative, indagini e udienze processuali. Dalla lettura delle carte emergono altre verità: la rotta di navigazione seguita dal traghetto era prudente; nessun apparecchio televisivo era presente in plancia comandi. E la nebbia, smentita da diverse attendibili testimonianze e da bollettini meteomarini, forse serviva – e serve – a occultare altro. Qualcosa di più orrendo. Soprattutto il fatto che il 10 aprile '91 quello di Livorno, più che uno scalo civile italiano, sembrava un porto militare statunitense, pieno di navi militarizzate di ritorno dall'operazione *Desert Storm*, la prima guerra del Golfo. E proprio quella sera le acque della rada erano solcate da navi che movimentavano armi, navi senza nome che fuggono improvvisamente subito dopo la tragica collisione. Un elicottero, dall'alto, seguiva la scena.

È una storia brutta, una storia che fa paura, soprattutto per quello che è avvenuto dopo: manomissioni e sabotaggi sul relitto del traghetto, testimonianze dimenticate, documenti scomparsi. Ai magistrati che indagavano sulla sciagura, le autorità militari di Camp Darby hanno sempre negato l'esistenza di immagini radar e satellitari riguardanti la zona del porto quando il Moby Prince entra in collisione con la petroliera: come se proprio quella sera, a quell'ora precisa, un *buco nero* occultasse il nodo strategico della sofisticata rete di sistemi di telecomunicazione militare del Mediterraneo.

Troppe cose non tornano, troppi fatti non coincidono con le prime frettolose versioni ufficiali, troppi elementi rimangono contraddittori e razionalmente inspiegabili: il comportamento dei soccorsi, dirottati quasi esclusivamente sulla petroliera incendiata mentre la nave passeggeri continua a vagare per la rada in fiamme; i corpi dei passeggeri (nessuno si è gettato in mare) trovati radunati nel salone della zona di prua – proprio dove l'incendio divampa con maggiore violenza – con i bagagli, i giubbotti salvagente, fazzoletti sul volto per proteggersi dal fumo, come in attesa di sbarcare. Ma cos'è successo realmente?

Invece di andare a caccia di fantasmi e di misteriosi complotti, talvolta è sufficiente far parlare le carte. In questo caso centinaia di atti, documenti, testimonianze e verbali – analizzati nel corso di quasi quattro anni – dimostrano che la tragedia del Moby Prince è un caso ancora aperto. Un enigma, in cui le cause si intrecciano con le ragioni che hanno reso difficile finora appurare la verità.

Il libro si conclude illustrando una nuova ipotesi, fondata sulle carte processuali, su quanto potrebbe essere realmente accaduto.

Questa ricerca è un primo passo, un contributo nella speranza che dalle sedi istituzionalmente competenti (esistono proposte di Commissioni d'inchiesta parlamentare firmate da rappresentanti di entrambi gli schieramenti) riparta l'iniziativa per fare definitiva chiarezza sulla più grande tragedia del mare avvenuta in un porto italiano. Perché quanto è accaduto potrebbe succedere di nuovo. La verità è un problema che ci riguarda tutti, al di là delle distinzioni politiche, perché riguarda il nostro comune futuro. Conoscere la verità è un diritto, e questo riguarda soprattutto le famiglie di 140 persone imbarcatesi su un traghetto una sera di tanti, troppi anni fa, e mai più tornate a casa.

PROLOGO

«C'è un aspetto della questione che non ho capito. Non discuto il valore della solidarietà: ma cosa c'entrate voi e il vostro Comitato con l'anniversario della strage alla stazione di Bologna?».

Un po' per curiosità, un po' per caso, la storia inizia così.

Estate 2001, nella quiete vacanziera un breve momento di navigazione sul web: scorrendo le cronache locali, compare un lungo elenco di aderenti all'imminente commemorazione della strage di Bologna, la bomba alla stazione (2 agosto 1980). Istituzioni, autorità, enti locali, partiti, associazioni, comitati, la solita lista di nomi e sigle che rimandano ai misteri delle stragi impunite della nostra storia: piazza Fontana, piazza della Loggia, Ustica. Lo sguardo a un certo punto si ferma su una sigla strana, mai letta prima e che sembra quasi fuori posto: Comitato vittime Moby Prince 140, sede a Livorno. Accanto, il nome del presidente, Loris Rispoli.

Lentamente, faticosamente riaffiorano brandelli di memoria evocati da quelle parole e da quel numero, «140». Mi pare di ricordare qualcosa: il traghetto, il porto di Livorno, una collisione, l'incendio. C'era nebbia e a bordo l'equipaggio guardava la partita di calcio, almeno così avevano detto.

«Allora, scusa, che c'entra il Comitato 140 con la commemorazione del 2 agosto a Bologna?», insisto al telefono con Loris Rispoli, rintracciato grazie a un giornalista. Un'altra persona forse avrebbe riappeso la cornetta, Rispoli invece risponde in modo cortese e semplice: «Purtroppo anche la vicenda del Moby Prince dovrebbe entrare nell'elenco delle stragi impunite, in attesa di giustizia. È avvenuta il 10 aprile 1991: all'inizio la cerimonia di commemorazione avveniva il giorno 10 di ogni mese, eravamo in tanti, poi sempre più diluita, una volta all'anno, sempre più stancamente, sempre meno partecipanti...». Rispoli esita un attimo, quasi dubbioso, prima di concludere: «Ricordi com'è finito il processo? Sai cos'è emerso nel corso delle indagini e delle udienze? La storia non è andata come l'hanno raccontata dal primo momento; se un giorno ti capita di venire dalle parti di Livorno, passa a trovarmi, ne parliamo a quattr'occhi, il mio numero ce l'hai».

Mi rendo conto di non ricordare praticamente nulla di quella vicenda: ignoro come sia finito il processo, rammento solo alcuni brani di articoli pubblicati anni addietro da alcuni settimanali, alcune inchieste, un programma televisivo. Ricordo anche una canzone, mi aveva incuriosito perché parlava di Ilaria Alpi e del Moby Prince. Poi più nulla, il vuoto. Tutto dimenticato. Fino a oggi.

Riprendo a leggere sull'argomento, a documentarmi partendo dalle cronache dell'epoca e, non più casualmente stavolta, contatto Loris Rispoli chiedendo un appuntamento. Lo raggiungo a casa sua, non lontana dalla stazione di Livorno: una casa archivio piena di carte, filmati, documenti. In sala, appeso alla parete, un ingrandimento fotografico, il volto di una bella ragazza bionda: è Liana Rispoli, sorella di Loris. Lavorava come hostess presso la compagnia Navarma, quella sera si trovava a bordo del Moby Prince per svolgere il proprio lavoro.

Loris, in tutti questi anni, non ha smesso di raccogliere, ordinare e conservare il materiale della memoria. Mi regala un volume che ha prodotto autonomamente, una specie di raccolta sintetica della cronologia degli avvenimenti e di alcuni verbali delle udienze processuali. Mentre lo ascolto elencare i dubbi, le contraddizioni, le cose mai chiarite, cresce il bisogno di saperne di più.

Altri giorni di ferie, altri viaggi a Livorno. Chiedo l'acquisizione degli atti presso il Tribunale: mi rispondono, cortesemente ma fermamente, che nonostante l'iter giudiziario sia concluso non ho alcun diritto di accedere a tale documentazione. Trovo un fondamentale aiuto da parte del gentile avvocato Bruno Neri per poter avere a disposizione gli atti del processo. Parlo con testimoni, periti, giornalisti; incontro il magistrato Luigi De Franco che per primo ha indagato su questa vicenda. Non ho in mente ancora nulla di preciso, ripensandoci non sapevo nemmeno quale prospettiva e significato potesse avere, in quel momento, tutto questo agitarsi attorno a una vicenda che fino a poco tempo prima per me non significava assolutamente nulla, un punto vuoto della memoria.

Accumulo molto materiale, ma le diverse ipotesi ricostruttive non portano a nessun risultato. Nebbia fitta. Decido allora di iniziare una lettura sistematica di tutti i documenti e degli atti ufficiali, partendo da zero e ignorando le inchieste giornalistiche, le interviste, tutto. Migliaia di pagine, fogli ingialliti tenuti insieme da graffette arrugginite e da elastici ridotti a poltiglia colorata appiccicata alla carta. Con l'ausilio del pc inizio a incrociare cronologicamente dati, nomi, testimonianze, fatti. È necessaria una seconda lettura, e poi una terza: aspetti che avevo trascurato, parole, testimonianze scivolate via senza destare alcun interesse iniziano ora ad assumere un significato diverso, più rilevante, un posto preciso nel mosaico che inizia a comporsi.

Non so quando sia successo, so soltanto che a un certo punto mi sono reso conto di aver oltrepassato la soglia di non ritorno, quella oltre la quale decidi che devi andare in fondo, consapevole che non ti fermerai finché non avrai completato il lavoro. Perché è un lavoro che andava fatto.

CENTOQUARANTA MORTI: NESSUN COLPEVOLE

I.

L'INVENZIONE DELLA MEMORIA

L'ultima partenza

Mercoledì 10 aprile 1991, ore 21:55. Accosto numero 55 della calata Carrara, nell'area imbarchi bacino Firenze del porto di Livorno. Il piazzale asfaltato è ormai deserto, anche l'ultima delle vetture parcheggiate in attesa è stata sistemata nel locale garage del traghetto in partenza. Iniziano le manovre di chiusura del portellone. A bordo della nave della compagnia di navigazione Navarma sono salite 141 persone in tutto, 76 passeggeri e 65 componenti dell'equipaggio.

È una bella sera di primavera. Condizioni meteomarine ottime: «Calma di mare, vento leggero direzione variabile, cielo sereno, nessun accenno di nebbia, visibilità 5-6 miglia». Una leggera brezza salmastra mischiata ai vapori della ciminiera della nave – il solito inconfondibile odore di ogni nave in ogni porto – penetra nelle narici e accarezza i volti dei pochi passeggeri rimasti sul ponte esterno del traghetto a osservare le luci della città. Quasi un ultimo saluto, prima di iniziare la navigazione.

Sono le 22:03 quando la nave passeggeri molla gli ormeggi e si allontana scivolando sulle acque scure e oleose, la prua diretta verso la rada. Destinazione Olbia, arrivo previsto alle 7:00 del mattino seguente.

I passeggeri vengono accolti a bordo dalle note musicali di una canzone degli anni '60, *Quando, quando,*

quando. Nei locali del traghetto la solita routine fra i passeggeri: qualcuno al bancone del bar, situato all'estrema prua della nave, beve una birra e segue alla tv la partita di Coppa delle coppe Juventus-Barcellona; altri si rivolgono al commissario di bordo per verificare la disponibilità di posti in cabina; un gruppo di ragazzi srotola i sacchi a pelo sul pavimento del Salone de luxe, preparando il giaciglio dove trascorrere la notte; due bambine, Sara e Ilenia, saltellano allegramente davanti alle vetrine illuminate della boutique di bordo, sotto lo sguardo divertito dei genitori e di Liana, giovane hostess della compagnia Navarma. Qualcuno è già andato in cabina, sistemando i bagagli e preparandosi per andare a dormire.

Tutto procede nella norma. Momenti uguali a tante partenze; scene e situazioni come in un vecchio film visto tante volte.

Non si tratta di una sceneggiatura, purtroppo. Quelle piccole cose banali che ogni persona a bordo sta compiendo in quei minuti rappresentano, senza preavviso, gli ultimi istanti di un'intera vita. Centoquaranta persone stanno inconsapevolmente scrivendo le ultime parole sulle pagine di un libro che per loro è destinato a interrompersi improvvisamente di lì a pochi minuti, a bordo di un traghetto che non arriverà mai.

Una tiepida serata primaverile

Il giorno precedente, 9 aprile, il traghetto era approdato a Livorno alle 18:35. Una giornata di riposo prima di riprendere il mare la sera successiva. Sempre il 9, poche ore più tardi, una nave carica di 82.000 tonnellate di greggio *iranian light* per lo stabilimento Agip Plas aveva calato l'ancora nella rada livornese: la petroliera Agip Abruzzo. Tragico appuntamento.

Nei registri dell'avvisatore marittimo e della Capitaneria non risultano esservi altre imbarcazioni in uscita a quell'ora del 10 aprile nell'area del porto. Il comandante del traghetto Navarma è un esperto professionista di lungo corso della navigazione marittima: Ugo Chessa, cinquantasei anni, originario di La Spezia. È il primo comandante dell'intera flotta Navarma. Il più esperto, il migliore. Quella sera anche la moglie si trova a bordo del Moby Prince, per trascorrere insieme una giornata a Livorno. Angelo e Luchino Chessa, i due figli, li attendono a casa a Olbia.

Le manovre di uscita verso la rada vengono effettuate da uno dei più esperti piloti del porto, Federico Sgherri. Conosce il comandante Chessa da quindici anni, fra i due vi è un rapporto di reciproco rispetto e stima. Dalla sala plancia del traghetto si riconoscono nitidamente le sagome illuminate delle navi alla fonda in rada. Si vede bene anche l'ultima, la più grande, luminosa e imponente: l'Agip Abruzzo. Il nuovo radar di bordo, regolarmente acceso, segnala la presenza di tutte le navi e la petroliera lascia impressa la traccia più evidente sul monitor: circa 4 cm. Sono in tutto tre gli apparati radar della plancia. L'apparato radio VHF riceve e trasmette perfettamente: il pilota Sgherri lo utilizza sul canale 12 per comunicare con un suo collega, e sul canale 16 per avvisare la Centrale operativa della Capitaneria durante la fase di uscita dal porto. Tutto a posto, nessun problema. In plancia, oltre al comandante Chessa e al timoniere, si trovano il primo ufficiale di coperta Giuseppe Sciacca, l'ufficiale radiotelegrafista Giambattista Campus e il secondo ufficiale di coperta, Lido Giampedroni. Un attimo prima di uscire dal locale plancia per abbandonare la nave e tornare a terra, Federico Sgherri si volta verso Chessa. Questa volta, chissà perché, non è il solito saluto con un cenno distante: Sgherri sente l'impulso di accomiatarsi con una forte stretta di mano: «Arrivederci a presto, comandante!». Chessa ricambia, sul suo volto severo sembra comparire un sorriso. Il pilota di porto esce e percorre a ritroso i corridoi che conducono all'uscita. Imbocca la scaletta laterale e, attraverso un portellone esterno, trasborda sulla pilotina che deve ricondurlo al porto mediceo, in attesa del prossimo imbarco. Mentre si allontana verso terra, Sgherri volge ancora una volta lo sguardo indietro, verso il traghetto. È tutto normale, l'antenna del radar è in rotazione, la nave procede verso il largo, regolarmente. L'enorme balenottera azzurra disegnata sulla fiancata bianca del traghetto sembra sorridergli, mentre si allontana scomparendo lentamente nell'oscurità.

Trascorrono pochi minuti. Il Moby Prince supera la petroliera Agip Napoli e una nave militarizzata statunitense, Gallant II. Poi aumenta la velocità e supera un'altra nave militarizzata statunitense, Cape Breton.

Adesso il traghetto è a meno di 2 miglia dalla costa, a poca distanza dal punto in cui è ancorata l'Agip Abruzzo, l'ultima delle navi alla fonda in rada, l'ultima prima del mare aperto.

La nave cisterna Agip Abruzzo fa impressione, vista dal locale plancia. È imponente e luminosa, lunga 280 metri, come tre campi da calcio uno in fila all'altro, con a bordo 28 uomini di equipaggio e un carico di 82.000 tonnellate di carburante altamente infiammabile. I serbatoi della petroliera contengono meno della metà della capacità di carico complessiva, per questo lo scafo emerge dall'acqua quasi completamente: dalla linea di galleggiamento le fiancate di lamiera si stagliano per un'altezza di trenta metri, come un palazzo di dieci piani, illuminata a giorno da un nuovissimo impianto della potenza di 40.000 Watt che disegna un enorme triangolo, simile a un albero di natale. Un impressionante gigante del mare, placidamente adagiato sulle acque.

Ore 22:20'10". Da una nave in rada a Livorno viene lanciato uno strano messaggio rimasto impresso sul nastro della stazione costiera IPL Livorno Radio: «*The passenger ship, the passenger ship!*». La nave passeggeri, la nave passeggeri! L'unica nave passeggeri è il Moby Prince. Non è una comunicazione rituale, né un messaggio rivolto a qualche stazione radio costiera. Qualcuno sta cercando di contattare l'equipaggio del traghetto, oppure sta provvedendo a segnalare l'arrivo in scena di un attore imprevisto. La ragione di quel messaggio, e l'origine di quella voce, rimangono un mistero.

Alle 22:22'20" viene registrata sul nastro della stazione costiera IPL Livorno Radio una comunicazione di servizio proveniente dalla stazione radio del Moby Prince: qualcuno, dal traghetto, cerca di mettersi in contatto telefonico con un fornitore di Olbia per una comunicazione commerciale. Ma da Olbia non risponde nessuno, il numero risulta sbagliato e il tentativo di comunicazione fallisce. Quasi un minuto dopo, l'operazione viene ripetuta: sono le 22:23'14" e Livorno Radio riceve la seguente comunicazione: «Livorno Radio, Livorno Radio da Moby Prince, Moby Prince...».

Qualcosa è cambiato, rispetto a un minuto prima. La comunicazione è flebile, appena percettibile. La voce sembra la stessa, ma il segnale è molto debole, si riesce a captarlo solo perché per un attimo sul canale 16 VHF diminuiscono le interferenze. «Oh, Moby Prince, da Livorno, proviamo canale 61, ma ti sento debolissimo...», risponde la stazione radio costiera, chiedendo al marconista del traghetto di commutare su un altro canale, nella speranza di risolvere il problema. «Sei uno, vado», confermano dal Moby Prince.

Dal traghetto adesso non arriva più il segnale. Sul canale 16 VHF si accavallano messaggi di navi francesi: il nastro delle comunicazioni avvenute quella sera sembra registrato su un'isola al largo della Provenza, anziché nel porto di Livorno. Il mare che separa il traghetto dalla petroliera si riduce progressivamente a una linea scura sempre più sottile, fino a scomparire, mentre la fiancata metallica della luminosa petroliera si avvicina, inesorabilmente, fino a occupare l'intero orizzonte visivo dalla plancia del Moby Prince. Dalla stazione di comando del traghetto si vede un impressionante muro di lamiera che sovrasta l'oscurità tra cielo e mare, e non lascia scampo.

Quel silenzio rappresenta una chiave dell'enigma Moby Prince perché l'immensa mole dell'Agip Abruzzo è ormai davanti agli occhi del comandante e del timoniere del traghetto passeggeri. La petroliera si avvicina incombente sempre di più, fino al punto di non ritorno, oltre il quale non esistono più condizioni e tempi materiali di manovra necessari a evitare la collisione. La colonna sonora di questa terrificante sequenza è il silenzio più totale.

È mezzogiorno dell'11 aprile 1991: trainata da due rimorchiatori, viene attraccata alla banchina 11 della darsena Petroli di Livorno la carcassa fumante di quella che era una motonave da trasporto passeggeri. Si legge a malapena la scritta: Moby Prince. La prua, un groviglio di lamiere contorte, non esiste più. Le fiancate e le strutture del ponte di coperta, annerite e irriconoscibili, ricordano quelle di un relitto bellico dopo l'attacco giapponese a Pearl Harbour. Quello che rimane del traghetto Navarma, è un'enorme tomba rovente che trasporta i resti di centoquaranta persone.

Nebbia impenetrabile, radar spento, guardavano la partita

La tragedia avviene nella notte fra il 10 e l'11 aprile. Perciò quasi tutti i giornali bucano la notizia, che riempie le prime pagine solo il 12.

Diversa la situazione per la stampa locale. Le prime informazioni vengono raccolte dai cronisti del *Tirreno* e della *Nazione* che forniscono ampi resoconti sull'accaduto già a partire dall'11 aprile. Si tratta di informazioni preziose perché vengono raccolte a caldo dai protagonisti appena sbarcati: il comandante della petroliera, il mozzo sopravvissuto al rogo del Moby Prince, i soccorritori appena rientrati in porto, il pilota portuale, il comandante del porto di Livorno. Nessuno di loro, fino a quel momento, ha ancora avuto tempo sufficiente per organizzare una ricostruzione complessiva dell'accaduto. Parlano nell'immediatezza dell'evento, il cronista locale conosce l'ambiente, sa come muoversi, è arrivato in darsena poco dopo l'avvio delle operazioni di soccorso e cerca di catturare ogni informazione diretta, senza il filtro di versioni ufficiali.

Sono da poco passate le 3 di notte dell'11 aprile: in rada il Moby Prince vaga alla deriva in fiamme con il suo carico umano a bordo; il comandante della Capitaneria di Livorno, ammiraglio Sergio Albanese, rientra in porto e rompe un lungo silenzio mantenuto durante le operazioni di soccorso in mare. Appena messo piede a terra, mostra un impellente bisogno di comunicare, di fornire ai cronisti presenti una prima ricostruzione sulla possibile causa di quanto è accaduto. I giornalisti fanno il loro mestiere, annotano e pubblicano. Albanese confida a un cronista del *Tirreno* che il Moby Prince ha speronato la petroliera «a causa della nebbia».

Poche ore dopo, durante la conferenza stampa, alla quale partecipa il ministro della Marina mercantile Carlo Vizzini, il comandante del porto di Livorno conferma l'esistenza di una fitta nebbia al momento dell'incidente. Il ministro Vizzini addirittura rincara la dose, mostrando di aver già individuato i responsabili: «È stato un errore umano», dichiara a *Repubblica*. Lo stesso giorno, non si sa in base a quali fonti informative, il capitano di vascello Giuseppe Telmon del ministero della Marina mercantile afferma perentorio, sullo stesso quotidiano: «È un errore umano, su questo non ci sono dubbi». La colpa, in sostanza, è del comandante Chessa e del suo equipaggio. Nessuna possibilità di smentita da parte degli interessati.

Da mera ipotesi – non certo eliminabile a priori, sebbene quella sera nei rapporti meteo non ve ne fosse traccia – con il passare delle ore la presenza di nebbia prende consistenza fino a diventare una certezza granitica. Mostrerà solo in seguito improvvise crepe.

Ecco la ricostruzione degli avvenimenti fornita da uno dei più autorevoli giornali nazionali sulla base di quanto detto nella conferenza stampa: «Una cappa bianca è scesa su Livorno poco prima delle 22 di mercoledì. Un banco quasi impenetrabile, ma i marinai del Moby Prince non si sono preoccupati più di tanto... la nave è partita in una condizione di intensa nebbia, che gravava fitta sull'intero braccio di mare antistante il porto di Livorno. Il comandante del traghetto aveva salpato ben sapendo la situazione che aveva davanti... Solo all'ultimo momento l'equipaggio si sarebbe accorto di quanto stava per accadere... C'è anche il terribile sospetto che i radar di bordo fossero spenti o in avaria. Parte dell'equipaggio stava seguendo le partite di Coppa in tv»[1]. Il titolo in prima pagina è di quelli che rimangono scolpiti nella memoria: *Bruciati vivi sul mare. Col radar spento e molti guardavano la partita in tv.*

L'errore umano attribuito a chi non può più difendersi, il comandante Ugo Chessa, è di aver scelto una rotta pericolosamente in linea di collisione con la petroliera. È lo stesso comandante della Capitaneria di porto di Livorno, Sergio Albanese, ad affermarlo: «Si

[1] In *Repubblica*, 12 aprile 1991.

può ipotizzare legittimamente che quella sera il traghetto sia partito con la rotta 191°. Tale rotta è la più diretta per Olbia, però interseca direttamente la posizione dell'Agip Abruzzo. Si deve ragionevolmente presumere che il comandante intendesse arrivare nei pressi della petroliera e accostare sulla sinistra, superare la petroliera e rimettersi in rotta. Ritengo che il comandante intendesse passare rasente, a circa 50 metri, dalla petroliera. Tale manovra può considerarsi imprudente…». Eppure l'avvisatore marittimo vede il Moby Prince procedere lungo una rotta di assoluta sicurezza rispetto alla situazione delle navi in rada: 220°. Niente a che vedere, dunque, con quanto sostenuto dalla Capitaneria di porto. Di quale superiore fonte informativa o documentale dispone il comandante del porto per ipotizzare la scelta di una rotta così rischiosa?

La teoria della morte rapida

L'efficienza e la tempestività dei soccorsi, e di conseguenza la durata della vita a bordo dopo la collisione, rappresentano inevitabilmente un argomento di primario interesse per i cronisti.

La teoria della *morte rapida* per tutte le persone imbarcate sul Moby Prince viene subito accreditata anche dal comandante dei vigili del fuoco di Livorno. Parlando con l'inviato del *Corriere della Sera*, il comandante Ceccherini mostra di non avere dubbi: «La morte è sopravvenuta in pochi minuti, 4-5 al massimo, per asfissia, per intossicazione da gas di combustione. Solo un paio di persone hanno fatto in tempo a scappare all'aperto: una l'abbiamo pescata morta con il viso bruciato, l'altro è il mozzo, l'unico superstite».

Eppure Alessio Bertrand, recuperato verso mezzanotte, ripete che è rimasto aggrappato sul ponte del traghetto per circa un'ora e mezza. Il suo racconto coincide con la testimonianza dei due ormeggiatori che lo hanno salvato, raggiungendo il traghetto alla deriva con la loro barchetta di sette metri e raccogliendo Bertrand tuffatosi in mare. Ma in questa prima fase, le fonti attendibili risultano evidentemente altre. «L'hanno trovato appeso alla ringhiera della passeggiata di poppa», prosegue l'articolo riferendosi a Bertrand, «Quanto è stato lassù? "Un'ora e mezza, almeno", dice. Insisterà ancora su quell'attesa infinita. Anche se i soccorsi spiegheranno che si è trattato di un quarto d'ora, venti minuti al massimo». Povero Bertrand, ancora sotto choc, non sa ciò che dice.

Il comandante del porto Albanese, quasi a voler prevenire qualunque perplessità sulle operazioni di soccorso, spiega che in ogni caso c'era ben poco da fare: «Quando siamo arrivati al traghetto abbiamo potuto fare ben poco. Non riuscivamo ad avvicinarci, c'era troppo caldo». Ricordiamoci queste parole.

Prima versione Superina

Un altro protagonista, il comandante dell'Agip Abruzzo Renato Superina, rientra assieme al suo equipaggio nel porto di Livorno circa un'ora e mezza dopo la collisione; ha un'espressione tesa, nervosa. È l'unico dell'Agip Abruzzo che parla con i giornalisti perché il resto dell'equipaggio viene subito trasferito dal personale Snam lontano da orecchie e taccuini indiscreti. Ecco le sue prime parole: «Eravamo all'ancora, quando il terzo ufficiale mi ha avvertito che sul radar si vedeva chiaramente una nave in avvicinamento. Tutti abbiamo pensato a una bettolina e non ci siamo allarmati più di tanto. Mi sono detto: ci ha sicuramente visti, poi accosterà. E mi sono messo nuovamente tranquillo. Invece abbiamo sentito una gran botta. La mia nave è stata scossa violentemente da cima a fondo. Poi, per un attimo, c'è stato un grande stridore di lamiere e ho capito che la nave che ci era venuta addosso non poteva essere una semplice bettolina».

Quello che merita di essere messo in risalto è esattamente ciò di cui Superina non parla: la nebbia. Un'assenza che pesa come un macigno. In questa prima, immediata descrizione nella quale Superina racconta la fase di avvicinamento e di collisione, è completamente assente qualunque riferimento o anche semplice accenno a problemi di scarsa visibilità in mare. Nel primo racconto del comandante della petroliera Snam non vi è traccia di foschia, fumo o nebbia a banchi, né prima né dopo l'impatto. A caldo, nell'immediatezza degli eventi, riferisce che lui non aveva alcun motivo per preoccuparsi: «Ci ha sicuramente visti, poi accosterà. E mi sono messo nuovamente tranquillo». Due giorni dopo, il 13 aprile, la versione del comandante cambierà radicalmente: «Nessuno si era accorto dell'avvicinamento del traghetto né con mezzi visivi, in quanto vi era nebbia da qualche minuto prima dell'impatto, né con mezzi strumentali perché al momento dell'impatto il radar non era acceso. Preciso che il terzo ufficiale ha acceso il radar al momento dell'arrivo del banco di nebbia, ma poiché il radar stesso necessita di circa tre minuti per essere operante, al momento dell'impatto non era funzionante».

Seconda versione Superina

Se questa seconda versione fornita alla polizia giudiziaria è quella vera, per quale motivo il comandante Superina avrebbe inventato una ricostruzione dei fatti così radicalmente differente, come quella fornita al giornalista del *Tirreno* appena dopo essere rientrato al porto? Vale anche la domanda inversa: se la versione vera è quella che lui stesso racconta al giornalista poche ore dopo la tragedia, perché costruirne un'altra completamente diversa?

Ora Superina è addirittura in grado di ricostruire con precisione cronometrica l'insorgere di un fenomeno di cui non vi è traccia nelle sue dichiarazioni rilasciate l'11 aprile: «È sceso un banco di nebbia e tre minuti dopo c'è stata la collisione. Dev'essere accaduto qualcosa di inatteso, forse un'avaria, se tre minuti dopo, calata la nebbia, ci sono venuti addosso».

È impresa ardua mettere in discussione le parole del comandante dell'Agip Abruzzo. Quella sera lui, e non altri, si trovava in rada a circa tre miglia dalla costa quando il Moby Prince finisce addosso alla petroliera. Certo, rimane strano il fatto che nelle dichiarazioni rilasciate subito dopo l'incidente, il comandante avesse tralasciato di menzionare un elemento così decisivo. Ma le sorprese non sono finite.

Superina smentisce Superina

La nuova tesi sostenuta dal comandante troverà ben presto un'imbarazzante, involontaria e incontrovertibile smentita da parte dello stesso. Superina ancora non lo sa, ma sul nastro registrato dalla stazione IPL Livorno Radio durante la notte della tragedia, sono rimaste impresse alcune voci concitate provenienti dall'Agip Abruzzo che, subito dopo l'impatto, si rivolgono ai soccorritori per fornirgli continue indicazioni sull'esatta posizione in rada della petroliera. A un certo punto, dall'Agip Abruzzo irrompe un urlo: «Siamo in rada a Livorno! Livorno ci vede, e ci vede con gli occhi!». E pochi minuti dopo, rispondendo ai vigili del fuoco che chiedono le coordinate Loran della nave, una voce sempre più esasperata rincara la dose, sempre dall'impianto radio dell'Agip Abruzzo: «Ma, vigili del fuoco, non vedete l'incendio, non lo vedete? C'è nebbia? Non lo so, noi qua siamo pieni di fiamme, noi eravamo all'ancora».

Quelle voci, quelle urla esasperate registrate sui nastri provengono dal comandante Superina e dal marconista della nave cisterna. Come conciliare tutto questo con la tesi di un *improvviso e fitto banco di nebbia* che avrebbe avvolto la petroliera al punto da renderla invisibile non soltanto *agli occhi di Livorno*, ma addirittura a quelli del pilota di un traghetto passeggeri che transitava a poche centinaia di metri di distanza?

Prime crepe nelle ricostruzioni ufficiali

A poche ore dalla tragedia sembra tutto abbastanza chiaro per la Capitaneria di porto: il Moby Prince, complice la fitta nebbia calata d'improvviso nel porto e un errore umano causato presumibilmente da superficialità o distrazione, è entrato in collisione con la petroliera Agip Abruzzo; tonnellate di iranian light altamente infiammabile hanno preso fuoco a causa dello sfregamento delle lamiere, trasformando la nave passeggeri in una torcia; i soccorsi, pronti a intervenire, non hanno potuto fare molto, e d'altra parte c'era ben poco da fare: la morte è arrivata rapida a bordo del Moby Prince. Tutto sembra quadrare, i tasselli fondamentali per la ricostruzione complessiva della dinamica appaiono già stabilmente fissati. Sulle pagine dei giornali viene fornita al grande pubblico la ricostruzione della tragedia: tutti ripetono la versione della «cappa bianca scesa su Livorno poco prima delle 22». La Capitaneria di porto costituisce, inizialmente, la principale fonte informativa per gran parte degli inviati della grande stampa nazionale. Era stato proprio il comandante di porto Albanese sin dall'11 aprile ad affermare con sicurezza: «È stata la prua del traghetto a causa della nebbia a speronare la petroliera. Era così fitta che dalla prua della mia motovedetta non riuscivo a vedere la poppa».

Ma due giorni dopo il recupero del relitto del Moby Prince, accade un imprevisto.

Il fattore N

È il 13 aprile '91, pochi minuti dopo le 20 davanti alle tavole imbandite degli italiani, l'edizione serale del Tg1 manda in onda un filmato amatoriale ripreso la sera del 10 aprile dall'abitazione di un armatore livornese, D'Alesio. Si vede nitidamente l'incendio a bordo della petroliera in rada, le fiamme che divampano illuminando la poppa della nave cisterna, mentre in sottofondo si ascoltano concitate comunicazioni via radio. E la nebbia? Nessuna traccia. Eppure il filmato inizia cinque minuti dopo la collisione.

«Una cosa è chiara, che non c'è nebbia», conclude il servizio il giornalista Rai Paolo Frajese. L'attendibilità del fattore nebbia inizia a barcollare.

Possibile che la nebbia sia apparsa al momento della collisione e solo attorno alla petroliera? La nave statunitense Margareth Lykes lascia il porto alle 21 del 10 aprile; un'altra imbarcazione, la motonave Aldo, esce dalla diga portuale due ore più tardi, pochi minuti dopo le 23. Il pilota di porto Federico Sgherri quella sera, oltre al Moby Prince, conduce fuori dal porto anche queste due imbarcazioni. «Aveva avuto la percezione dell'esistenza di banchi di nebbia in mare?», gli chiede l'avvocato Bassano durante il processo. «Assolutamente no», è la risposta di Sgherri, «Dalla posizione dell'ormeggio dalla quale stavo manovrando era tutto completamente chiaro, sereno», ricorda Sgherri, «si vedeva Marina di Pisa, le secche della Meloria e il fanale nord e tutta la parte del porto che da quel punto era visibile». C'è di più.

Il 15 aprile '91 Petros Kostis, comandante della nave Efdim Junior all'ancora in rada a Livorno, trasmette alle autorità portuali copia dell'estratto del giornale nautico relativo al giorno 10 aprile. È un documento importante per il lavoro d'inchiesta sommaria avviato dalla Capitaneria di porto; infatti viene regolarmente allegato agli atti dell'inchiesta ma, come molti altri atti e testimonianze, viene dimenticato, come se non esistesse. Cos'ha scritto il comandante Kostis la sera del 10 aprile? «Ore 22:30. A 2,71 miglia a sud della nostra posizione di ancoraggio una nave stava andando a fuoco. Nello stesso momento io comandante ordinavo alla macchina di essere pronta alla partenza e venivano prese tutte le precauzioni di sicurezza. Temperatura aria 15°, visibilità 3-4 miglia». Obiettivamente un po' difficile da conciliare con la tesi dell'improvviso banco di nebbia.

Col passare dei giorni altre informazioni rendono sempre meno plausibile la prima versione ufficiale fornita dal comandante del porto e dai vertici ministeriali. Scrive Camillo Arcuri sulle pagine del *Corriere della Sera*: «Dal fronte dell'inchiesta giunge qualche novità. La prima è che in plancia sono stati trovati i resti di tre uomini, finora non identificati, quasi certamente due ufficiali, tra cui forse lo stesso comandante e il timoniere. Ma se, com'era logico, erano al loro posto di manovra, non si capisce cosa possa averli accecati, al punto da non vedere né col radar né dalle luci l'enorme mole della petroliera davanti a loro. Aggiunge mistero a mistero un altro nuovo particolare: secondo quanto ha riferito il comandante dei vigili del fuoco di Livorno, Fabrizio Ceccherini, quaranta delle vittime indossavano il giubbotto galleggiante. Dunque, una parte dei passeggeri o dei marittimi avrebbe avuto il tempo di afferrare il salvagente e tentare la fuga: perché allora dal ponte di comando non sono riusciti a lanciare l'SOS?... le versioni contraddittorie sul punto nebbia sono davvero sconcertanti. Il pilota di porto, Federico Sgherri, che ha accompagnato il traghetto un miglio fuori dalla diga, giura che la visibilità era ottima, tanto che si vedevano chiaramente le navi alla fonda, tra cui la superpetroliera».

Cadaveri con addosso i giubbotti galleggianti di salvataggio? Visibilità perfetta? Ma non erano tutti morti in pochi minuti? Come sono andate realmente le cose? Chi può spiegare cos'è successo a Livorno quella sera?

A non credere sin dall'inizio alle ricostruzioni ufficiali della Capitaneria di porto e del ministero della Marina mercantile è Leone Ramacciotti, comandante del traghetto Capo Bianco della compagnia Toremar, di linea fra Livorno e le isole dell'arcipelago toscano. Ramacciotti, da più di tredici anni, attraversa più volte al giorno il porto di Livorno, del quale conosce ogni zona. Non crede né alla tesi della nebbia, né a quella dell'errore umano. A un cronista locale, la mattina dell'11 aprile, a poche ore dalla tragedia, confida: «Probabilmente cos'è accaduto negli ultimi minuti non lo sapremo mai, ma anche parlando con gli altri ufficiali e con l'equipaggio ci siamo fatti un'idea molto diversa dai vari discorsi che già cominciavano a circolare questa mattina. Io ritengo di poter escludere in modo deciso che si sia trattato di un errore umano. Questa convinzione nasce da diversi motivi. L'incidente è avvenuto all'uscita dal porto, con la nave che aveva sbarcato da pochissimi minuti il pilota. Uscendo dal porto si sa perfettamente quale sia la situazione delle navi in rada, e la petroliera era senza dubbio ben visibile sul radar, dove lascia una traccia di circa 4 cm. La nave fra l'altro stava passando a un regime di navigazione in mare aperto, una fase in cui il comandante e il secondo devono seguire le operazioni e molti uomini sono al lavoro. Finché la nave non esce dalla zona in cui sono presenti imbarcazioni in rada, il comandante e il primo ufficiale non abbandonano il ponte. In manovra a prua ci sono certamente il nostromo e diversi marinai. Inoltre non è possibile pensare che in questa fase si inserisca il pilota automatico, l'automatismo viene infatti inserito quando ci sono diverse miglia di rotta libera davanti, in modo che non sia necessario toccare il timone, e poi rimane sempre una vedetta. Il comandante Chessa era molto esperto e affidabile. Chi dice che stessero tutti guardando la partita, non solo dice una cattiveria, ma dimostra anche una totale ignoranza di ciò che succede in mare». Ma allora cosa può essere accaduto a bordo del traghetto? «Un improvviso black-out totale», è la frase che il comandante Ramacciotti continua a ripetere, per dare l'idea di quanto sta cercando di spiegare, e che lui stesso fatica ad accettare. Le perizie sul relitto dimostreranno che non vi era alcun problema all'impianto elettrico, ancora funzionante nonostante la furia distruttrice del fuoco. Qualcosa di anomalo dev'essere accaduto prima. Il comandante Ramacciotti ne è convinto; qualcosa che ha paralizzato gli strumenti di governo della nave per alcuni tragici, decisivi minuti. «Credo che gli ultimi istanti del comandante Chessa e degli uomini che manovravano siano stati di angosciante frenesia per evitare il disastro... con i motori bloccati, a poche centinaia di metri dal muro della petroliera».

Le domande alimentano la ricerca d'informazioni. *Il Tirreno* pubblica la testimonianza di due persone, Giorgio e Francesco, commercianti di trentasei e venticinque anni, che la sera del 10 aprile si trovavano a pescare, come altre volte, davanti alla Terrazza Mascagni, assistendo così in diretta, a circa 2 km di distanza, alla tragedia: «Tutti hanno raccontato che in mare c'erano banchi di nebbia fittissima. Non è vero nel modo più assoluto. La visibilità era perfetta. Anche il faro della Meloria era visibile. Pescavamo da un'ora e mezza, improvvisamente abbiamo visto un bagliore e del fumo grigio. Sono passati ancora cinque minuti durante i quali ci siamo chiesti cosa stava accadendo e l'orizzonte è sembrato diventare di fuoco. Nessun boato, solo luce. Luce abbagliante».

Dai testimoni occasionali si arriva a contattare i primi soccorritori, gli equipaggi dei rimorchiatori usciti alla ricerca della petroliera in fiamme. Nebbia? «La visibilità era molto nitida e le navi si distinguevano molto bene, l'immagine della rada con tutte le luci dei locali alloggi delle navi me la ricordo bene», ricorda uno dei titolari della società Neri, che gestisce i rimorchiatori livornesi. «Sono trentacinque anni che faccio questo lavoro», puntualizza Roberto Del Seppia, comandante di un rimorchiatore, «raramente si trovano banchi di nebbia in questa stagione. La scarsa visibilità era determinata dal fumo», fumo provocato dall'incendio della petroliera. «Sono marittimo da vent'anni», afferma Giovanni Veneruso, un altro dei soccorritori accorsi in rada quella sera. «Io sinceramente se devo dire che c'era nebbia, non lo dico. È una cosa che mi sono chiesto tantissime volte, però ho sempre poi detto che per me non c'era nebbia».

Strano che, prima di diffondere l'ipotesi della nebbia, il comandante del porto di Livorno – non presente in Capitaneria al momento dell'incidente – non avesse sentito il bisogno di acquisire informazioni presso l'ufficio dell'avvisatore marittimo, in servizio quella sera presso l'abituale postazione di osservazione affacciata sul porto. La risposta sarebbe stata simile a quella verbalizzata, pochi giorni dopo, proprio dallo stesso avvisatore, Romeo Ricci, presso la stazione di polizia giudiziaria di Livorno: «Ribadisco di non aver visto alcun banco di nebbia. Preciso che quando sentii il leggero boato, alzando gli occhi ho visto cosa stava succedendo, quindi non vi era nebbia».

La difficile ricerca della verità

Quella che si svolge la mattina di sabato 13 aprile '91, presso una gremita sala del Palazzo di giustizia di Livorno, è una difficile conferenza stampa. «Il comandante Albanese della Capitaneria, dopo aver detto di non aver neppure visto i fanali dell'imboccatura del porto al momento di uscire con la sua motovedetta per recare soccorso, ora riconosce che era passato del tempo e che alle fatidiche 22:27 forse nebbia non ce n'era. Se n'è convinto non solo dal filmato, ma soprattutto da quanto gli hanno riferito tre allievi ufficiali dell'Accademia: "da terra, lavoravamo fuori, abbiamo visto una vampata in rada e subito dopo fiamme altissime, proprio come se la nave fosse stata colpita da un siluro"», scrive Arcuri sul *Corriere della Sera*. Anche la stampa locale incalza: la giornalista Elisabetta Arrighi del *Tirreno* annota: «A distanza di tre giorni dalla collisione della nave con la petroliera Agip Abruzzo all'ancora nella rada di Livorno, ci sono ancora molte contraddizioni, molti misteri: nessuno è stato finora in grado di compiere una ricostruzione di quanto accaduto, nessuno ha saputo dare una spiegazione dell'incidente». *La Nazione* rincara la dose: «È incomprensibile l'atteggiamento di alcuni magistrati che affermano: "Abbiamo ritrovato gran parte dei corpi nei saloni, c'erano tracce di salvagenti, il capitano ha avuto il tempo di dare l'allarme", se confrontato a quello del comandante della Capitaneria che assicura: "Nessun SOS dal traghetto, non ne hanno avuto il tempo". È incomprensibile il racconto del comandante della petroliera: “C’era nebbia, non ho potuto distinguere se a speronarmi era un traghetto o una bettolina”, se confrontato con quello di decine di testimoni. È incomprensibile, soprattutto, che un traghetto possa finire diritto contro una petroliera senza che nessuno, neppure il radar, si sia accorto di quanto stava accadendo».

Il pomeriggio precedente, in un clima di estrema tensione, il presidente della Repubblica Cossiga era andato a far visita ai parenti delle vittime. Un cronista descrive: «È l’ultimo giorno di crisi del governo Andreotti, in serata Cossiga vedrà nuovamente il primo ministro per affidargli l’incarico di formare un nuovo governo. Un ragazzo prende con forza il braccio della madre proteso verso il presidente. “Non vogliamo essere toccati”, dice. Cossiga è seguito da due ministri, Lattanzio (Protezione civile) e Vizzini (Marina), hanno l’aria frettolosa. Sanno benissimo che poche ore dopo la visita non saranno più ai loro posti. Un uomo di Pizzo Calabro protesta per aver saputo la notizia da Televideo senza che nessuno lo avvertisse. “Lei è un ministro della Marina mercantile”, dice rivolto a Vizzini… “Spero di esserlo ancora per due ore”, taglia corto quello che ormai è il nuovo ministro delle Poste».

In una situazione di palese difficoltà per il comandante Albanese e i dimissionari dei vertici ministeriali, un ruolo centrale viene svolto dal padrone di casa, il procuratore capo di Livorno Antonino Costanzo. È lui che coordina l’inchiesta affidata al magistrato di turno, Luigi De Franco; lui nomina un pool di consulenti di sua fiducia da affiancare al Pubblico ministero (Pm); da lui ci si attende, dopo troppe versioni confermate e poi smentite, qualche certezza, o almeno un punto fermo sullo stato delle conoscenze acquisite e sul lavoro in corso.

Il procuratore è consapevole di tale situazione e parte lancia in resta, iniziando ad attaccare la madre di tutte le disgrazie: il lavoro compiuto dai mezzi di informazione. Accusa la Rai di scorrettezza nei confronti di chi sta indagando, per aver trasmesso il filmato che smentisce l'ipotesi della nebbia; annuncia l'apertura di un fascicolo contro ignoti per arginare il diffondersi di *notizie false*, ad esempio la testimonianza del pilota di porto che ricorda la perfetta visibilità dell'intera rada dalla plancia del traghetto pochi minuti prima della collisione. Di fronte a giornalisti esterrefatti, sbotta: «I parenti disperati chiedono giustamente risposte. Non debbono essere distratti da false informazioni. Finora abbiamo pochi elementi per dire se la nebbia ci fosse oppure no». Aggiunge che comunque, a causa della devastazione delle fiamme, «molte cose sarà difficile accertarle»; infine, comunica ufficialmente quella che si rivelerà, a posteriori, un'azzeccata profezia giudiziaria: «Non è detto che qualcuno sia responsabile, si potrebbe anche essere trattato di fatalità».

Durissimo il resoconto dell'inviato del *Giorno*, Wladimiro Greco: «Quali le cause del disastro? Esclusa la nebbia, si continua a parlare di possibile avaria al timone, di errata interpretazione dei segnali radar, di un malessere del comandante, di una sua distrazione. Coordina l'inchiesta giudiziaria il procuratore capo Antonino Costanzo. Ieri mattina ha incontrato i giornalisti. Per loro ha avuto parole dure, li ha accusati di diffondere notizie false che hanno turbato i parenti delle vittime. Ammonisce che esiste un'unica verità, quella giudiziaria. A suo tempo si saprà. Continua a ripetere con monito irritato che se ci fosse o no la nebbia è circostanza tutta da accertare. Aggiunge che la Rai proiettando il documento del cineoperatore ha scorrettamente scavalcato gli inquirenti. Lo stesso comportamento scorretto addebita ai cronisti che hanno raccolto le testimonianze. Definisce praticamente inutile l'opera della commissione dei periti da lui nominata, perché tutti gli strumenti di bordo sono distrutti dal fuoco. Dando tempo al tempo il procuratore capo si premurerà di raccogliere dati precisi sulla conduzione dei soccorsi. Né il procuratore conosce il numero esatto dei passeggeri imbarcati. Il suo discorso suona enigmatico, inconcludente, inaccettabile, moralistico». A partire dal 16 aprile '91, viene fatto divieto a tutti i giornalisti di accedere alla banchina dove si trova ormeggiato il Moby Prince.

II.

IL BUCO NERO DEI SOCCORSI

Comportamenti inspiegabili

Il secondo mistero della vicenda Moby Prince riguarda il comportamento dei soccorsi. Un ufficiale della Capitaneria di porto denuncia, poche ore dopo la tragedia, che «non è stato adottato alcun piano di soccorso». Per lui viene disposto l'immediato trasferimento ad altra sede e inizia una tormentata vicenda che dura ancora oggi. Ma col passare del tempo, numerose testimonianze confermano questa spaventosa verità.

Uno dei più rilevanti compiti che spettano alla Capitaneria è proprio la direzione di eventuali operazioni di soccorso. Subito dopo l'allarme lanciato dall'Agip Abruzzo – il *may day* del Moby Prince non viene sentito, coperto da forti continue interferenze – vi è una rapida uscita dei mezzi di soccorso, sebbene in una situazione di confusione organizzativa, sia a terra che in mare. Diverse imbarcazioni, fra le quali i mezzi della guardia di finanza, prendono il largo senza avere ancora ben chiaro cosa dover affrontare e dove dirigersi esattamente. Caos e approssimazione iniziali sono comprensibili. Non si tratta dell'annuale esercitazione di routine: quella sera a Livorno è in corso una drammatica e reale emergenza, con due navi in collisione e in fiamme in un'area dove si trovavano ancorate, a poche centinaia di metri, altre petroliere e navi militarizzate statunitensi cariche di merci pericolose. Una condizione non proprio ideale per mantenere i nervi saldi, anche da parte di professionisti della sicurezza in mare.

Il comandante dell'Agip Abruzzo, Renato Superina, contribuisce non poco al caos iniziale, fornendo via radio ai soccorritori una serie di indicazioni contraddittorie relativamente al mezzo che l'ha speronata: subito comunica via radio che «una nave ci è venuta addosso», poi parla di collisione con una bettolina; successivamente, rispondendo sul canale 16 alla Capitaneria di porto che chiede chiarimenti, parla invece nuovamente di una nave in fiamme.

In ogni caso, i mezzi nautici a disposizione di guardia di finanza, vigili del fuoco, ormeggiatori, rimorchiatori e Capitaneria escono rapidamente; ognuno per conto proprio, apparentemente senza capire bene quanto stia realmente accadendo in rada, in attesa comunque di ricevere successive comunicazioni dal comando della Capitaneria per poter avviare i soccorsi.

A poco a poco, attraverso il canale 16 VHF le notizie iniziano a circolare, il dramma in atto appare nella sua dimensione reale: non si tratta di un semplice incendio, è una collisione fra due navi, una delle due è un traghetto passeggeri.

Ma proprio a questo punto, quando finalmente dovrebbe partire un piano organizzato dei soccorsi, inizia un altro capitolo inspiegabile della vicenda.

«Ci è venuta addosso, è incendiata!»

Alle 22:30 circa del 10 aprile salpa il rimorchiatore Tito Neri IX, uno dei primi a prendere il largo: alle 23 circa è già sotto la petroliera in fiamme, l'equipaggio della nave cisterna è già pronto a calarsi sulla lancia di salvataggio. Il rimorchiatore cerca di arginare le fiamme sulla superficie dell'acqua, per consentire all'equipaggio di calarsi in mare lungo la fiancata sinistra. L'operazione per fortuna riesce perfettamente: i marinai e il comandante della petroliera sono in salvo, il rimorchiatore Tito Neri IX li affianca e li imbarca, dirigendosi subito a terra. Prima di mezzanotte, Superina e i suoi uomini sono già in banchina.

Sono circa le 23:10 quando una motovedetta della Capitaneria di porto salpa dalla darsena antistante gli uffici della Capitaneria, diretta verso l'Agip Abruzzo. Sulla fiancata dello scafo si legge la sigla identificativa del natante: CP 250. A bordo si trova il comandante del porto di Livorno, ammiraglio Sergio Albanese, arrivato pochi minuti prima da La Spezia. Una telefonata lo informa dell'emergenza in corso e decide immediatamente di imbarcarsi, senza affidare ad altri la regia delle operazioni da terra. In sostanza: rispetto a un'organizzazione dei soccorsi dalla Centrale operativa della Capitaneria, prevale la scelta di dirigere le operazioni in mare.

Scelta comprensibile. Tutti i mezzi nautici delle varie forze di soccorso sono dotati di sistemi radio funzionanti, accesi e sintonizzati sul canale 16 VHF (quello per le comunicazioni d'emergenza) in attesa di ricevere informazioni e indicazioni operative.

In mare, sul fronte delle fiamme dell'Agip Abruzzo, sta già operando in quel momento un'altra motovedetta della Capitaneria, la CP 232, al comando del sottufficiale Giancarlo Faiella.

Anche a bordo delle motovedette della Capitaneria, ovviamente, è perfettamente funzionante l'impianto radio, sintonizzato sul canale 16 VHF, attraverso il quale vengono ascoltate le voci dei soccorritori e del comandante dell'Agip Abruzzo. Col passare dei minuti, il quadro della situazione appare sempre più grave: alle 23:05 il comandante dell'Agip Abruzzo si rivolge via radio ai soccorritori in tono sempre più concitato, ponendo fine a ogni dubbio: «La nave che ci è venuta addosso è incendiata anche lei, però non so dove si trova, non lo so. State attenti che non scambiate lei per noi».

«La nave che ci è venuta addosso...», quindi non una bettolina: ora il comandante della petroliera parla esplicitamente di una nave in fiamme responsabile della collisione con l'Agip Abruzzo. D'altra parte, una comunicazione esplicita era già arrivata mezz'ora prima dalla nave gemella Agip Napoli, anch'essa ancorata in rada, che alle 22:31'34" aveva allertato la Capitaneria di porto di Livorno con queste parole: «Compamare Livorno da Agip Napoli, la Abruzzo si è incendiata, probabilmente ha una nave in collisione che gli è andata addosso ed è in rada a Livorno, bisogna fare uscire immediatamente i mezzi antincendio». La fiancata destra della petroliera presenta un enorme squarcio a «v»: una bettolina non avrebbe mai potuto aprire una simile voragine tra le lamiere della nave cisterna. Perché Superina ha parlato di una bettolina?

Un mostro irraggiungibile?

È trascorsa circa mezz'ora dalla collisione. Qual è la nave investitrice? Dove si trova adesso? Ci sono persone a bordo da salvare? Naufraghi in mare? Nessuna comunicazione in proposito da parte della Capitaneria di porto. Cosa fanno i mezzi di soccorso?

Riportano le cronache del giorno dopo: «Il Moby Prince veniva in breve raggiunto da un nugolo di rimorchiatori e di vedette. Si sono messi in mare i carabinieri, la polizia, la guardia di finanza, la Capitaneria, i vigili del fuoco, la Marina militare, gli armatori del porto di Livorno. Momenti di grande confusione. Il traghetto però è diventato un mostro irraggiungibile».

Altro che irraggiungibile, mostro invisibile, semmai; una specie di nave fantasma che i soccorritori non vedono, non sentono e soprattutto non cercano. Tutte le imbarcazioni di soccorso rimangono impegnate a lanciare schiumogeni e acqua sul ponte e sulle lamiere della fiancata squarciata dell'Agip Abruzzo. Chi si occupa di cercare la nave finita addosso alla petroliera? Nessuno. Eppure, ancora prima dell'esplicita comunicazione radio dall'Agip Abruzzo, in Capitaneria sapevano che c'era un'altra imbarcazione coinvolta.

Diego Mataresi la sera del 10 aprile svolge servizio di guardia armata all'interno della Capitaneria di porto. Non è in servizio alla Centrale operativa, ma ascolta e osserva quell'improvviso frenetico andirivieni dalla sala radio e alle 22:35 circa apprende dell'incendio a bordo dell'Agip Abruzzo e del coinvolgimento di un altro natante. Mataresi, militare di leva impegnato nel piantonamento degli uffici, lo ha saputo. E i responsabili della sala operativa della Capitaneria? A nessuno è venuta la curiosità di sapere quale fosse e che fine avesse fatto la nave investitrice?

Circa un'ora dopo la collisione, quasi per caso, qualcuno a bordo di un piccolo natante avvista una nave in fiamme.

L'avvistamento della nave in fiamme

Gli eroi della vicenda sono due semplici ormeggiatori accorsi spontaneamente sul posto della sciagura, Walter Mattei e Mauro Valli.

Escono in mare per dare una mano ai soccorritori, navigano a vista sulla loro piccola imbarcazione di appena 7 m di lunghezza: una barchetta priva di bussola, senza radar né altro equipaggiamento di ausilio alla navigazione, senza strumenti di soccorso antincendio, senza nemmeno un estintore in caso di emergenza; a bordo hanno solo una radio sintonizzata sul canale 16 VHF, una vecchia fune di nylon aggredita dalla salsedine e un salvagente scrostato di colore arancione pallido. Niente a che vedere, insomma, con i mezzi a disposizione delle squadre di salvataggio.

Mattei e Valli si dirigono inizialmente, come tutti, verso l'Agip Abruzzo in fiamme. Ascoltando le comunicazioni via radio sul canale 16, attorno alle 23 apprendono della presenza di una seconda nave in fiamme, la nave responsabile della collisione, che vaga nelle acque portuali. Il piccolo scafo dei due ormeggiatori si trova in prossimità della zona prodiera dell'Agip Abruzzo, ma trascorsa mezz'ora, poco prima di mezzanotte, riescono a scorgere, a circa 500 metri, qualcosa che sembra la sagoma di una nave in fiamme.

Decidono di tentare l'inseguimento del *mostro irraggiungibile* e riescono nell'impresa; con la loro modesta imbarcazione raggiungono e affiancano il traghetto, gli girano intorno e vedono un'ombra che si agita, aggrappata al corrimano del ponte di poppa: è un uomo. Gli urlano più volte di buttarsi in mare. Lo convincono: l'uomo si tuffa e viene recuperato a bordo sano e salvo, lanciandogli il salvagente legato alla vecchia fune di nylon. Quell'uomo spaventato e infreddolito, senza ferite né bruciature, si chiama Alessio Bertrand, faceva il mozzo a bordo del Moby Prince. Senza perdere tempo Mattei e Valli comunicano la notizia a tutte le altre imbarcazioni sul canale radio 16 VHF.

Walter Mattei e Mauro Valli non sono due marziani, non fanno parte di corpi speciali. Sono due ormeggiatori a bordo di una barchetta e hanno fatto qualcosa che a loro sembra assolutamente normale. Così come era sembrato normale, osservando la voragine aperta sulla fiancata della petroliera in fiamme, domandarsi che fine avesse fatto la nave investitrice.

Ma niente di normale accade nel porto di Livorno, quella sera. E i due ormeggiatori se ne sarebbero accorti ben presto.

«Ha detto cinquanta passeggeri a bordo»

Le 23:43 del 10 aprile: sul canale 16 VHF irrompe la voce dell'ormeggiatore Walter Mattei, rivolto alle motovedette della Capitaneria: «Lascia un attimo libero il canale!», grida al microfono e prosegue, «Un naufrago l'abbiamo già raccolto. Adesso abbiamo una CP (motovedetta della Capitaneria di porto, *nda*) che indugia! Andare a poppa della nave! Il naufrago ci dice che ci sono ancora dei naufraghi da salvare!».

L'ormeggiatore ripete più volte quel drammatico appello. Alle 23:55 conferma la richiesta d'intervento: «Abbiamo raccolto un naufrago, ha detto cinquanta passeggeri!». Quelle voci, quelle frasi rimangono registrate sulla bobina della stazione costiera di Livorno Radio e scolpite nella memoria di chi le ha udite. Per sempre.

La nave passeggeri è in fiamme ma Bertrand sta bene, è vivo, è sano e salvo, non ha ferite né bruciature sul corpo. È lecito quindi sperare di poter salvare ancora qualche vita umana. Quella frase urlata alla radio e sentita da tutte le imbarcazioni presenti in mare, compresa la motovedetta del comandante del porto di Livorno non lascia spazio a equivoci: bisogna agire subito. Ecco invece cosa accade.

Un enigma nell'enigma

Cosa avviene dopo la richiesta d'intervento degli ormeggiatori che hanno salvato Bertrand? Silenzio totale. Un silenzio lungo, profondo e inspiegabile, nel quale cadono il comandante del porto di Livorno e i suoi colleghi, fino alle prime luci del mattino. Il Moby Prince continua a vagare alla deriva, ma dopo il ripescaggio del mozzo non viene organizzato alcun tentativo di abbordaggio per verificare la presenza di eventuali sopravvissuti a bordo, né la ricerca di eventuali superstiti in mare fino al giorno seguente. Lo stesso comandante provinciale dei vigili del fuoco, Fabrizio Ceccherini, ascoltato nel corso del processo, rimarca i differenti livelli di responsabilità nelle operazioni di soccorso: «La competenza della direzione, coordinamento, indicazione, valutazione degli interventi è comunque per legge del comandante del porto. Noi ci siamo messi a disposizione del comandante del porto perché valutasse l'opportunità del nostro miglior utilizzo. Il comandante provinciale dei vigili del fuoco ha la responsabilità tecnica delle operazioni».

Chi dirige le operazioni di soccorso può sbagliare, può fornire comunicazioni involontariamente errate, dare indicazioni imprecise; nel caos e nella comprensibile tensione generale, può aumentare la confusione e i problemi, anziché risolverli. Tutto può essere spiegabile e comprensibile, in casi simili. Tranne il silenzio. Soprattutto se sono in corso operazioni di soccorso che dovrebbero avere, come fine ultimo, il salvataggio di esseri umani, perché l'assenza di regia aumenta anche i rischi di coloro che prestano soccorso vanificando l'efficacia dell'impegno.

Torniamo alla testimonianza in aula del comandante dei vigili del fuoco. A porre le domande, stavolta, è il giudice che presiede il collegio, Germano Lamberti: «Le istruzioni avute dalla Capitaneria di porto sono state di recarsi all'Agip Abruzzo in fiamme?». Ceccherini: «Sì». Lamberti: «Poi? Istruzioni dalla Capitaneria di porto ne ha avute?». Ceccherini: «No». Lamberti, incredulo: «La vostra motobarca è una delle prime che salpa. Tra il momento, le 22:36, in cui salpa e il momento dell'individuazione del Moby Prince e, molto dopo, del suo traino in darsena Petroli, c'è stata tutta un'azione di soccorso, no?». Ceccherini: «Sì». Lamberti: «Io vorrei sapere, in questo arco di tempo quali istruzioni avete avuto dalla Capitaneria di porto?». Ceccherini: «No, non ho avuto altre istruzioni. Le successive istruzioni riguardano il giorno 11».

Rimane quel silenzio. Un impressionante muro di silenzio da parte del comando della Capitaneria. Durato cinque ore. Un silenzio che attende ancora, a distanza di lustri, una spiegazione plausibile e convincente.

Il silenzio del comandante

Quando, nel corso del processo, un avvocato chiede quali fossero gli obblighi della guardia di finanza nel corso delle operazioni di soccorso, la risposta del tenente Cesare Gentile è molto chiara: «Mettersi in contatto con la Capitaneria e ricevere soltanto ordini dalla Capitaneria. Ordini che la Capitaneria di porto non ha mai dato, perciò da chi dovevo ricevere gli ordini? Da nessuno perché non li ha mai dati».

Giuseppe Leonardo comanda l'unità navale della guardia di finanza sulla quale era imbarcato anche il tenente Gentile la sera del 10 aprile. La sua testimonianza è ancora più dura ed esplicita: «Dalla Capitaneria di porto noi non abbiamo avuto nessuna comunicazione. Ho cercato io di chiamare la Compamare[2] per avere qualche informazione, non siamo riusciti ad averne nessuna». Ecco in che modo la guardia di finanza viene a sapere che a collidere con la petroliera è stato un

[2] Compamare significa Compartimento marittimo, con sede presso la Capitaneria di porto.

traghetto passeggeri: «All'incirca verso le 24, in vicinanza della cisterna Agip Abruzzo, sul lato dritto, si incrociava un mezzo degli ormeggiatori e dal suo equipaggio si apprendeva che la motonave Moby Prince era alla deriva in fiamme. Ci dicono che c'è stata una collisione di una nave passeggeri e ci dicono proprio il nome, il Moby Prince. È in questo caso che noi abbiamo saputo che c'era questa nave passeggeri».

La motovedetta delle Fiamme gialle informa la propria Centrale operativa via radio, canale 16. La motovedetta della Capitaneria sulla quale è imbarcato il comandante Albanese è in ascolto, ma non comunica con i colleghi delle Fiamme gialle. Nessuna istruzione dalla Capitaneria: ogni mezzo in mare è costretto a decidere autonomamente come operare, ognuno per conto proprio, senza coordinamento. «Non riceviamo comunicazioni di andare alla ricerca della seconda nave, del Moby Prince», prosegue il finanziere Leonardo, «Decidiamo di farlo visto che all'Agip Abruzzo non c'era nessuno intorno, l'equipaggio aveva lasciato il bordo. Quindi, di iniziativa, siamo andati. La nostra sala operativa ci disse: fate attenzione perché ci dovrebbero essere parecchie persone». Solo a questo punto il dramma appare nella sua reale dimensione: «Abbiamo capito che c'è qualcosa di più grave e cerchiamo un altro bersaglio, prossimo, perché una nave che ha speronato un'altra si presume che debba stare vicino a quell'altra. E così abbiamo fatto. Infatti, da mezzanotte che noi abbiamo appreso questa notizia, dopo dieci minuti abbiamo intercettato proprio il Moby Prince, con difficoltà già di visibilità e rischiando anche personalmente, perché camminavamo anche con il riflettore acceso proprio per cercare di vedere davanti alla prua. La mia attenzione è sempre stata rivolta verso l'acqua per cercare di non investire nessuno. Il Moby Prince sembrava una sigaretta accesa».

La motovedetta della Finanza tenta nuovamente di contattare la Capitaneria di porto, ma ancora una volta inutilmente: né la sala operativa né le motovedette della guardia di finanza ricevono alcuna comunicazione dalla Capitaneria. «Non so per quale motivo la Capitaneria di porto non ha dato un avviso chiaro, pur sapendo che c'erano due motovedette della guardia di finanza fuori», continua Leonardo, ricordando in tribunale i drammatici momenti di cinque anni prima. «Lo vorrei sapere da tanto tempo. È un dubbio che nutro, che ce l'ho sotto. Per quale motivo la Capitaneria di porto non ha chiamato la vedetta 5808 per sapere la sua posizione e che cosa stava facendo?».

Che cosa fa, allora, la guardia di finanza? Riprende il comandante Leonardo: «Da mezzanotte e dieci, quando ritroviamo questa nave passeggeri, fino alle 4:40, di iniziativa perlustriamo le zone di mare che reputiamo interessanti, naturalmente riduciamo la velocità perché a questo punto, avendo la certezza che si tratta di nave passeggeri, era più che certa la presenza di uomini in mare». Quattro ore e mezza, da mezzanotte fino all'alba, perlustrando casualmente tratti di mare alla ricerca, purtroppo vana, di superstiti del traghetto.

Ore preziose, durante le quali gli equipaggi della guardia di finanza cercano freneticamente di contattare la Capitaneria, senza risposta. Un silenzio irragionevole, al punto che l'ufficiale della guardia di finanza inizia a dubitare della funzionalità dell'apparato radio. «Ho chiamato diverse volte la Capitaneria sul canale 16 VHF», ricorda. «Ho avuto il dubbio anche che il nostro apparato non funzionasse. Però poi ho riscontrato che insomma... ricevevamo, quindi...». Poi, alle 4:40 dell'11 aprile, la radio di bordo riceve una chiamata: è la Capitaneria di porto che, improvvisamente, allontana le due motovedette della guardia di finanza dal Moby Prince, dirottandole in una certa zona per effettuare perlustrazioni, fino alle 8 del mattino dopo, alla ricerca di eventuali naufraghi. Questa disposizione arriva quasi cinque ore dopo l'avvistamento del Moby Prince.

Altri testimoni del silenzio

Ivo Lera è un pensionato che la sera del 10 aprile '91 si trovava in servizio come capoturno e capoequipaggio al comando della motovedetta 446 dei vigili del fuoco. Quella sera viene allertato immediatamente dal suo comando e, poco dopo le 22:30, dalla Capitaneria di porto giunge la conferma dell'avvio delle operazioni di soccorso in mare. «Uscite perché sta bruciando una petroliera che è stata speronata da una bettolina»: questa è la prima e ultima comunicazione via radio, sul canale 16 VHF di soccorso, che il comandante Lera riceve dalla Capitaneria nella lunga notte fra il 10 e l'11 aprile.

Durante il processo, viene interpellato dall'avvocato Giunti: «Dal momento in cui lascia il porto fino al momento in cui termina il servizio, lei da chi è stato coordinato?».

Lera: «Io, praticamente, una volta che ero in mare, ho lasciato la banchina, le operazioni... si è parlato diciamo con il comandante dell'Agip Abruzzo per farsi dare le coordinate... Le operazioni le ho svolte io con i miei collaboratori, fino a che ho consumato lo schiumogeno. Poi, una volta che l'ho finito, non avevo da fare altro. Ho chiesto dell'altro schiumogeno, ma nessuno poteva portarmelo».

Avvocato: «Ma quando era in mare in prossimità dell'Agip, o nella fase di avvicinamento, ebbe comunicazioni radio con la Capitaneria?».

Lera: «No, una volta che la Capitaneria mi aveva detto di andare io non ho avuto più contatti con la Capitaneria».

Avvocato: «Non c'era, secondo un piano di soccorsi, la necessità che ci fosse un'autorità che coordinasse l'opera di tutti?».

Lera: «La Capitaneria la dovevo trovare lì o se non l'ho trovata...».

Avvocato: «La Capitaneria le ha mai chiesto dove si trovasse?».

Lera: «A me non me l'hanno chiesto dov'ero».

L'avvocato Giunti chiede all'ex ufficiale di spiegare in che modo l'equipaggio della motovedetta dei vigili del fuoco venne informato, la sera del 10 aprile, che un traghetto passeggeri con centoquarantuno persone a bordo stava bruciando nella rada di Livorno, a poche centinaia di metri dalla petroliera Agip Abruzzo.

Lera risponde in modo disarmante: «Io quando ho visto il Moby Prince era circa mezzanotte».

Avvocato: «Nessuno l'aveva informato?».

Lera: «Nessuno ha rammentato che il Moby Prince, che era una nave traghetto...».

Avvocato: «Quindi è stato un caso che lei l'abbia incrociato?».

Lera: «Sì, perché quando io ho finito lo schiumogeno ho detto: "Andiamo a vedere se si trovano eventuali superstiti di questa bettolina", ed è stato lì che... il caso... di vedere il bagliore, e ci siamo diretti verso questo bagliore. Si pensava addirittura a del prodotto sempre in mare... e invece si è trovata questa nave della Navarma. Allora mi sono messo a spegnere queste fiamme, a buttare acqua, e dopo cinque minuti è venuto anche un rimorchiatore».

Interviene l'avvocato Bassano: «Se lei avesse saputo che oltre all'Agip Abruzzo c'era un traghetto in fiamme, chi avrebbe scelto, su quale nave avrebbe impiegato lo schiumogeno? A chi competeva questa scelta?».

Lera: «Coscientemente posso rispondere. Se avessi trovato il Moby Prince e vedo che è un traghetto, per spirito di corpo e avendolo subito lì mi potevo dirigere subito su quello».

Avvocato: «Ma la domanda non è su quello che lei avrebbe fatto. Chi è che, in una situazione in cui in mare ci siano due navi incendiate, dice ai vigili del fuoco "spegni la nave A o spegni la nave B"?».

Lera: «Io non lo so. Se ho due navi chiamo la Capitaneria e chiedo dove devo andare...».

Avvocato: «Quindi lei prende ordini dalla Capitaneria per decidere quale nave spegnere?».

Lera: «Penso che io chiederei alla Capitaneria».

Biagio Rum, livornese, capitano di lungo corso, la sera della strage è al comando del rimorchiatore Oreste Neri. Vive la stessa situazione di altri colleghi: prima si dirige verso la petroliera, poi dall'oscurità spunta improvvisamente una nave avvolta dalle fiamme e decide di inseguirla, sempre senza ricevere alcuna indicazione dal comando della Capitaneria col quale tenta inutilmente di comunicare via radio. Cerca di rendersi conto di cosa stia accadendo, ha paura di investire con la barca eventuali naufraghi perché, pensa, «qui molto probabilmente si sono buttati tutti in mare, se si è salvato qualcuno si è buttato in mare». Per un po' segue il Moby Prince, procedendo lentamente con alcuni marinai di vedetta a prua; poi decide di tornare verso l'Agip Abruzzo. Tocca stavolta all'avvocato Neri la domanda di rito: «Durante tutte le operazioni, mentre si trovava a bordo del rimorchiatore, ha ricevuto istruzioni dalla Capitaneria di porto?».

La risposta di Rum: «Appena siamo usciti, la Capitaneria di porto ci ha detto che l'Agip Abruzzo bruciava e che dovevamo approntarci per uscire, e io gli ho detto che eravamo già usciti».

Avvocato Neri: «Ma poi ha avuto altre indicazioni, di qualsiasi tipo?».

Rum: «No». Interviene il giudice Lamberti chiedendo se la Capitaneria di porto, nel corso delle operazioni, avesse almeno chiarito o fatto cenno nelle comunicazioni che l'incendio della petroliera era conseguenza di una collisione. La risposta di Rum è sempre negativa.

Lamberti insiste, perché si tratta di una questione di importanza cruciale: dalle testimonianze rese in aula, è emerso chiaramente che alle 22:35 la Capitaneria di porto sapeva già che l'incendio in mare era stato provocato da una collisione fra la petroliera e un'altra imbarcazione.

Lamberti: «La Capitaneria quando vi ha fatto un cenno alla collisione?».

La risposta di Rum è lapidaria: «L'ho fatto io il cenno alla collisione!».

Lamberti: «Quando?».

Rum: «Quando l'ho vista che mi veniva addosso...».

Lamberti: «Quindi fino a poco dopo le 23 Compamare non vi dice che c'è stata la collisione?».

Rum: «No. Noi abbiamo saputo che c'era stata la collisione nel momento in cui abbiamo visto questa nave».

Tito Neri, amministratore dell'omonima società di rimorchiatori livornesi, era presente in rada per seguire l'operato delle sue imbarcazioni. In Tribunale conferma che la presenza dell'ammiraglio Albanese in mare, la sera del 10 aprile, rimase un mistero per lui. «Ebbe contatti con lui?», chiede l'avvocato Bassano. «No, contatti la notte del 10 aprile no». «Ebbe cognizione che l'ammiraglio Albanese fosse in mare?», insiste l'avvocato. «No».

Anche un sottufficiale della Capitaneria di porto di Livorno conferma il silenzio totale mantenuto dal suo comandante, la notte dei soccorsi. Felice Manganiello, originario di Nola, all'epoca abitava in un alloggio affacciato sulla darsena vecchia del porto. La sera del 10 aprile, affacciato a una finestra di casa, vede alcuni colleghi che salgono di corsa a bordo delle motovedette e azionano i motori, preparandosi a mollare gli ormeggi.

Capisce che vi è un'emergenza in atto, li raggiunge e viene informato che «una bettolina ha urtato l'Agip Abruzzo che ora è in fiamme». Mentre salpano i primi mezzi di soccorso, Manganiello fa una rapida verifica: telefona direttamente all'avvisatore marittimo per sapere quale bettolina è entrata in collisione con l'Agip Abruzzo. «Non ci sono bettoline in giro», è la pronta risposta dell'avvisatore, «l'ultima è rientrata in porto alle 20:30». Manganiello si rende conto che sta accadendo qualcosa di ben più grave, per questo chiede alla Centrale operativa l'autorizzazione a imbarcarsi su un rimorchiatore della ditta Neri; il comandante Albanese è già in mare, dalla Centrale operativa gli risponde affermativamente l'ufficiale Canacci. Manganiello salpa a bordo del Tito Neri II alle 23 del 10 aprile; rientra in porto, a bordo di una pilotina, alle 6:45 del mattino seguente. Al processo, pronuncia poche ma eloquenti parole.

Avvocato Bassano: «Che disposizioni ha avuto, come sottufficiale che si trovava a bordo di un mezzo di soccorso? Ha avuto indicazioni su cosa doveva fare il rimorchiatore?».

Manganiello: «Io ho comunicato che stavamo uscendo e che andavamo all'Agip Abruzzo. Ne hanno preso atto».

Avvocato: «Lei poi ha avuto o raccolto ordini dal coordinamento in zona delle operazioni, o dalla Centrale operativa?».

Manganiello: «No».

Avvocato: «Ha saputo se l'ammiraglio Albanese era in mare, ad esempio?».

Manganiello: «Ma io sinceramente non lo so perché non l'ho mai sentito, non l'ho mai visto, quindi non lo so».

Un collega di Biagio Rum, il comandante del rimorchiatore Tito Neri IX Franco Gimelli, ricorda che dopo aver tratto in salvo l'equipaggio dell'Agip Abruzzo era tornato a combattere le fiamme sulla petroliera anziché dirigersi sul Moby Prince perché, «c'erano già tanti altri rimorchiatori, erano loro addetti». In realtà, non c'era nessuno ad arginare l'incendio e a tentare un abbordaggio del traghetto passeggeri.

La stessa cosa viene confermata da Umberto Galli, comandante di un altro rimorchiatore (Armando Neri) che quella sera si imbarca assieme a Gimelli portando in salvo l'equipaggio dell'Agip Abruzzo. Tornato al porto e sbarcati i marinai della petroliera, Galli si reca assieme a Gimelli presso gli uffici della ditta Neri per ricevere disposizioni: «Ci dissero di tornare subito fuori, alla petroliera, alla petroliera, perché al Moby c'era già uno o due rimorchiatori, non lo so. Comunque era già assistito».

Lo stesso Galli ammette davanti al Pm che, mentre rientravano al porto con l'equipaggio dell'Agip Abruzzo, lui e i colleghi avevano ormai appreso la reale dimensione dell'accaduto, «Sì, prima di arrivare in banchina si era saputo di questo Moby».

Prosegue la testimonianza di Gimelli, incalzato questa volta direttamente dal presidente del Tribunale, Lamberti, che gli chiede se nell'ora compresa fra le 22:30 e le 23:30 del 10 aprile, dal momento in cui escono la prima volta al momento in cui fanno rientro al porto con a bordo l'equipaggio dell'Agip Abruzzo, ricorda di aver avuto contatti o comunicazioni con la Capitaneria.

Risponde Gimelli: «Poco, direi niente».

Presidente: «Provo a fare la domanda in altri termini. In quest'ora è intervenuto, che lei ricordi, qualcuno che vi abbia coordinato?».

Gimelli: «Direttamente l'armatore Tito Neri. Quando ho riferito della situazione nave, incendio ed equipaggio recuperato, mi ha detto: "Ci sono le ambulanze a barriera. Portali subito"!».

Presidente: «Lei si rende conto dell'importanza della sua risposta? Cioè, in un'ora di tempo, dalle 22:30 alle 23:30, l'unico intervento di coordinamento è stato del vostro armatore?».

Gimelli: «Sì».

«Non era possibile salire. Troppo caldo»

Soccorsi tempestivi ed efficienti: questa la tesi avallata dalle prime ricostruzioni ufficiali. Tempestivi ed efficienti ma, ahimè inutili, si affrettano a precisare gli stessi protagonisti. Il messaggio è semplice e chiaro: tutto quanto era umanamente possibile fare è stato fatto anche perché, afferma il comandante del porto, ammiraglio Albanese, «Quando siamo arrivati al traghetto abbiamo potuto fare ben poco. Non riuscivamo ad avvicinarci, c'era troppo caldo». «Stavolta non ha senso la polemica sulla tempestività dei soccorsi», aggiunge risoluto il comandante dei vigili del fuoco di Livorno, Fabrizio Ceccherini.

L'ammiraglio trascorre ben quattro ore in mare la notte della tragedia: ore cruciali per le operazioni di soccorso, fra le 23 del 10 aprile e le 3 di mattina dell'11. Ore trascorse, come abbiamo visto, nel più totale silenzio, senza disporre alcun tentativo di abbordaggio del traghetto alla deriva, nemmeno dopo che, verso mezzanotte, due ormeggiatori avvertono di aver recuperato un sopravvissuto del Moby Prince, comunicando via radio che c'era «ancora gente a bordo».

Troppo rischioso tentare di salire a bordo del traghetto? Anche da parte di professionisti addestrati? Può essere. Il comandante del porto Albanese parla dell'*impossibilità* di avvicinarsi per il forte calore causato dall'incendio. Eppure, al tenente Gentile della guardia di finanza la plancia di comando del Moby Prince, attorno alla mezzanotte, era apparsa « libera dalle fiamme, perfettamente integra ».

« Troppo caldo, non riuscivamo ad avvicinarci ». Tuttavia, mentre il comandante del porto, rientrato in darsena, rilascia le prime dichiarazioni ai giornalisti, avviene qualcosa che lo smentisce. È arrivato il momento di raccontare un'altra storia, la storia del marinaio Giovanni Veneruso.

Un marinaio sale a bordo

Il Moby Prince sta vagando lentamente senza meta con il suo carico umano, osservato a distanza dalle motovedette della Capitaneria; a un certo punto un rimorchiatore della ditta Neri, agli ordini del comandante Sergio Mazzoni, decide di avvicinarsi. L'imbarcazione si affianca al Moby Prince fino a toccarne le lamiere. Utilizzando gli idranti, i marinai raffreddano le pareti esterne della nave e rompono i vetri di alcuni oblò situati a metà del traghetto, nel tentativo di scorgere eventuali segnali di vita all'interno. Mazzoni si accorge che la nave sta procedendo verso acque pericolose, c'è il rischio che si incagli e per questo decide di intervenire per bloccare la cieca deriva del traghetto. C'è un solo modo per farlo: salire a bordo della nave passeggeri e compiere le normali procedure di *aggancio*, per poterlo trainare.

Il rimorchiatore rallenta, lascia sfilare al suo fianco la sagoma del traghetto che procede lentamente e poi raggiunge il sottobordo poppiero della nave passeggeri, riprendendo il contatto con la fiancata esterna. I marinai provano a toccare ancora le lamiere del traghetto con le mani: nessun problema, si può salire a bordo, la temperatura è sopportabile. A questo punto viene montata e issata una scala dal ponte lance del rimorchiatore, leggermente sopraelevato, sulla fiancata poppiera di dritta del traghetto. L'operazione prevede che un marinaio salga a bordo del Moby Prince con un cavo, alla ricerca di un robusto appiglio sul ponte al quale ancorare la nave per trainarla. Il marinaio che compie l'operazione indossa normali scarpe e abiti ordinari, non è dotato di maschere, né di guanti, né di alcun tipo di indumento protettivo contro fuoco e fiamme.

Il marinaio si chiama Giovanni Veneruso. Non era nemmeno in servizio quella sera, si trovava al bar del porto con alcuni amici. Aveva notato una grande agitazione in porto e aveva deciso di recarsi presso gli uffici della ditta Neri per saperne di più. «Sali subito a bordo del Tito Neri II, emergenza in corso, c'è un incendio», era stata la risposta.

Giunti a ridosso del traghetto, il marinaio sale sul ponte lance del rimorchiatore dov'è collocata la scaletta. Indossa una leggera tuta impermeabile. «Niente tuta ignifuga?», chiede in udienza l'avvocato Giunti. «No, no, quello no perché, ripeto, ci siamo assicurati che proprio sull'estrema poppa della nave non c'era fuoco, quindi le lamiere si toccavano anche con le mani, non c'era pericolo almeno in quel pezzo di poppa, tale da mettermi questa roba antincendio addosso», ricorda Veneruso. Il marinaio si arrampica lungo la scaletta appoggiata alle murate del Moby Prince, scavalca il corrimano laterale della nave, con un balzo è sul ponte imbarcazioni del traghetto passeggeri. Ora si trova a bordo: è il primo soccorritore a salire sul traghetto dopo la collisione. Resterà l'unico, purtroppo. Sono circa le 3:30 dell'11 aprile.

«Io mi sono trattenuto. Sono salito e poi d'istinto ho dato un'occhiata lì nei saloni e ho visto che era tutto pulito, diciamo, che non c'era più rimasto nulla nel salone. Ero sul piano della manovra, dove si fa la manovra. Lì c'è la porta che andava giù in garage e negli alloggi. Mi sono affacciato alla porta». «C'era fumo in quella zona del Moby?», incalza l'avvocato Giunti. «No. C'erano ancora fiamme dal centro nave in poi», rammenta Veneruso. Il marinaio ignora che la quasi totalità dell'equipaggio e dei passeggeri si trovano chiusi all'interno del Salone de luxe e nell'antistante vestibolo; cammina sul ponte poppiero della nave, continuando a guardarsi intorno: non nota alcuna presenza umana. Non vi sono fiamme. Ma il suo compito non è quello di cercare sopravvissuti: deve rapidamente individuare un appiglio sicuro al quale agganciare il cavo da rimorchio.

Finalmente trova un punto sicuro, una bitta, ed esegue l'operazione con calma; dal rimorchiatore gli passano una braga in acciaio, la bitta è salda, il cavo è agganciato, ora è possibile rimorchiare la nave. Il lavoro è terminato, ma Veneruso esita, continua a guardarsi attorno, a scrutare quello spettacolo impressionante: nessun segno di vita a bordo. E il tempo continua a trascorrere, inesorabile. A un certo punto sente urlare il suo nome. «Forse mi sono trattenuto quell'attimo in più, ma il comandante e altri membri dell'equipaggio mi hanno chiamato e sono ritornato sul rimorchiatore». Veneruso scavalca nuovamente il corrimano, ripercorre a ritroso la scala adagiata sulla fiancata del traghetto e torna a bordo del rimorchiatore.

I primi soccorritori attrezzati salgono a bordo del traghetto ben sedici ore dopo la collisione.

Durante il processo, l'avvocato Giunti chiede al comandante dei vigili del fuoco perché, dopo l'abbordaggio da parte del marinaio, i soccorritori non approntarono una squadra per salire a bordo del traghetto e verificare la presenza di persone in vita. La risposta dell'ingegner Ceccherini è lapidaria: «Non era tecnicamente possibile pensare in quelle condizioni di mandare uomini a bordo».

Avv. Giunti: «Cioè, voi verificaste che era impossibile salire a bordo data l'incandescenza delle lamiere?».

Ceccherini: «Non era tecnicamente possibile pensare...».

Avv. Giunti: «Lo verificaste?»

Ceccherini: «Lo verificammo a vista dalle condizioni in cui era il traghetto».

«Ci volevo salire. Non hanno voluto»

Durante il processo il Pm Carlo Cardi ricorda che, quando il Tito Neri IX rientra al porto di Livorno per far sbarcare l'equipaggio dell'Agip Abruzzo, «era già avvenuta l'identificazione del mezzo navale investitore, questo emerge dagli atti».

La testimonianza di Franco Gimelli, dipendente della ditta Neri e comandante del Tito Neri IX, è significativa. A lui si rivolge Cardi: «Ha mai avuto disposizione di recarsi alla ricerca, o comunque rendere ausilio al traghetto?».

Gimelli: «No, perché quelli erano compiti mandati ad altri, perché c'erano già tanti altri rimorchiatori. Erano loro addetti».

Pm: «La disposizione di ritornare la seconda volta, dopo il salvataggio del personale Agip Abruzzo, nuovamente all'Agip Abruzzo, lei da chi l'ha avuta?».

Gimelli. «Dall'armatore».

Pm: «Da Neri, chi?».

Gimelli: «Dalla ditta Neri».

Pm: «Lei ha detto che per tutta la notte è proseguita quest'operazione di tentativo di spegnimento. Può essere più preciso sugli orari? Fino a che ora avete tentato?».

Gimelli: «Io ci sono stato fino alle 9 circa della mattina, dopodiché sono andato al Moby, a quell'epoca ormai era tutto scoperto e, insieme al rimorchiatore che aveva agganciato il Moby, lui era di prua io sono andato di poppa, abbiamo messo un cavo e abbiamo portato il Moby in porto». Il relitto giunge così all'ormeggio 11 in darsena Petroli.

Non è tutto. Gimelli aggiunge un particolare: lui riteneva possibile abbordare il Moby Prince dopo la collisione, avrebbe voluto salire subito a bordo, era pronto a farlo ma gli venne fatto divieto di procedere. La cosa emerge durante la sua testimonianza, mentre spiega al magistrato la tecnica d'aggancio del traghetto. «Io avevo l'armatore a bordo», riprende Gimelli. «L'altro rimorchiatore lo trascinava dalla parte di poppa. Noi abbiamo messo un cavo d'acciaio sull'ancora del Moby».

Pm: «Quindi non è stato necessario mandare un uomo a bordo del traghetto per fare l'operazione di aggancio?».

Gimelli: «Non hanno voluto. Io ero ostinato a salirci. Ci volevo salire, ma non hanno voluto, allora abbiamo fatto in quell'altra maniera».

Pm: «Perché non hanno voluto?».

Gimelli: «Perché hanno ritenuto che era pericoloso. Avevo l'armatore a bordo».

Pm: «E quindi lui ha dato questa disposizione?».

Gimelli: «Io sarei voluto salire».

Pm: «Ma secondo la sua valutazione era possibile salire a bordo?».

Gimelli: «Salivano ancora fumi dalla parte degli alloggi, dai vetri spaccati».

Pm: «Fiamme vive ce n'erano ancora?».

Gimelli: «Fiamme vive no».

Pm: «Però, secondo la sua valutazione, era possibile tentare almeno di salire a bordo? Lei sarebbe salito?».

Gimelli: «Io ci sarei voluto salire».

Che succede nella motovedetta CP 250?

Torniamo a bordo della motovedetta sulla quale si trova il comandante del porto di Livorno. Va ricordato che l'area era in stato d'allerta a causa della presenza di numerose navi militarizzate degli Stati Uniti. Non ci sono stati contatti con altre autorità militari? Nemmeno con la base di Camp Darby? La Capitaneria di porto, come conferma al processo uno dei periti, Enzo Dalle Mese, «aveva un ricetrasmettitore della ditta Telectra e un ricetrasmettitore tipo Saylor VHF R.T. 146. Aveva anche un altro ricetrasmettitore che però serviva per comunicazioni militari». Quindi, due per le comunicazioni civili e uno per quelle militari. Sarebbe stato interessante avere copia delle comunicazioni effettuate dall'apparato riservato alle comunicazioni militari, la sera del 10 aprile. Purtroppo, però, i periti del Tribunale decidono di non prendere in considerazione quelle comunicazioni intercorse su quel canale. Peccato, perché troppe cose incredibili accadono in mare, quella notte. Una di queste vede protagonista un vigile del fuoco, Roberto Pippan.

Costui fornisce una ricostruzione interessante di ciò che avviene a bordo della motovedetta dove si trova il comandante del porto di Livorno. Quella sera Pippan è di turno come responsabile della squadra di prima uscita. Alle 22:45 la Centrale operativa segnala l'emergenza: la motovedetta della Capitaneria CP 250 sta aspettando lui e i suoi uomini per condurli rapidamente a bordo della motobarca dei vigili del fuoco già al largo, e da lì raggiungere il luogo delle operazioni. La motovedetta CP 250, pilotata dal tenente Antonio Ucciardello, alle 23:05 molla gli ormeggi ma, anziché prendere il largo fa un'inversione di 180° dirigendosi nuovamente verso la darsena antistante la Capitaneria per far salire a bordo il comandante Albanese, accompagnato dal comandante Canacci.

La CP 250 naviga nel buio. Da lontano, si scorgono i bagliori dell'incendio sull'Agip Abruzzo. Cinque minuti prima della mezzanotte, la radio di bordo riceve comunicazione da un'altra motovedetta: è stato recuperato un naufrago, si tratta del mozzo del Moby Prince.

Fino a quel momento, ricorda il tenente Ucciardello, il comandante del porto non aveva mai dato alcuna indicazione di andare alla ricerca della seconda nave coinvolta.

A questo punto la motovedetta, ricorda Pippan, anziché accelerare inizia a rallentare, navigando con un moto circolare, disegnando cerchi sulle ondc. «È una procedura da adottare nel caso vi siano eventuali naufraghi», viene spiegato ai soccorritori, ma la risposta lascia perplesso Pippan. E a ragione: il tenente di vascello Antonio Ucciardello, che si trova al quadro comandi della CP 250, smentisce in udienza processuale che la motovedetta abbia effettuato operazioni di ricerca concentrica di naufraghi: «Nessuna ricerca sistematica. Negativo». Cosa sta succedendo, allora? A un certo punto Pippan sbotta e si rivolge nuovamente al pilota della motovedetta. «Feci presente che dovevo recarmi a bordo della nostra motobarca, compito per cui era stata in precedenza approntata la motovedetta stessa».

Nessuna risposta alla sua richiesta: la CP 250 con a bordo il comandante Albanese sembra avere un'altra missione da assolvere. Ma quale?

«La parte alta era integra»

Quindici minuti dopo, viene avvistata la sagoma del traghetto passeggeri in fiamme alla deriva. In quel momento (è da poco passata la mezzanotte) il traghetto passeggeri è ancora abbordabile; come ricorda il tenente finanziere Gentile, presente sul posto a bordo di un altro mezzo nautico: «A mezzanotte e dieci la parte alta della Moby Prince era ancora integra, il locale timoneria era ancora integro. Non c'era fuoco, nel modo più assoluto. Il fuoco veniva tutto da dentro il garage e veniva fuori verso l'alto nella zona cabine, mentre la parte della timoneria era ancora integra, compreso il fumaiolo».

Qualcosa non quadra, Pippan se ne accorge. Bisogna intervenire subito nelle operazioni di soccorso: c'è un traghetto passeggeri in fiamme, numerose vite da salvare, ogni istante può essere prezioso. Ma l'equipaggio della motovedetta continua a seguire un'altra rotta, obbedendo ad altri ordini. Naviga avanti e indietro, senza mai avvicinarsi alle altre imbarcazioni di soccorso, a bordo di una delle quali doveva trasferirsi la squadra di Pippan. Senza chiedere informazioni, né fornire indicazioni. Cosa sta succedendo? Chi comanda in quel momento le operazioni? Con chi è in contatto il comandante Albanese?

Questa situazione prosegue per una buona mezz'ora. Il caposquadra dei vigili del fuoco Pippan e i suoi uomini assistono impotenti al dramma che si sta compiendo nella rada del porto di Livorno: il traghetto della Navarma brucia davanti ai loro occhi, con uomini e donne a bordo e nessuno interviene. La motovedetta continua a navigare circolarmente, isolata e al buio; Pippan chiede il perché di tale comportamento. «Per vedere se ci sono altri naufraghi», è la risposta che si sente dare. Una motovedetta, da sola, di notte, alla casuale ricerca di eventuali naufraghi. La ricerca dell'ago nel pagliaio.

La procedura appare incomprensibile: se si suppone che vi siano persone ancora a bordo del traghetto si dovrebbe abbordarlo; se si ritiene, invece, che si siano gettare in mare occorre organizzare una ricerca sistematica dei naufraghi con tutti i mezzi a disposizione. Niente di tutto questo avviene, per interminabili ore. L'estratto del giornale di chiesuola della vedetta V 5808 dell'Ottava legione della guardia di finanza di Livorno, non lascia spazio a dubbi: «Alle 4:00 (dell'11 aprile, *nda*) la sala operativa di Compamare Livorno assegnava per le operazioni di ricerca, a codesta unità, la zona Alfa». E il comandante dei vigili del fuoco di Livorno, Ceccherini, dice in Tribunale: «La sensazione che avemmo era che di fronte a un incendio di quel tipo lì o si erano già gettati in mare, se no non era possibile che ci fosse ancora qualcuno». Qualcuno li cerca, i naufraghi eventuali? «Non noi. Noi in particolare no. Se poi furono date disposizioni ad altri mezzi per fare questo tipo di ricerche, non lo so».

Improvvisamente, l'interminabile girovagare della motovedetta sembra aver fine: un'improvvisa virata di timone, la CP 250 abbandona la rotta solitaria. Pippan e i suoi confidano che si tratti della volta buona, finalmente si entra in azione. Non è così: la prua punta dritta verso Livorno, direzione porto. L'ufficiale chiede nuovamente al pilota cosa stia accadendo: «Il comandante deve rientrare in porto», è la risposta laconica del timoniere.

In udienza il giudice Lamberti chiede al pilota della motovedetta quale urgenza abbia spinto l'ammiraglio Albanese a rientrare in porto: «Questo vigile del fuoco che voleva tornare sulla propria unità come mai, nonostante ciò, ve lo siete tenuto a bordo con voi?».

Ucciardello: «Avremmo perso troppo tempo a tornare indietro e affiancarci alla vedetta dei vigili del fuoco. Lo chiesi al comandante del porto».

Lamberti: «Allora questa è la terza istruzione ricevuta dal comandante?»

Ucciardello: «Sì, perché non lo ritenne opportuno».

Lamberti: «Ma c'era qualche ragione particolare di urgenza di ritornare in banchina, tanto da impedire a un vigile del fuoco, in circostanza di un disastro del genere, di andare sulla propria unità?».

Ucciardello: «L'urgenza espressa dal comandante non la conosco».

Lamberti: «Quindi il comandante manifestò quest'urgenza di tornare in banchina, ma non la giustificò. Quindi lei non sa dirmi perché ci fosse quest'urgenza?».

Ucciardello: «Non lo so. Lo ritenne lui di rientrare».

La CP 250 rientra in darsena alle 3 di notte dell'11 aprile. Il silenzioso ammiraglio Albanese abbandona la motovedetta e va agli uffici della Capitaneria per rilasciare le prime dichiarazioni ai giornalisti, ai quali parlerà della nebbia. Il pilota della CP 250 può finalmente riprendere i comandi della motovedetta e condurre Pippan e la sua squadra di vigili del fuoco a prestare soccorso. Ma sono ormai trascorse quattro ore dalla collisione, e al caposquadra Pippan non resta che lasciare una traccia scritta di questa singolare esperienza.

III.

IPOTESI E VERITÀ UFFICIALI

La ricostruzione del sinistro: origine e fonti

L'ammiraglio Sergio Albanese, quindi, appena rientrato in porto, fornisce ai giornalisti la prima versione di quanto è successo in rada: un banco di nebbia ha avvolto la sagoma della petroliera, rendendola invisibile al timoniere del Moby Prince. Due giorni dopo, è costretto a fare marcia indietro riconoscendo che, forse, alle fatidiche ore 22:27 del 10 aprile 1991, nebbia non ce n'era.

Trascorrono altri sei giorni e la nebbia ricompare, questa volta in un ufficio del Tribunale di Livorno, quello del Pm incaricato delle indagini, Luigi De Franco. A dichiararlo è sempre Albanese, che nel frattempo ha formalmente costituito la Commissione d'inchiesta sommaria della Capitaneria di porto: «Secondo una prima ricostruzione del sinistro che abbiamo iniziato a compiere, posso riferire quanto segue...».

Da questo momento in avanti, la ricostruzione del sinistro fornita dall'ammiraglio diventerà il punto di riferimento per ogni successivo lavoro di indagine in sede amministrativa e giudiziaria. Ma quali elementi concreti e verificabili riferisce per parlare di nebbia e imperizia da parte di chi governava il traghetto?

L'ammiraglio dichiara che la prua del Moby Prince, in uscita dalla diga portuale, venne orientata per 191°

dal comandante Chessa. «Tale rotta, la più diretta per Olbia, interseca però esattamente la posizione dell'Agip Abruzzo. Ritengo che il comandante intendesse passare rasente a circa 50 metri dalla petroliera. Tale manovra però può considerarsi imprudente o comunque non improntata a una grande prudenza».

Una manovra imprudente e pericolosa, dunque: non potrebbe definirsi altrimenti una rotta che porta un traghetto passeggeri, di notte, a sfiorare di pochi metri una petroliera, a breve distanza da altre navi pericolose. Quella avanzata da Albanese potrebbe essere, in linea teorica, un'ipotesi ricostruttiva credibile e inattaccabile, purché non sia frutto di un *atto di fede* ma fondata su una ricerca rigorosa, documentata e verificabile. Quali le prove?

La risposta fornita dal comandante del porto di Livorno lascia senza parole: «La rotta che regolarmente il traghetto seguiva, di 191°, è da noi stata ricavata sulla base delle precedenti annotazioni sul giornale di bordo del Moby Prince. Si può ipotizzare legittimamente che anche quella sera il traghetto sia partito con rotta 191°».

Una rotta suicida?

In effetti, la rotta di 191° è quella teoricamente ideale per andare da Livorno a Olbia, perché la più diretta: basta prendere carta nautica e righello e tracciare una linea per rendersene conto. Ma qualunque comandante di qualsiasi imbarcazione, al momento di uscire dal porto, determina la rotta da seguire sulla base di due elementi combinati: la destinazione finale e la presenza di eventuali ostacoli (navi ancorate) presenti in rada. Di norma il comandante di un traghetto passeggeri, a differenza di uno scooterista d'acqua, non effettua slalom acquatici ma sceglie la rotta più sicura.

Questa ricostruzione presuppone invece che, quella sera, il comandante Chessa abbia deciso di procedere zigzagando fra navi cariche di merci pericolose: e questa convinzione ha origine non da testimonianze dirette (che invece la contraddicono), né dall'esame di tracciati radar (che, inspiegabilmente, nessuno si preoccupa di recuperare), bensì dal semplice ricordo di annotazioni sul giornale di bordo del Moby Prince (andato distrutto, dunque non più consultabile). Una rotta alla quale il comandante del traghetto sarebbe stato così affezionato al punto tale da subordinarvi ogni più elementare criterio di sicurezza per la vita propria, dei passeggeri e dell'equipaggio? A tal punto da mantenerla immutata, qualunque fosse il numero e la localizzazione delle navi all'ancora, puntando contro una petroliera in mezzo ad altre navi cariche di merci pericolose?

Anziché fornire risposte, questa ricostruzione alimenta nuove domande. Perché non viene tenuto in alcuna considerazione quanto dicono e testimoniano gli operatori del porto, gli ufficiali e i testimoni che hanno effettivamente osservato la rotta seguita dal Moby Prince mentre usciva in rada? Quella sera, l'avvisatore marittimo individua chiaramente la rotta seguita dal Moby Prince diretta in rada: non è quella ipotizzata dalla Capitaneria di porto, al contrario è una rotta di assoluta sicurezza. Una rotta per circa 220°. La rotta più logica da seguire, data la situazione degli ancoraggi in rada la sera del 10 aprile. Anche il pilota di porto Federico Sgherri, l'ultima persona a sbarcare dal Moby Prince, conferma che il Moby Prince seguiva una rotta diversa da quella ipotizzata. La Capitaneria di porto, quindi, sembra non considerare attendibili le loro testimonianze. Perché?

Dalla consultazione dei registri portuali e da alcuni tracciati radar successivamente acquisiti, emerge un dato significativo. La motonave Golfo degli Ulivi, un traghetto passeggeri che svolge servizio proprio sulla rotta Livorno-Olbia, la sera del 10 aprile salpa un'ora prima del Moby Prince, diretto in Sardegna. La situazione delle navi all'ancora in rada, in quel momento, è identica a quella che si presenterà un'ora dopo al comandante Chessa. Perché il comandante del porto di Livorno, prima di costruire ipotesi, non controlla per analogia la rotta seguita in uscita della motonave Golfo degli Ulivi?

Perché non viene interpellato subito uno dei comandanti della flotta Navarma impegnati lungo la tratta Livorno-Olbia? Sarebbe stato interessante, ad esempio, ascoltare in proposito Mario D'Ambrosio, capitano superiore di lungo corso della Navarma, al comando del Moby Prince fino al 1990. Purtroppo, la sua testimonianza viene raccolta solo cinque anni dopo, a inchieste amministrative concluse: «Chessa era considerato il miglior comandante della Compagnia», affermerà, «come serietà e come severità. Della flotta di Onorato era il più professionista, più serio, più severo e più preparato. La prima cosa, quando c'è nebbia, è che si rinforza la guardia, si chiama un secondo ufficiale, metto il fischio automatico, i radar sono sempre accesi, un ufficiale sul radar e il comandante sull'altro radar. Questa è la prassi normale con poca visibilità». Ma può un improvviso banco di nebbia accecare l'intera plancia comandi, il comandante, il timoniere? Prosegue D'Ambrosio: «Insomma, se c'è possibilità di nebbia il comandante lo scopre prima che arrivi il banco di nebbia. Allora, se io ho un'esperienza di anni di comando, di navigante, il banco non mi piglia all'improvviso, me ne accorgo prima e allora tutte le condizioni di nebbia io le pongo in atto prima di quando arrivi la nebbia... Non è che di colpo mi si para davanti il banco. No, Pubblico ministero! Io, se c'è possibilità di banchi, me ne accorgo prima di uscire dal porto e quindi piglio già tutte le precauzioni».

D'Ambrosio ripercorre mentalmente i movimenti e le azioni compiute decine di volte a bordo del traghetto, ricostruendo il normale comportamento di un comandante: «Lasciavo la Vegliaia (la diga foranea del porto, *nda*) e poi chiaramente i traghetti mettono la prua a 4 miglia da Punta Polveraia, Isola d'Elba, e la rotta che io ricordo sono 192°, sempre che davanti a me non ci siano degli ostacoli, se no mi allargo, lascio a sinistra e mi butto a dritta». Che significa mi butto a dritta? Significa, spiega D'Ambrosio, «rotta 220°». Esattamente la rotta del Moby Prince osservata dall'avvisatore marittimo quella sera.

«Per le prime 3 miglia», continua D'Ambrosio, «ci sono sempre variazioni di rotta dall'uscita di Livorno... la 192° che dicevo prima è una rotta ideale, ma che in pratica non si fa mai, perché o ci sono bettoline, o ci sono i rimorchiatori, o pescherecci, o navi alla fonda. Ma chi è che si arrischia a fare una rotta e passare a cinquanta metri da quattro navi? Sfiora la Cape Breton e sfiora l'Agip Abruzzo a cinquanta metri in poppa? Non ce lo vedo! Insomma, mi sembra illogico. No! Mi si rizzerebbero i capelli sulla testa se dovessi fare quella rotta lì. Assolutamente».

Alla «rotta inverosimile», come la chiama D'Ambrosio, si aggiunge poi l'improvviso banco di nebbia. Che avrebbe avvolto solo la nave cisterna Agip Abruzzo.

Nebbia all'improvviso

L'ammiraglio Albanese completa la ricostruzione: «Si può ipotizzare a questo punto, come d'altra parte riferiscono i marittimi della petroliera nonché alcuni pescatori, che un improvviso banco di nebbia sia calato sulla petroliera quando il traghetto si trovava a poca distanza dallo stesso, credo non più di 200-300 metri. Si può ancora ipotizzare, come d'altra parte risulta confermato dalla dichiarazione resa dal terzo ufficiale in servizio in plancia sulla petroliera, il quale parla di riflettori accesi dalla nave che ha investito la petroliera, che a un certo punto il responsabile in plancia del traghetto a causa della forte oscurità non abbia capito che la motocisterna era stata coperta da un repentino banco di nebbia e che pertanto abbia acceso i riflettori per accertarsi se eventualmente la petroliera avesse subìto un black-out su tutte le sue luci. Così facendo però il traghetto ha finito per essere abbagliato dal sopraggiungere della nebbia».

Nessun accenno al fatto che il traghetto aveva il radar di bordo acceso, perfettamente funzionante, in grado di rilevare la traccia della petroliera in ogni condizione di visibilità. E che la visibilità prima della collisione, mentre il Moby Prince naviga verso la rada, è perfetta.

Conclude Albanese: «L'Agip Abruzzo si trovava in un punto di fonda fuori dalla zona di interdizione. Tale punto di fonda era quindi perfettamente regolare e segnalato regolarmente. Ritengo che il comportamento della petroliera sia stato del tutto regolare. Trattandosi di nave alla fonda la stessa non aveva alcun dovere di emettere anche segnalazione acustica in caso di nebbia. Tale segnalazione è prevista per le navi in navigazione solo negli stretti».

Tuttavia, il nostromo del porto di Livorno, Felice Manganiello, ufficiale di Marina e collega del comandante Albanese, testimonia che sul registro della Centrale operativa della Capitaneria di porto di Livorno non esisteva alcuna annotazione circa i punti di fonda delle navi la sera del 10 aprile: nessuno, in Capitaneria, poteva conoscere né era in grado di identificare, alle ore 22:30, il punto in cui la petroliera si trovava ancorata quella sera, prima e al momento della collisione. Perché Albanese sente il bisogno di fare una simile precisazione?

Testimoni nella nebbia: un caso esemplare

Sulle testimonianze in merito alla nebbia fornite dai marittimi della petroliera (peraltro parte in causa) emergeranno interessanti novità in seguito[3]. Vediamo intanto chi sono i famosi pescatori che osservano il banco di nebbia avvolgere l'intera sagoma della nave cisterna. Due giorni prima di presentarsi al colloquio con il Sostituto procuratore della Repubblica, il comandante del porto invia al Procuratore della Repubblica presso il Tribunale di Livorno una raccomandata a mano, oggetto: sinistro marittimo occorso in data 10.4.1991. Nella lettera viene sintetizzato «quanto sinora emerso nel corso dell'inchiesta sommaria» che la Capitaneria sta conducendo. Scrive Albanese: «Pochi minuti prima della collisione la M/C Agip Abruzzo è stata investita da un improvviso banco di nebbia proveniente dal mare. Quanto sopra è stato rilevato da numerosi pescatori presenti nella zona (lettera della Fit-Cisl in data 16/4/91)».

La Fit-Cisl, con rispetto parlando, difficilmente può definirsi la fonte più attendibile in materia di microclima; e la visibilità in rada la sera del 10 aprile '91 non rientrava, ieri come oggi, fra le materie di contrattazione sindacale. Eppure in quel momento quella lettera rappresenta l'unico documento, a parte alcune dichiarazioni dell'equipaggio dell'Agip Abruzzo, a sostegno dell'i-

[3] Cfr. il verbale dell'udienza del 12 aprile 1996, a pag. 6. Salvatore Iengo, mozzo dell'Agip Abruzzo, aveva dichiarato al reparto operativo dei carabinieri, in data 9 maggio 1991, quanto segue: «Al momento dell'urto sul posto gravava una fitta nebbia che non permetteva di vedere terra». Memorabile la sua testimonianza nel corso dell'udienza del 12 aprile '96: interviene il presidente Lamberti che domanda al teste: «Dando sinora per scontato che abbia dichiarato il vero, questa fitta nebbia da dove può averla rilevata se lei ha detto di essere rimasto sempre sotto coperta?». Iengo: «Non lo so».

potesi di nebbia menzionata dal comandante del porto. Ma cosa c'è scritto esattamente in questa lettera? Abbiamo recuperato il documento: «I pescatori aderenti alla Cisl dopo il cordoglio per le vittime dell'immane tragedia e la tristezza che colpisce la gente di mare in queste occasioni, si rivolgono all'opinione pubblica e alle autorità competenti». Un incipit importante, appena venato di retorica, giustificata però dalle frasi che seguono: «La notte della tragedia alcune nostre barche che praticano la pesca a circuizione erano nei pressi della zona dove si è verificata la tragedia e in quel momento banchi di nebbia erano presenti... Al momento dell'impatto i bagliori dell'incendio hanno fatto scorgere la sagoma della petroliera che distava da noi circa duecento metri. Ci siamo ulteriormente avvicinati ma la nebbia e il fumo impedivano ai nostri mezzi di poter accostare. I primi mezzi di soccorso sono arrivati dopo poco tempo dall'accaduto». Ossia, eravamo sul posto e abbiamo visto tutto: c'era nebbia, nebbia fitta e i soccorsi sono stati rapidi a intervenire: è la perfetta conferma di una storia già sentita. La lettera è firmata dal coordinatore nazionale pesca della Fit-Cisl. Ma qualcosa non torna.

Il porto è piccolo le banchine mormorano

L'estensore di quell'importante documento, il dirigente Cisl Silverio Vitiello, viene convocato dalla polizia scientifica di Livorno su delega del Sostituto procuratore De Franco. E qui inizia la parte curiosa della storia. «Per quanto riguarda la distanza di 200 metri che è stata indicata nella lettera, sono certo che si tratti di un errore di trascrizione in quanto mi risulta che le imbarcazioni fossero a una distanza di circa 2000 metri», puntualizza Vitiello.

Una bella differenza. Certo, uno zero in più o in meno può scappare a tutti. Peccato però che nella sua lettera Vitiello avesse trascritto *duecento* in corsivo. E fra *duecento* e *duemila* non c'è un semplice *zero* di differenza: si tratta proprio di due parole diverse. A questo punto gli investigatori chiedono al sindacalista di conoscere le sue fonti informative. Vitiello risponde facendo i nomi di tre pescatori: Vitiello (un omonimo), Pappalardo e Mancusi, precisando che «tali notizie io le avevo apprese dai pescatori stessi i quali intendevano con questo dimostrare il danno subito dalle loro imbarcazioni per ottenere un risarcimento».

La Digos di Livorno convoca uno dei tre pescatori segnalati dal dirigente Cisl, tale Michele Vitiello, che dichiara: «La mia barca presentava soltanto delle macchie di nafta, melmosa, ma nulla di grave. Comunque per questi danni non mi sono rivolto ad alcuno, tantomeno al sindacato. Ribadisco che non ho avanzato alcuna richiesta di risarcimento danni ad alcun sindacato o sindacalista o alla cooperativa, finora ho solo speso soldi miei per tutto». Analoga testimonianza viene resa dal collega Salvatore Pappalardo: mai contattato né chiesto nulla ad alcun sindacalista, dice.

Qualcosa deve essersi inceppato nelle relazioni interne del sindacato. Il dirigente Cisl viene riconvocato in Questura a Livorno. Ecco la sua nuova versione dei fatti: «Tutte le circostanze da me indicate in precedenza non mi sono state riferite direttamente dai pescatori, ma le ho raccolte in quei giorni frequentando le banchine del porto e pescatori che io conosco, in quanto anch'io facevo prima il pescatore. La lettera è stata una mia iniziativa, raccogliendo le lamentele e facendole mie come sindacalista del settore pesca, anche se non rappresentavo direttamente i diretti interessati. Oltre ai pescatori da me citati non ricordo altri che quella sera erano in mare, anche se, ricordo bene, gli unici che si trovavano nella zona erano proprio quelli da me citati».

Il porto è piccolo, le banchine mormorano e il sindacalista raccoglie le lamentele. Il panorama ora sembra meno nebuloso, anche se non particolarmente piacevole. Ma torniamo al punto iniziale: dove si trovavano esattamente i pescatori citati dal comandante del porto di Livorno come *testimoni* della presenza di nebbia? Lo dice ancora Michele Vitiello, capobarca del motopeschereccio Delfino, uscito alle 21 del 10 aprile dal porto per svolgere il proprio lavoro: «Verso le 22:15 circa, mentre ci trovavamo a una distanza di circa 7 miglia da terra in direzione nord-ovest, notavamo la presenza della nebbia che, progressivamente, andava ad aumentare sino a ridurre la visibilità a una decina di metri circa». 7 miglia da terra vuol dire una distanza doppia rispetto al punto di fonda dell'Agip Abruzzo. Dunque, tra il peschereccio Delfino e la nave cisterna, alle ore 22:15, c'era una distanza di almeno 6 km. E in quella zona la nebbia inizia a intravedersi alle 22:15. Vitiello contatta subito dopo un collega imbarcato sul peschereccio Mauro Primo, situato più a sud, in una zona dunque più prossima alla petroliera: «Da detta barca ci rispondevano che ove si trovavano loro la visibilità era ancora buona e che, se la nebbia li avesse interessati, sarebbero rientrati in porto».

Dunque, alle 22:15 viene segnalato un banco di nebbia a una distanza di circa sei chilometri dalla petroliera in direzione nord-ovest, mentre in rada la visibilità è buona.

Quando viene chiamato a testimoniare sull'insorgere della nebbia in rada, anche il personale dell'Agip Napoli (ancorata a poca distanza dalla nave gemella) non ha dubbi: il peggioramento della visibilità avviene dopo la collisione. «E prima?», chiede un avvocato.

«Non c'era nebbia», ribatte Giacomo Castiglione, allievo di coperta dell'Agip Napoli.

«Rimuovete il comandante Albanese, inquina le indagini!»

Altero Matteoli, nel 1991 era parlamentare e capogruppo comunale a Livorno del Movimento sociale italiano. Il 16 aprile '91, fra le pagine dedicate alla tragedia, il quotidiano *Tirreno* pubblica ampi stralci di un documento che porta la sua firma: si tratta di un'interrogazione parlamentare rivolta ai ministri della Marina mercantile, degli Interni e della Giustizia, nella quale l'on. Matteoli solleva pesanti perplessità sull'operato del comandante del porto di Livorno, al punto da chiedere al governo la rimozione di Albanese dall'incarico. Nei suoi confronti, l'on. Matteoli formula un'accusa netta: inquinamento delle indagini.

Senza bizantinismi verbali, l'on. Matteoli rileva che l'ammiraglio «sin dalle prime ore successive all'immane tragedia ha rilasciato dichiarazioni discordanti. L'11 aprile l'ammiraglio Albanese dichiarava: "È stata la prua del traghetto a causa della nebbia a speronare la petroliera. Era così fitta che dalla prua della mia motovedetta non riuscivo a vedere la poppa"; il 12 aprile dichiarava che "la nebbia fittissima può aver oscurato tutto, anche i sistemi elettronici come i radar"; in data 14 aprile lo stesso ufficiale dichiarava: "La visibilità era buona"». Perciò Matteoli si dice convinto che «quanto citato rappresenta solo una parziale dimostrazione delle numerose contraddizioni nelle quali è caduto l'ammiraglio». E conclude chiedendo se i rappresentanti del governo «non ritengano giusto e opportuno rimuovere dall'incarico l'alto ufficiale onde evitare che le ulteriori indagini necessarie siano inquinate dalle ondivaghe interpretazioni dello stesso».

L'inchiesta sommaria della Capitaneria

Il 15 aprile 1991, con Decreto n. 21 del capo del Compartimento marittimo di Livorno, viene istituita la Commissione per lo svolgimento dell'inchiesta sommaria, composta da quattro ufficiali della stessa Capitaneria di porto. Si tratta dell'inchiesta più delicata perché si svolge nell'immediatezza del fatto, quando tutto è da capire e ogni strada è ancora percorribile. La Commissione si insedia formalmente il 18 aprile, e opera di gran fretta, sebbene la normativa vigente preveda una durata di sessanta giorni dalla data del sinistro, salvo proroghe per svolgere approfondimenti (che parrebbero opportuni, considerata l'entità del fatto). Il 29 aprile 1991, appena undici giorni dopo l'istituzione della Commissione – un vero record mondiale – la relazione finale viene firmata dai quattro commissari.

Il documento, intitolato *Ricostruzione della dinamica del sinistro sulla scorta delle prime testimonianze*, viene trasmesso al ministero della Marina mercantile e all'autorità giudiziaria. Queste, in sintesi, le conclusioni: «In primo luogo la nebbia è sicuramente una delle concause che hanno determinato il sinistro. In secondo luogo, dalle dichiarazioni agli atti risulta che il personale di guardia in plancia sul traghetto non sembra aver messo in opera accorgimenti idonei a fronteggiare l'improvviso occultamento dell'Agip Abruzzo causato dalla nebbia, ma ha adottato un provvedimento (accensione dei proiettori cercanaufraghi) che è risultato peggiorativo della situazione. La rotta e la velocità tenuta dalla nave costituiscono violazione delle regole della Convenzione internazionale per evitare gli abbordi in mare e pertanto possono essere configurate come una delle cause che hanno determinato il sinistro». Secondo la Commissione, la presenza di un terzo mezzo coinvolto che avrebbe ostacolato la rotta del traghetto non è ipotizzabile, in base ai successivi accertamenti compiuti dalla Capitaneria; non si può escludere che tra le concause del disastro vi sia stata un'avaria improvvisa agli organi di governo del traghetto. La relazione porta le firme dei commissari Raimondo Pollastrini, Roberto Canacci, Antonio Ucciardiello e Lorenzo Checcacci. Appena undici giorni per arrivare a tali perentorie conclusioni.

Il documento della Commissione d'inchiesta sommaria influenzerà il successivo sviluppo di ogni altra indagine. Ci sono almeno tre aspetti che non convincono.

Punto primo: i tracciati radar dimenticati. La straordinaria rapidità dell'indagine può essere un pregio, a patto di non tralasciare l'acquisizione di fondamentali elementi documentali. Fra i più importanti documenti che la Capitaneria di porto avrebbe potuto agevolmente richiedere vi sono proprio le registrazioni radar relative alla rilevazione dei punti nave e delle rotte seguite dalle navi nella rada di Livorno la sera della tragedia: ma non se ne trova traccia. Perché?

La zona di Livorno è una delle più presidiate dal sistema di controllo radar, civile e militare: proprio a Livorno, presso l'Accademia navale, a poca distanza dagli uffici della Capitaneria di porto ha sede Mariteleradar, un nodo della rete di difesa sovranazionale e del sistema di telecomunicazioni della Difesa nell'ambito Afcea (*Armed forces communications and electronics association*). E a poca distanza c'è La Spezia, sede del Saclant, altro snodo strategico del sistema di controllo e di *intelligence* militare dedicato all'ambiente marino. Non distante da Livorno è situato il centro radar di Poggio Lecceta e la stazione radar Nato di Poggio Ballone. Poi c'è Pisa, sede di servizi aeroportuali civili e militari. Proprio la sera della tragedia un aereo Alitalia in fase di atterraggio, proveniente da Roma, osserva l'incendio della petroliera e avvisa la torre di controllo dell'aeroporto di Pisa fornendo le coordinate del punto nave della petroliera in fiamme, e dalla torre di controllo dell'aeroporto di Pisa parte subito una comunicazione diretta a Livorno Radio e alla Capitaneria che rimane impressa sul nastro, esattamente alle 22:41'41".

Perché non si trova una sola registrazione radar fra le carte dell'inchiesta sommaria? Perché la Commissione non chiede l'acquisizione dei tracciati radar disponibili dell'area del porto di Livorno di quella sera? Perché nessuna stazione di avvistamento fornisce questo materiale alla Capitaneria? Cinque anni dopo i fatti l'avvocato Filastò, al processo, pone la domanda al comandante Raimondo Pollastrini, ricevendo questa risposta: «Ma di quali stazioni di avvistamento? Cioè, i servizi portuali sono costituiti da stazione di pilotaggio e dall'avvisatore marittimo. Di tracciati radar non disponeva né l'uno né l'altro».

Strano che un ufficiale della Marina, responsabile della Commissione d'inchiesta sommaria, ignori il fatto che nella stazione piloti del porto di Livorno era presente un impianto radar, che funzionava regolarmente: la sera del 10 aprile il pilota di porto Federico Sgherri, proprio da questo radar riesce chiaramente a distinguere ciò che inspiegabilmente tutti i radar dei mezzi di soccorso presenti in mare non riescono a vedere: i bersagli dell'Agip Abruzzo e del Moby Prince in fiamme. Il racconto di Sgherri è impressionante: «Ho informato i due rimorchiatori che erano nei pressi, di stare attenti, perché c'era qualcosa che stava venendo proprio lì nella zona. Invece si è fermato vicino e poi ho visto che ha cambiato direzione e si è riallontanato». A quale nave corrispondeva quel bersaglio sul monitor?

Questa è solo una delle tracce significative rimaste ai margini dell'inchiesta, perché di nessun tracciato radar è stata richiesta l'acquisizione nel corso dei lavori della Commissione.

L'avvocato Filastò insiste sul punto: «Per esempio, quello che riguarda l'aeroporto di Pisa. Si sa che c'era un aereo che era passato sopra e che... insomma loro hanno i loro servizi!».

La replica di Pollastrini: «No. Non lo chiedemmo, né probabilmente ci ponemmo questo quesito, anche perché tutto questo fu ricostruito nell'immediatezza dell'evento, quindi con la fretta di acquisire più elementi possibili attraverso le testimonianze».

L'avvocato incalza: «Non lo riteneste necessario?».

Pollastrini: «No. Più che non ritenerlo necessario, ripeto, non ci ponemmo questo particolare problema, prima di tutto perché sapevamo che i servizi portuali, cioè quelli che collaboravano normalmente con la Capitaneria, non disponevano di tracciati radar, e quindi comunque non ci potevano essere d'aiuto».

Punto secondo: testimonianze nebulose. La nebbia costituisce l'elemento centrale di questa ricostruzione: la mancata attivazione, da parte del comando del Moby Prince, delle necessarie contromisure per fronteggiare l'improvvisa mancanza di visibilità, avrebbe provocato la tragedia. Eppure, per stessa ammissione dei relatori, al momento di concludere il lavoro di indagine la Commissione «non dispone ancora della relazione tecnica sulla situazione microclimatica locale relativa alla sera del 10.4.91». Un po' come se, durante la rubrica meteo in tv, il colonnello dell'Aeronautica annunciasse il bel tempo per il prossimo week-end, informando a fine programma di essere ancora in attesa delle informazioni necessarie per effettuare le previsioni. D'altra parte Lorenzo Checcacci, ufficiale della Capitaneria di porto e componente della Commissione, ammette al processo: «No, non c'era nessun sentore di possibilità di nebbia, né sui bollettini né da altre fonti».

Inoltre, fatto ancor più sorprendente, vi sono le presunte testimonianze che confermerebbero la presenza della nebbia. A pagina 5 della relazione, viene ribadito che subito dopo le 22:15 «la motocisterna è stata coperta da un fitto banco di nebbia improvviso». E a supporto di questa tesi vengono citate le testimonianze di due aspiranti guardiamarina. Si tratta di Paolo Thermes e Roger Olivieri, due ufficiali della Marina militare che risiedono presso l'Accademia. Hanno visto tutto, ricordano tutto. Ma le loro dichiarazioni, rilasciate alla polizia scientifica presso la Questura di Livorno, non lasciano spazio a dubbi: non c'era nebbia in rada quella sera. Ecco cosa afferma Paolo Thermes a proposito della *nube* che, dopo le 22 e ben prima che il Moby Prince raggiungesse la rada, avvolge la petroliera al largo: «Abbiamo pensato a un incendio, tanto da ritenere che la nube bianca potesse essere costituita da getti d'acqua», cioè un «tentativo di estinzione delle fiamme», anche perché «la nube interessava solo questa nave pur lasciando visibili le luci. Il fenomeno interessava solo questa nave mentre le altre tre alla fonda erano perfettamente visibili così come si poteva vedere nitidamente il mare e il faro della Meloria».

Un incendio è fenomeno diverso da un banco di nebbia. Quanto al collega Roger Olivieri, mette a verbale che «le condizioni di visibilità erano ottime, si distinguevano chiaramente le navi alla fonda», e per non rischiare fraintendimenti aggiunge: «Il fenomeno osservato sulla petroliera non era dovuto a nebbia. Infatti non abbiamo visto sparire le luci progressivamente, ma tutte assieme, come se fossero state spente. Inoltre i bagliori rosso arancio in coperta continuavano a essere visibili come prima e nelle adiacenze della petroliera il mare era limpido e visibile». Nei vari resoconti forniti da Thermes e Olivieri non esiste mai alcun riferimento al presunto *fitto banco di nebbia improvviso* menzionato nella relazione della Capitaneria.

Ma la Commissione d'inchiesta sommaria mette i loro nomi nell'elenco dei «testimoni della nebbia». Perché?

Se anche trascurassimo quanto già emerso, sarebbe sufficiente la testimonianza al processo del marconista dell'Agip Abruzzo, Imperio Recanatini, per dissolvere un po' di cortina fumogena. È sua la voce concitata che a un certo punto, rivolgendosi ai soccorritori che tardano a individuare la petroliera in fiamme, irrompe con una frase rimasta impressa sul nastro della stazione IPL Livorno Radio: «... Livorno ci vede, ci vede con gli occhi!». Nel corso del processo l'avvocato Giunti rivolge al marconista della Snam alcune domande per chiarire in modo definitivo questo cruciale aspetto della vicenda: c'era effettivamente nebbia, tale da rendere invisibile l'Agip Abruzzo? Chiede Giunti: «Quando lei riferisce la frase: "Livorno ci vede, ci vede con gli occhi", cosa intendeva dire? Si riferiva a un fenomeno meteorologico?».

Recanatini: «Si vede che basta mettere il naso fuori dalla banchina per vedere la nave. È una nave di dimensioni notevoli, con un sistema d'illuminazione che era appena stato fatto. Eravamo usciti dai lavori con un sistema d'illuminazione che era modernissimo, sembrava, non so, una partita in notturna, la plancia completamente illuminata. Mi sembrava così strano e mi è venuto spontaneo dire: "Ma basta che mettete il naso fuori e vedete"».

Giunti: «Questo perché lei, mi corregga o mi confermi, non percepì nessun fenomeno meteorologico che impedisse...».

Recanatini: «No, in quel momento no».

Sorte ancora peggiore tocca all'avvisatore marittimo del porto di Livorno, Romeo Ricci, nei cui confronti la Commissione d'inchiesta assume un tono sarcastico: «L'avvisatore marittimo, che con tanta sicurezza ha dichiarato alla stampa che al momento del sinistro non vi era nebbia, probabilmente non è stato in grado di seguire la rotta del Moby Prince proprio perché la nave a un certo momento gli è scomparsa dalla vista per la nebbia». Poche righe nella relazione finale per liquidare il peso della sua testimonianza.

Eppure proprio davanti a quella Commissione, Ricci aveva dichiarato e verbalizzato un particolare decisivo: alle 22:20 del 10 aprile '91, quando segue l'arrivo in porto della motonave Car Express, «il radar dell'avvisatore era al momento spento in quanto la visibilità era discreta, reputo 5-6 miglia... Alle 22:27 ho sentito una vibrazione e ho visto in direzione dell'Agip Abruzzo e del Cape Breton, alla fonda, una grossa fuoriuscita di fumo con alla sommità notevoli fiamme». Visibilità 5-6 miglia, navi in rada perfettamente visibili dopo la vibrazione della collisione, con il fumo e le fiamme che si alzano. Non vi è traccia di nebbia in queste parole, ma purtroppo non vi è traccia di queste parole nella relazione finale della Commissione.

Quando avviene la collisione e riceve la prima richiesta di soccorso dalla petroliera, Ricci osserva nitidamente quanto sta avvenendo in rada: «Alzai immediatamente gli occhi dal mio registro e a occhio nudo ho visto una grossa vampata, simile a un vulcano in eruzione. La vista con il binocolo mi confermò quello che avevo visto in precedenza a occhio nudo, in particolare le fiamme che si alzavano da una delle navi all'ancora. Ribadisco di non aver visto alcun banco di nebbia. Preciso che, quando ho sentito il leggero boato alzando gli occhi, ho visto cosa stava succedendo, quindi non vi era nebbia». Chiaro, no? Ma la Commissione non sembra avere dubbi: Ricci sbaglia due volte, sulla rotta seguita dal traghetto e sulla presenza di nebbia. La tesi è semplice: non essendosi accorto della nebbia, non è stato nemmeno in grado di individuare l'esatta rotta seguita dal traghetto. Quella sera l'avvisatore diventa un inattendibile visionario.

Punto terzo: la posizione dell'Agip Abruzzo. Dove si trovava la petroliera al momento della collisione? Domanda non retorica, dovendo ricostruire la dinamica degli avvenimenti. Secondo la Capitaneria di porto, l'Agip Abruzzo aveva la prua rivolta a nord e si trovava ancorata in un punto al di fuori della zona interdetta alla fonda delle navi. Ventiquattr'ore dopo l'insediamento della Commissione d'inchiesta, il comandante del porto di Livorno esibisce una cartina dove è indicato il punto di fonda della petroliera: «perfettamente regolare, fuori dalla zona di interdizione». La relazione conclude: «Nessuna responsabilità è sinora emersa a carico del comandante dell'Agip Abruzzo ai fini della collisione... Riguardo alla posizione di fonda (dell'Agip Abruzzo, *nda*), si rileva che il punto fornito dal comandante Superina al momento del sinistro coincide con i successivi rilievi eseguiti dalla nave militare Libra e dall'Accademia navale».

La Centrale operativa della Capitaneria non dispone dei punti di ancoraggio delle navi in rada, la sera del 10 aprile '91. Le coordinate geografiche fornite dal comandante della petroliera ai soccorritori, al momento del sinistro, sono le seguenti: 43.29 nord, 10.16 est; rispondendo ai rimorchiatori che chiedono di attivare le sirene perché non riescono a individuare la petroliera, Superina avverte: «Stiamo suonando, stiamo suonando, solo che abbiamo la prua a sud quindi difficilmente sentite». Tradotto sulla carta nautica, significa che al momento della collisione l'Agip Abruzzo si trovava per qualche ragione all'interno dell'area portuale in cui è vietato l'ancoraggio[4] e con la prua rivolta a sud. Di conseguenza la fiancata destra della petroliera, quella contro la quale si infila il Moby Prince, era rivolta verso il

[4] È una sorta di *triangolo* antistante le acque portuali, dove è vietato l'ancoraggio e la pesca a strascico, a causa della presenza di cavi sottomarini.

mare aperto. L'esatto contrario, dunque, rispetto a quanto riportato nella relazione della Commissione.

In che modo la Capitaneria di porto arriva a una conclusione diversa? Per individuare il punto di fonda della petroliera, la Commissione afferma di basarsi sui rilievi effettuati dalla nave militare Libra, un pattugliatore della Marina militare italiana, classe Cassiopea, impiegato anche in operazioni di vigilanza della pesca e di controllo anti immigrazione clandestina. Questa nave militare dispone anche di equipaggiamento elicotteristico, in grado di ampliarne notevolmente il raggio d'azione. Ma la sera del 10 aprile Libra non solcava le acque livornesi, o almeno questo è quanto risulta ufficialmente. Delle due, l'una: se la motonave militare Libra avesse avuto riscontri documentali frutto di un'attività di monitoraggio e controllo dell'area livornese (rilevazioni radar, registrazioni dei tracciati) avrebbe dovuto metterli a disposizione degli inquirenti; viceversa, si sarebbe limitata a tradurre sulla carta le rilevazioni effettuate da altri. Da chi?

Il mistero dell'Allegato 1

I documenti fondamentali per rilevare in modo certo il punto di fonda e la posizione dell'Agip Abruzzo erano il giornale di bordo e il grafico delle registrazioni elettroniche della petroliera effettuate con l'ausilio del sistema satellitare. Entrambi vengono dimenticati nella plancia comandi della petroliera in fiamme: il comandante Superina preleva alcuni documenti prima di abbandonare la nave in fiamme, ma non quelli, i più importanti di tutti.

Fra gli incartamenti prodotti in sede di inchiesta, messi successivamente a disposizione dell'autorità giudiziaria, vi era un documento di dodici pagine, l'Allegato 1, denominato *Questionario M/C Agip Abruzzo*. Comprendeva numerose domande, rivolte dalla Commissione d'inchiesta sommaria al comandante della petroliera Renato Superina, finalizzate a individuare l'esatta posizione della nave cisterna prima e dopo la collisione. Un documento essenziale, dunque. Il questionario era parte integrante del Volume Primo della relazione, da pagina 23 a 34, trasmessa alle autorità giudiziarie e acquisita agli atti del procedimento avviato dal Tribunale di Livorno.

Che c'era scritto? I giudici del processo Moby Prince non lo sapranno mai perché dal fascicolo processuale risulta mancante proprio quell'Allegato 1. «Nel Volume Primo dell'inchiesta sommaria mancano le carte da 23 a 34, cioè l'Allegato 1, che secondo l'indice conteneva il Questionario M/C Agip Abruzzo», denuncia la Corte d'Appello di Firenze, che conclude la sentenza di secondo grado con una significativa annotazione: «In questo processo vi sono aspetti meno chiari, alcuni di minore importanza altri di maggior rilievo... ad esempio, la distruzione di un registro dell'Agip Abruzzo e la mancanza di una parte della relazione conclusiva dell'inchiesta sommaria, quella concernente il questionario dell'Agip Abruzzo».

«Si poteva fare di più, ma c'era ben poco da fare»

Accade in questo curioso Paese che il lavoro di una Commissione d'inchiesta governativa finisca per alimentare nuovi interrogativi anziché dissiparli. La premessa è d'obbligo avendo fra le mani due documenti, apparentemente identici, intitolati: «Relazione della Commissione speciale di inchiesta formale per la collisione e l'incendio delle navi M/T Moby Prince e M/C Agip Abruzzo». Si tratta della relazione conclusiva della Commissione d'inchiesta sulla tragedia del Moby Prince, insediata presso il ministero della Marina mercantile il 24 maggio 1991, ed è il frutto di un lavoro durato quasi due anni, dal 13 giugno 1991 al 20 maggio 1993: ventisette riunioni in tutto, regolarmente verbalizzate.

Perché due relazioni con lo stesso titolo? Ci torneremo più avanti, perché di identico hanno solo l'intestazione.

La ricostruzione dei fatti operata dalla Commissione ministeriale non si discosta molto da quella avallata dalla Capitaneria di porto di Livorno. Vengono richiesti e acquisiti agli atti una ventina di documenti, compresa una copia del verbale del Consiglio comunale di Livorno del 22 aprile 1991 e la corrispondenza con il ministro della Marina mercantile. Ancora una volta, inspiegabilmente, non vengono richiesti tracciati e rilevazioni radar alla Marina militare né all'Aeronautica. Gli ingredienti finali che compongono il capitolo «Modalità della collisione» sono: ipotesi di nebbia, rotta di collisione seguita dal traghetto dalla cui plancia non veniva effettuato il controllo radar, tragica fatalità. E le considerazioni conclusive sull'operato della stessa Capitaneria la sera del 10 aprile '91 possono riassumersi in quella sorta di ossimoro assolutorio che segue come un'ombra ogni valutazione sull'operato di chi doveva coordinare le operazioni di soccorso: «Potevano fare di più, ma c'era ben poco da fare». Esemplare questo passaggio: «Ci fu un intervallo di venti minuti tra l'avvistamento dell'Agip Abruzzo e quello del Moby Prince. Questo tempo avrebbe potuto essere ridotto, quantunque non annullato, se chi coordinava le operazioni, nel momento in cui i soccorritori giunsero presso l'Agip Abruzzo, si fosse reso tempestivamente conto della mancanza della seconda nave... D'altra parte, occorre sottolineare l'assoluta aleatorietà degli avvenimenti:

stanti le pessime condizioni di visibilità, i soccorritori, con la stessa probabilità con cui arrivarono alla petroliera, avrebbero potuto imbattersi nel Moby Prince prima di raggiungere l'Agip Abruzzo, così come *temeva* il comandante Superina, comunque sempre troppo tardi perché le operazioni di salvataggio potessero essere coronate da successo».

Un giudizio censurato

La curiosità gioca, a volte, brutti scherzi. Succede quando, ad esempio, inizi a leggere due documenti che hanno lo stesso titolo, lo stesso argomento e lo stesso autore. Non si tratta di due copie identiche della medesima opera? Leggendo, scopri che non è così: sotto lo stesso apparente involucro possono celarsi due verità diverse.

La prima è quella ufficiale, alla quale abbiamo fatto riferimento finora; l'altra, dattiloscritta, è la versione precedente presentata in Commissione, discussa e modificata. Un documento di lavoro. Una sorta di relazione non ufficiale, mai diffusa. Importante, però, perché più completa e voluminosa della versione ufficialmente presentata dalla Commissione ministeriale, quasi cinquanta pagine in più rispetto a quella formalmente approvata. Diverse parti sono state profondamente modificate, intere pagine e paragrafi sono stati cancellati.

Volendo sfruttare ogni minima traccia documentale rimasta disponibile su questa vicenda, abbiamo deciso di leggere integralmente i due testi, capitolo per capitolo, pagina per pagina, riga per riga, confrontandoli per vedere in quale punto sono state effettuate le principali modifiche, fra la bozza e la versione finale. È stato un po' come seguire virtualmente, dall'esterno e a distanza di tempo, il lavoro finale dei commissari: le loro discussioni, i punti di intesa e quelli di conflitto. E, con sorpresa, abbiamo scoperto che le principali modifiche apportate alla bozza originale – più che di modifiche si tratta di veri e propri tagli fatti col machete – coincidono con il capitolo dedicato alla ricostruzione di quanto avvenuto in rada dopo la collisione, alle considerazioni sulle operazioni di soccorso e al giudizio sull'operato della Capitaneria di porto.

Emerge un dato chiaro: in seno alla Commissione, sull'argomento soccorsi, erano maturate due convinzioni esattamente opposte circa le responsabilità di quanto accaduto in rada a Livorno. Qualcosa di profondo, radicale. E non è stato possibile trovare una composizione fra queste due posizioni, una formula che contemperasse le diverse visioni. Una è stata cancellata, soppressa; l'altra, invece, è stata presentata come quella definitiva e ufficiale.

La relazione cancellata

La sopravvivenza della *relazione censurata* è dovuta a uno di quei casi di arretratezza tecnologica che possono rivelarsi, talvolta, preziosi (è un'altra caratteristica del nostro curioso Paese): non disponendo evidentemente di un pc per la stesura e la modifica della bozza di relazione durante i lavori, e non potendo quindi eliminare alcune parti di testo premendo semplicemente il tasto *canc*, la segreteria della Commissione ha cancellato parti del testo utilizzando al meglio la tecnologia di una vecchia macchina da scrivere, sovrapponendo il trattino di *a capo* su ogni carattere da eliminare. Tic, tic, tic: l'uso di quel tasto battuto su ogni lettera, ogni frase, ogni pagina da eliminare presenta due fondamentali controindicazioni: procura un forte indolenzimento al polpastrello e, quel che più interessa, lascia comunque leggibili tutte le parti eliminate. Così è stato possibile comparare due differenti versioni, emerse in Commissione governativa, relativamente a un punto cruciale dell'intera vicenda.

Il capitolo 9.3 è dedicato alle considerazioni sull'operato dei soccorritori. Andiamo al punto riguardante le responsabilità sulle operazioni di soccorso. Ecco la versione ufficialmente approvata, relativa al comandante del porto di Livorno: «La decisione di assumere personalmente le funzioni di comandante di zona non sarebbe stata in contrasto con il vigente piano delle operazioni di soccorso, il quale, non fissando alcun criterio circa l'assegnazione di tali funzioni, non inibiva allo stesso comandante del porto, se lo avesse ritenuto opportuno, di operare in prima persona lasciando il compito del coordinamento dalla Centrale operativa ad altro ufficiale di grado adeguato. Rimane tuttavia il fatto che, da quanto acquisito agli atti di questa inchiesta, non risulta che la Capitaneria di porto di Livorno, prima dell'arrivo del comandante del porto, abbia mai provveduto a designare il comandante di zona per le operazioni in mare. Neppure risulta che il comandante del porto abbia annunciato di assumere tali funzioni. La sua attività appare limitata a una tacita approvazione delle azioni spontaneamente intraprese dai mezzi operanti. Tale atteggiamento è stato confermato, nella fase di acquisizione della deposizione testimoniale, dallo stesso comandante del porto di Livorno il quale ha precisato che il suo silenzio doveva essere interpretato come un'approvazione di quanto veniva disposto dai coordinatori a terra e operato dai mezzi impegnati nel soccorso e che le circostanze non richiedevano un suo intervento diretto».

A questo punto rimane forte la curiosità di sapere chi, come e perché abbia convinto i componenti della Commissione a omettere, dalla versione finale della relazione, le seguenti parti: «Talvolta, anche in carenza di mezzi, è possibile raggiungere risultati eccezionali grazie all'adozione di idonee soluzioni operative, alla loro tempestività e agli apporti sinergici di tutte le altre componenti. [...] Non risulta essere stata intrapresa alcuna azione di ricerca e soccorso dell'unità investitrice da parte dei preposti al presidio di guardia della Capitaneria di porto (ufficiale e sottufficiale di guardia) né da parte delle autorità gerarchicamente superiori (comandante in seconda e capo della Centrale operativa) che sono state coinvolte nella prima fase di organizzazione dei soccorsi. [...] Appare infine grave il comportamento del comandante del porto che, nel corso delle operazioni di soccorso all'Agip incendiata – come riferito in fase di interrogatori – non ha mai diretto le operazioni attraverso proprie decisioni e disposizioni precise, tempestive e mirate, intese a gestire tutti i mezzi navali che nel frattempo erano stati convogliati in zona. Tale comportamento potrebbe configurarsi in una omissione; il riferimento è alla ricerca del mototraghetto Moby Prince. L'esperienza e la professionalità, di norma associabili a ufficiali di tale grado, avrebbero dovuto consigliare il titolare delle operazioni di soccorso che il problema più urgente e prioritario da risolvere – atteso che nessuno l'aveva messo in atto prima dell'arrivo in sede dello stesso – era quello di individuare e ricercare l'unità investitrice. Parimenti grave è da giudicarsi il comportamento dell'ufficiale che, formalmente investito della direzione della Centrale operativa allertata, si pone burocraticamente *a disposizione* del comandante in seconda, ignorando i compiti attribuitigli da specifiche ordinanze e risolvendo il tutto con qualche telefonata mentre, poco distante, si consuma una delle sciagure più gravi per la marineria italiana. Ora è lecito porsi una domanda: se non in queste circostanze, quando l'ufficiale competente e preposto deve assumere il comando della Centrale operativa e dirigere le operazioni? Ma ancora più sorprendente appare l'invito del comandante di portare con sé, sulla motovedetta, tale ufficiale, distraendolo dai compiti precedentemente affidatigli, consapevole che chi gli subentrava non poteva essere nelle condizioni di approfondita conoscenza delle procedure, come peraltro la realtà ha ampiamente dimostrato».

Continuiamo la lettura della relazione che, formalmente, non esiste. La scelta di omettere le pesanti critiche all'operato della Capitaneria provoca un'ulteriore, profonda modifica del testo finale prima della sua definitiva trasmissione al ministro. Infatti, oltre alle parti già citate, scompare dal testo finale un intero paragrafo, intitolato: *Provvedimenti*, previsto originariamente alle pagine 107 e 108 della relazione, riguardante una serie di indicazioni operative formulate dalla medesima Commissione governativa.

Proporre al governo una serie di provvedimenti dovrebbe far parte del normale lavoro dell'Organismo incaricato dal ministro competente di accertare i fatti e conseguentemente di indicare qualche forma di responsabilità per quanto accaduto. Invece, di questo paragrafo non vi è più traccia nel testo finale. Scomparso. Tic, tic, tic, la dattilografa quella sera è tornata a casa con i polpastrelli tumefatti.

Quali provvedimenti venivano proposti al governo e quali responsabilità individuate? Il paragrafo eliminato è chiarissimo: «Riconoscimento della medaglia d'oro al valore civile a tutti i membri dell'equipaggio deceduti sul Moby Prince; sospensione, per un adeguato periodo, dalla professione per il comandante dell'Agip Abruzzo e per il terzo ufficiale di coperta; adozione di censura nei confronti dell'ufficiale capo della Centrale operativa della Capitaneria di porto; adozione di censura nei confronti del comandante in seconda della Capitaneria di porto; adozione di censura nei confronti del comandante della Capitaneria di porto per non aver assunto responsabilmente in alcun momento delle attività in esame, per la parte attinente alle operazioni di soccorso e ricerca, le proprie funzioni e attribuzioni di comando».

La versione accreditata e divulgata sin dalle prime ore dopo la tragedia va in senso esattamente opposto: si fonda sui presupposti dell'imperizia e della disattenzione da parte dell'equipaggio del traghetto (proprio il ministro della Marina mercantile parlò di «errore umano»), dell'assoluta innocenza dell'Agip Abruzzo, della rapida ma purtroppo inutile efficienza delle operazioni di soccorso. Possibile mantenere in piedi questa ipotesi ricostruttiva, attribuendo nel frattempo il riconoscimento civile più alto all'equipaggio del Moby Prince e censurando l'operato della Capitaneria e del comandante dell'Agip Abruzzo? Non è possibile, è chiaro: significherebbe il ribaltamento di quanto accreditato fino a quel momento, la necessità di rifare l'inchiesta sommaria, di vagliare ogni informazione e filone di indagine precedentemente trascurati. In sostanza vorrebbe dire rimettere tutto in discussione. Troppo rischioso: «Tic, tic, tic...».

Colpirne uno per educarne cento

Tutto ebbe inizio ascoltando il giornale radio mattutino dell'11 aprile '91 davanti a una tazza di caffè. Renato Roffi, capitano di corvetta al servizio presso la Capitaneria di Livorno, la sera del 10 aprile è in ferie, a casa, poco distante dal porto. Solo la mattina successiva, ascoltando il notiziario, apprende quanto è accaduto e si precipita immediatamente. Strano, pensa Roffi: nessuno aveva provveduto ad avvisarlo; eppure il piano di soccorso prevede che, in casi simili, siano subito chiamati in servizio tutti gli ufficiali e il personale disponibile, anche se in ferie. Roffi all'epoca ricopriva l'incarico di capo dell'ufficio sicurezza della navigazione. Come dire: la prima persona da contattare, in simili circostanze. La reazione di Roffi è immediata: fine delle ferie, corre subito in ufficio mettendosi a disposizione, cercando di dare una mano ai colleghi, mentre il relitto fumante del Moby Prince si trova ancora in rada e non tutti conoscono l'esatta dimensione della tragedia.

Le operazioni in mare sono ancora in corso; una motovedetta della guardia di finanza ha appena ripescato il corpo senza vita di un uomo e lo riporta a terra. Roffi ascolta, vede, parla con i colleghi, si informa, chiede spiegazioni. C'è qualcosa che non riesce a capire. In quelle ore la tensione negli uffici della Capitaneria è palpabile, vi è molta stanchezza e confusione, diverse persone accedono ai locali senza autorizzazione, anche giornalisti e parenti. Ma non è questo che preoccupa Roffi. Per qualche ragione che gli sfugge, sembra che la Capitaneria non abbia svolto e non stia svolgendo quel ruolo di organizzazione e coordinamento dei soccorsi che in casi simili è normalmente previsto. L'ufficiale parla con i colleghi che erano presenti alle prime operazioni di soccorso. Annota tutto quanto vede e ascolta. La gravità di quanto emerge è tale che sente il dovere di intervenire.

Lo stesso 11 aprile, il capitano Roffi decide di esprimere in modo formale le sue perplessità su quanto accaduto in Capitaneria la notte precedente. Una lunga e dettagliata analisi che il capitano non ha mai reso pubblica, preferendo comportarsi come è tenuto a fare un ufficiale, seguendo cioè i tradizionali canali gerarchici, rivolgendosi direttamente ai vertici della Marina militare. Roffi non parla né con i giornalisti né con gli investigatori di quanto è venuto a conoscenza. Sa che la questione è particolarmente delicata e, sebbene sia consapevole che quanto sta facendo non è altro che il proprio dovere, inizia a prefigurarsi le possibili conseguenze della sua iniziativa: immediata apertura di un'inchiesta sull'operato della Capitaneria e contestuale trasferimento ad altra sede dei responsabili; oppure, apertura di un'indagine interna, senza però trasferimenti punitivi: soluzione più *soft*, quasi un atto dovuto, quindi più probabile rispetto all'ipotesi precedente. Roffi non esclude nemmeno una terza ipotesi: la sua relazione viene ignorata e tutto va avanti tranquillamente, come sempre.

Ma sbaglia. Non ha considerato un'ultima possibilità, che si materializza tre giorni dopo, quando riceve un telegramma di poche righe, trasmesso dal comando della Marina: le autorità militari hanno disposto il suo immediato trasferimento da Livorno alla Capitaneria di porto di Civitavecchia.

Messaggio ricevuto. Roffi incassa il colpo ma non demorde, non ritratta una virgola e decide di fare opposizione al provvedimento. Nel frattempo, la notizia che la Marina ha disposto un repentino trasferimento di Roffi da Livorno si diffonde rapidamente, arriva alle orecchie del Pm De Franco che indaga sul disastro e poche settimane dopo, il 15 maggio 1991, Roffi viene convocato dai carabinieri presso la Procura della Repubblica di Livorno per fornire *sommarie informazioni*, che vengono puntualmente verbalizzate. Roffi si comporta da militare, riferisce quanto può in un verbale destinato a diventare un atto ufficiale delle indagini in corso. Ma pur nei limiti di un semplice verbale di acquisizione di sommarie informazioni, le sue parole rimangono scolpite come un duro atto d'accusa: «Durante tutta l'operazione di soccorso, iniziata nella nottata precedente e protrattasi per i giorni successivi», sintetizza Roffi, «a mio parere non è stato adottato alcun piano di soccorso. Premetto che in ogni Capitaneria di porto è previsto che esista un piano di soccorso da attuare e mettere in pratica qualora si verifichi una sciagura. Questo consiste in particolari istruzioni per la Centrale operativa, in modo che possa coordinare i soccorsi in mare oltre che in ambito portuale. Per quanto mi consta, non mi pare che il comandante del porto, nelle ore immediatamente successive al fatto, abbia diretto dalla Centrale operativa i soccorsi».

Ai carabinieri, Roffi non può e non vuole concedere altro che una frase semplice, anche se a suo modo chiara e illuminante: «Non è stato adottato alcun piano di soccorso». Il resto lo tiene per sé. Una frase che pesa come un macigno.

Quel lontano 10 aprile è una data cruciale anche per Roffi. Doveva passare di grado proprio in quell'anno: la sua carriera si interrompe bruscamente. Inizia un lunghissimo contenzioso con la Marina: dal 1991 a oggi, il capitano è stato costretto ad avviare 23 ricorsi al Tar (21 sentenze fino a oggi, tutte favorevoli) per tutelarsi da provvedimenti di trasferimento e altre disposizioni penalizzanti. Un record assoluto. Il profilo personale di Roffi redatto periodicamente dai suoi superiori annoverava, fino all'inizio del '91, giudizi altamente positivi sotto il profilo morale e professionale: le sue doti svaniscono improvvisamente da quella sciagurata primavera. Per mesi i colleghi non gli rivolgono più la parola, nemmeno un saluto. Umiliazioni a non finire. Per un certo periodo viene messo a lavorare in una stanza senza nemmeno un tavolo o una sedia: per scrivere, deve accovacciarsi per terra e appoggiare le carte sulle ginocchia.

La sua battaglia per tutelare i propri diritti, per quanto ne sappiamo, sta continuando. E la sua schiena, nonostante l'esperienza vissuta, è rimasta diritta.

Verità storica, verità giudiziaria, accertamento delle responsabilità

«Le inchieste svolte in sede amministrativa assumono rilievo, se non altro come pietra di paragone, costituendo una ricostruzione tendenzialmente completa dei fatti. In proposito, peraltro, non si può non rilevare che l'inchiesta sommaria, che per alcuni versi è la più importante perché interviene nell'immediatezza del fatto ed è in qualche modo in grado di indirizzare i successivi accertamenti e di influire sulle stesse indagini penali, può essere condotta da alcuni dei possibili responsabili del disastro».

Il brano è tratto dalla sentenza pronunciata dalla III Sezione della Corte d'appello di Firenze, che chiude definitivamente, otto anni dopo i fatti, l'iter giudiziario della vicenda Moby Prince. È un passaggio illuminante: pone in rilievo il peso effettivo e l'influenza che l'inchiesta sommaria svolta dalla Capitaneria ha inevitabilmente avuto nel successivo sviluppo delle indagini.

Sempre sul versante giudiziario, il 10 ottobre 1994 il giudice per le indagini preliminari del Tribunale di Livorno, Roberto Urgese, decide di accogliere la richiesta di archiviazione proposta dal Pm nei confronti degli indagati Achille Onorato (proprietario della flotta Navarma e quindi del Moby Prince) e del comandante dell'Agip Abruzzo, Renato Superina. Nel decreto che dispone l'archiviazione, il Giudice per le indagini preliminari (Gip) esprime la convinzione che «come emerge dagli atti, il personale di governo del Moby Prince non può dirsi che abbia contravvenuto a regole di prudenza e abbia disatteso le norme del Codice della navigazione».

Il 29 novembre 1995, con la costituzione delle parti civili, ha invece inizio presso il Tribunale di Livorno il processo Moby Prince. Dopo oltre quattro anni di indagini, dopo l'inchiesta sommaria della Capitaneria di porto e l'inchiesta della Commissione del ministero della Marina mercantile, la prima udienza si apre sotto i riflettori dei mass media nazionali: sul banco degli imputati siedono quattro persone, nei confronti delle quali il Gip Roberto Urgese aveva disposto il rinvio a giudizio un anno prima. La situazione più pesante riguarda il giovane terzo ufficiale dell'Agip Abruzzo, Valentino Rolla, sul quale gravano le accuse di disastro colposo, di omicidio plurimo e lesioni; la sua colpa, secondo l'accusa, è di non aver azionato i segnali acustici in coincidenza dell'insorgere del famoso *banco di nebbia* attorno alla petroliera.

Assieme a Rolla, sul banco degli imputati con la sola accusa di omicidio colposo sono imputati un ex militare di leva originario di Sorrento, Gianluigi Spartano, che quella sera era di turno al servizio radio della Capitaneria e non udì il flebile segnale di may day lanciato dal Moby Prince, e due militari della Capitaneria del porto: l'ufficiale di guardia Lorenzo Checcacci e il comandante in seconda Angelo Cedro, entrambi per non essersi attivati a dovere per rintracciare, identificare e consentire i soccorsi alla nave investitrice.

Ventidue udienze dopo, il 31 ottobre 1997, a mezzanotte, in un'aula di Tribunale carica di tensione e gremita di poliziotti, il presidente del collegio giudicante, Germano Lamberti, legge la sentenza di primo grado del processo Moby Prince: tutti assolti perché «il fatto non sussiste». «Che fosse difficile ottenere giustizia lo abbiamo capito da tempo. Ma oggi quelle centoquaranta persone sono state uccise di nuovo», commenta amaramente Loris Rispoli, presidente del Comitato 140.

L'iter giudiziario non finisce qui. C'è il processo d'appello, promosso su istanza del Procuratore generale presso la Corte d'appello di Firenze. Il Procuratore generale accoglie le motivazioni del ricorso presentato da una delle parti civili presenti al processo, rappresentata dall'avvocato Bassano, che sostiene la tesi della responsabilità di Valentino Rolla per non aver attivato tutte le procedure di sicurezza necessarie in caso di nebbia. Non viene accolta, invece, l'istanza firmata dagli avvocati Filastò e Giunti in rappresentanza dei figli del comandante del Moby Prince, Luchino e Angelo Chessa, che chiedevano una revisione generale del primo processo sostenendo la tesi dell'assenza di nebbia e ribadendo la necessità di approfondire altri filoni di indagine. Pesa, per la famiglia Chessa, il modo in cui sono state incanalate da subito le indagini, senza percorrere adeguatamente ogni pista investigativa; pesano i molti, troppi silenzi.

In primis, quello del comandante dell'Agip Abruzzo. Angelo e Luchino Chessa lo scrivono in una memoria consegnata il 6 giugno 1996 al Tribunale di primo grado. «L'abile comandante, prontissimo a querelare per il reato di diffamazione a mezzo stampa i giornalisti Gualazzini e Filastò nonché il testimone Paolo Thermes – tutti assolti "perché il fatto non sussiste" – colpevoli, a suo giudizio, di aver affacciato l'ipotesi che sulla sua nave si svolgesse, prima della collisione, un qualche evento straordinario e non confessabile; ebbene, questo stesso comandante, come il tribunale sa bene, si è avvalso della facoltà di non rispondere. Nulla da dire da un punto di vista giuridico: si trattava di esercitare un diritto non conculcabile, in quanto appartenente a un cittadino a suo tempo indagato, pur se graziato da una provvidenzialissima archiviazione. Esiste tuttavia il punto di vista etico, e quest'ultimo riguardava e riguarda il comandante di una nave coinvolta in un'immane tragedia, che ha stroncato (e in quale orribile modo!) la vita di centoquaranta persone. Se si pone mente a quest'ultima angolazione di carattere morale, è impossibile non pensare che quel medesimo comandante, dalla cui viva voce alcuni dubbi e incertezze avrebbero potuto essere chiariti, abbia avuto molte buone ragioni per restare in silenzio, e qualche cosa di particolarmente grave da nascondere».

Accogliere la richiesta di revisione generale del processo di primo grado, avrebbe significato lo scagionamento automatico di Valentino Rolla (la sua unica presunta responsabilità è legata all'omissione di azioni che avrebbe dovuto compiere solo in caso di nebbia: se non c'era nebbia, che colpa poteva avere?) riaprendo, di fatto, le indagini. Ricominciare tutto da capo, indagando a tutto campo.

Per diverse ragioni prevale la prima tesi, quella di minore impatto, che mantiene inalterata la struttura del processo di primo grado. Significativi due passaggi della sentenza d'appello. Il primo, relativo all'istanza presentata dall'avvocato Bassano per conto del Comitato 140: «La nebbia è stato il necessario complemento alla ricostruzione della vicenda fornita dal Tribunale di Livorno. Senza nebbia rimaneva solamente la pazzia della plancia di governo del traghetto, a cui fortunatamente nessuno poteva arrivare. Nell'istanza si coglie una ripetuta osservazione di natura metodologica: l'invito a non forzare le risultanze per arrivare a una ricostruzione del fatto che abbia la pretesa di spiegare tutti gli aspetti della vicenda».

Il Procuratore generale aveva chiesto anche la rinnovazione del dibattimento in sede d'appello. Richiesta respinta perché, come si legge nella sentenza, «certamente non tutto è chiarito in ordine alla dinamica dell'incidente, ma i periti si troverebbero davanti alle stesse difficoltà di fronte a cui si trova il giudice nel ricostruire tutti gli aspetti della vicenda. Non solo questa ricostruzione non è strettamente necessaria ai fini dell'accertamento della responsabilità del Rolla, che è l'oggetto specifico del presente processo, ma è assai dubbio che sia possibile oggi – tanto più che le perizie ormai dovrebbero essere svolte quasi esclusivamente sulle carte – chiarire con precisione il sinistro in ogni particolare».

Il 5 febbraio 1999 la III Sezione della Corte d'appello di Firenze, composta dai magistrati Scialoja, De Giorgio e Turi, di fronte alla richiesta del Procuratore generale (condanna alla pena di tre anni e sei mesi di reclusione per il terzo ufficiale dell'Agip Abruzzo) dichiara «non doversi procedere nei confronti del Rolla in ordine ai reati ascrittigli perché estinti per intervenuta prescrizione». Rolla è colpevole ma il reato risulta prescritto previa concessione delle attenuanti generiche: questa sentenza è ormai definitiva e significa un cambiamento della situazione anche in sede di causa civile avviata dal Comitato 140, nel senso che la responsabilità del Rolla (cioè della Snam) risulta incontestabile in qualunque sede, essendovi un giudizio penale definitivo.

Il caso è chiuso?

Tutto finito? Otto anni dopo quel tragico 10 aprile, non resta che ripetere: «è stata una tragica fatalità», come anticipavano le prime versioni fornite dalla Capitaneria di porto.

Sin dalle prime ore dopo la tragedia, la domanda *cos'è successo?* viene progressivamente neutralizzata e sostituita da un'altra, molto meno pericolosa: *com'è successo?* Se qualcosa, anzi se troppe cose non tornano nemmeno da un punto di vista strettamente tecnico, è pronto il ricorso al fattore nebbia che, come scrive la Corte d'appello di Firenze, è stato «il necessario complemento alla ricostruzione della vicenda fornita dal Tribunale di Livorno». Se tante, troppe testimonianze non collimano con il quadro prestabilito, vengono trascurate o ignorate per poi riemergere magari a distanza di anni, in un'aula di tribunale, quando ormai è tardi per ripartire da zero; se la nebbia non basta; se esiste ancora qualche elemento materialmente irriducibile al quadro della tragica fatalità, allora può accadere che dalla nebbia spunti una mano ignota in grado di sistemare le cose in modo definitivo a bordo di un relitto così poco sorvegliato da far esprimere al Pretore livornese Paola Belsito «grossi dubbi sulla possibilità di escludere, oggi, a tanti anni di distanza, che qualcuno rimasto sconosciuto possa avere commesso delle diverse e ulteriori manomissioni, mai svelate, sul traghetto della morte, e possa così, non scoperto, avere ancor più allontanato l'accertamento dei fatti dalla verità storica di quella disgraziatissima sera di aprile del 1991».

Inutile stupirsi allora se, a distanza di quattordici anni dalla tragedia, l'unico dato emerso in sede giudiziaria è che il terzo ufficiale della petroliera non avrebbe azionato una sirena.

Esiste un baratro fra quanto accaduto la sera del 10 aprile e la consapevolezza collettiva su questa tragedia; una voragine prodotta da tracce oscurate, testimonianze dimenticate, documenti scomparsi, manomissioni, strane coincidenze, misteriose presenze in rada. Da questa *discarica della memoria* emerge un'altra storia della tragedia del Moby Prince. Una storia che nessuno ha mai scritto.

A questa strana storia sono dedicate le pagine che seguono.

IV.

PRIME SCOPERTE, PRIME STRANEZZE

Le operazioni in darsena Petroli e darsena Toscana

Passano quasi inosservati i due camion verde oliva della Folgore che entrano nel porto di Livorno, la mattina del 12 aprile 1991. A bordo del primo automezzo una squadra di soldati in uniforme, sul secondo alcune casse metalliche. Giunti al molo 11 della darsena Petroli, dove è ormeggiato il relitto del Moby Prince, i parà scaricano le casse con movimenti rapidi e silenziosi. Le persone presenti che assistono alla scena non capiscono. Non sanno che quelle casse contengono *body bags*, borse per i cadaveri, sacchi di plastica resistente muniti di robuste maniglie.

Le casse vengono aperte, i sacchi distribuiti ai pompieri che, assieme alla polizia scientifica e alla squadra di medici legali nominati dal Tribunale, hanno il compito di cercare e prelevare i corpi. Le salme, numerate una a una, verranno trasferite a bordo di ambulanze nel settore ovest della darsena Toscana, a circa 900 metri di distanza dalla banchina dov'è ormeggiato il relitto del Moby Prince; i sacchi saranno adagiati sul pavimento all'interno di due capannoni, gli stessi dove erano state stivate le scorie tossiche delle navi Karin B e Deep Sea Carrier, trasformati per l'occasione in obitorio con annessi reparti di autopsia, radiologia e odontoiatria. Estratte dai sacchi, le salme verranno allineate dentro i bassi capannoni, ognuna coperta con un lenzuolo al quale corrisponde un numero. A quel numero corrisponde l'identità di ciò che rimane di un essere umano imbarcatosi sul traghetto passeggeri la sera precedente.

È un'operazione cruda e complicata. La maggior parte dei cadaveri sono irriconoscibili, carbonizzati; su alcuni di loro è impossibile eseguire analisi ematiche, il sangue è completamente cotto; molte salme risultano ammassate, soprattutto quelle rinvenute nel Salone de luxe, quindi difficili da rimuovere. Nei body bags finiscono addirittura i resti di due cani e un pezzo di carne di vitello che si trovava in cucina e doveva servire per il ristorante di bordo. Le condizioni in cui l'équipe medico-legale è costretta a operare sono difficili: la pressione da parte dei parenti delle vittime è inevitabile, ognuno di loro vorrebbe partecipare al riconoscimento dei congiunti, per tentare di capire e di elaborare l'enorme tragedia nella quale è improvvisamente precipitato, ma è un'impresa impossibile; una protesi dentaria, un brandello di abito, un pezzo di documento scampato chissà come alla furia distruttrice del fuoco: sono questi gli unici strumenti di identificazione possibile per la quasi totalità delle salme.

Resta il fatto che il recupero e l'analisi dei corpi è un passaggio delicato, certamente uno dei più importanti per cercare di capire cosa è accaduto a bordo. La modalità di rinvenimento dei cadaveri, la loro posizione e il loro stato, l'individuazione e la conservazione di eventuali reperti apparentemente insignificanti accanto ai corpi: l'analisi diretta, approfondita e sistematica di tutti questi elementi rappresenta l'unica possibilità concreta per cercare risposte ai troppi interrogativi che si celano dietro l'orrore. Questo lavoro richiede l'organizzazione di una catena di comando chiara, efficiente e trasparente.

Invece qualcosa non funziona, il meccanismo si inceppa proprio all'inizio, nella fase più delicata. La mattina del 12 aprile 1991, mentre i parà della Folgore scaricano in darsena le body bags e i medici legali incaricati si apprestano a salire a bordo per partecipare all'opera di individuazione e rimozione delle salme, alcuni corpi sono già stati rimossi dal relitto. Ma non è stata l'équipe medico-legale, né la polizia scientifica. Qualcuno, il giorno prima, l'11 aprile, è salito a bordo del traghetto, prelevando i cadaveri di nove persone che si trovavano sul ponte del traghetto. Cos'è accaduto a bordo del relitto l'11 aprile?

Prima sommaria bonifica

È accaduto un improvviso caso di frenesia operativa che compromette i rilievi scientifici sul traghetto nella prima, delicata fase di rimozione delle salme.

Quando il relitto attracca in darsena Petroli, l'11 aprile, sono trascorse ormai sedici ore dalla tragedia: è praticamente impossibile sperare di trovare qualcuno in vita, il Moby Prince è un'enorme bara di lamiere fumanti. Ormai è troppo tardi per sperare, lo sanno tutti e anche se nessuno se la sente di pronunciare quelle parole è chiaro che lì dentro, da qualche parte, ci sono solo cadaveri da recuperare. L'azione del fuoco è stata devastante e ogni minima traccia, ogni piccolo particolare può rappresentare un fondamentale strumento di conoscenza su quanto avvenuto a bordo prima e dopo la collisione.

Non si tratta solo di individuare il punto di ritrovamento dei corpi e segnarlo con un numero sulla pianta della nave passeggeri: si tratta di analizzarne la posizione, la presenza di altri oggetti, materiali più o meno combusti. Si tratta di studiare a fondo la scena della tragedia, lavoro per il quale il magistrato incaricato ha delegato la polizia scientifica di Livorno.

Ma ecco che interviene una squadra di vigili del fuoco: senza l'équipe medico-legale e in assenza della polizia scientifica, vengono rimossi nove corpi situati sul ponte imbarcazioni. L'accesso al relitto da parte della polizia scientifica viene inizialmente impedito, così si legge nella relazione dell'ispettore Grosselle della Questura di Livorno, per ragioni di sicurezza: «A causa del fuoco e dell'estrema pericolosità esistente, l'ingresso a bordo del traghetto ci viene interdetto fino all'esecuzione da parte dei vigili del fuoco di una prima sommaria bonifica». L'ispettore Grosselle scoprirà solo più tardi che l'opera di *sommaria bonifica* comprende inspiegabilmente anche la rimozione di nove cadaveri combusti e carbonizzati rinvenuti sul ponte di poppa n. 2 del traghetto (non distante dal punto dove si trovava l'unico sopravvissuto, il mozzo Bertrand), frettolosamente rinchiusi nelle body bags e immediatamente trasportati presso l'hangar del porto dove opera l'équipe dei medici legali incaricati. Il ponte di coperta viene così ripulito. Una *bonifica* poco utile alle indagini. «Verso le ore 14», prosegue infatti il resoconto dell'ispettore Grosselle, «ci siamo recati all'ex area Laviosa, sempre nell'ambito portuale dove, nella piattaforma recintata costruita a suo tempo per lo stoccaggio e smaltimento dei reflui tossici della nave Karen B, vi sono tre grossi hangar, di cui due intercomunicanti, muniti di impianti di aspirazione, ritenuti idonei alla provvisoria collocazione delle salme». Che succede nel frattempo sul relitto? Leggiamo il verbale redatto dal comandante dei vigili del fuoco: «Individuate le prime nove salme e ottenuta la preventiva autorizzazione dall'autorità giudiziaria, si provvedeva al relativo recupero e trasporto a banchina».

Eppure la direzione e gestione delle operazioni di recupero dei cadaveri ricade sotto la diretta competenza della polizia scientifica, su delega diretta del magistrato. È lo stesso ispettore Grosselle a precisarlo nella sua relazione: «Data la peculiare importanza dei rilievi di polizia scientifica nel caso specifico, il Sostituto procuratore della Repubblica presso il Tribunale di Livorno dr. Luigi De Franco, titolare delle indagini, ci lasciava libero arbitrio nell'organizzazione delle operazioni relative al recupero dei cadaveri».

Ai funzionari della Questura viene inibito l'accesso al relitto per ragioni di *pericolosità* e poi, in loro assenza, si procede a un'operazione così importante per le indagini come la rimozione di nove salme, quelle sul ponte del traghetto, «dietro preventiva autorizzazione dell'autorità giudiziaria». In realtà, l'autorità giudiziaria aveva delegato proprio la polizia scientifica per la delicata operazione. E la polizia scientifica non può far altro che *prendere atto* di quanto avvenuto.

La situazione a bordo del relitto, soprattutto nelle parti superiori della nave e sul ponte esterno dove vengono rinvenuti i nove corpi, era davvero così pericolosa da sconsigliare l'accesso a chi non fosse un vigile del fuoco? La risposta arriva, quando ormai è troppo tardi: durante il processo, a cinque anni dai fatti, il Pm Carlo Cardi chiede al comandante provinciale di Livorno dei vigili del fuoco, Fabrizio Ceccherini, quale fosse la situazione a bordo del traghetto quando vi salì a bordo per la prima volta, l'11 aprile '91. Risponde Ceccherini: «Le fiamme le abbiamo trovate sotto, però con la caratteristica dei focolari... L'incendio stava continuando ma nelle parti basse della nave». E il Pm Cardi: «Lei e il personale che salì con lei avevate necessità di mezzi di protezione personale per salire a bordo o non c'era questa necessità?». Ceccherini: «Niente di particolare, oltre la dotazione normale». Nessuna situazione di pericolo, dunque, a livello del ponte di coperta. Eppure il professor Bargagna, dell'équipe medico-legale, ricorda quando gli venne impedito l'accesso: «Chiedemmo di prendere parte alle operazioni di recupero dei corpi sulla nave e ci dichiarammo disponibili, ma emersero subito rilevanti difficoltà espresse, mi sembra, soprattutto dai vigili del fuoco per il fatto che la nave era ancora in vaste parti surriscaldata».

Nel corso della stessa udienza, l'avvocato Giunti chiede al comandante di illustrare come si era svolta l'opera di rimozione dei corpi «con specifico riferimento ai cadaveri trovati all'esterno del ponte poppa imbarcazioni». La domanda dell'avvocato è diretta e riguarda quei nove sul ponte esterno del traghetto: «Chi li rimosse?». Ceccherini: «Io credo che soltanto noi potevamo rimuovere i corpi, nella fase proprio del recupero attivo». Avv. Giunti: «Voi con l'ausilio della polizia scientifica?». Ceccherini: «La polizia scientifica faceva i rilievi, prendeva la posizione e cercava di compiere i primi atti di identificazione o comunque tesi alla corretta identificazione. Poi noi, materialmente, prendevamo i corpi». Peccato che le cose siano andate un po' diversamente.

Qualcosa di non spiegabile

C'è una frase di Bargagna che colpisce. «Queste nove salme non erano tutte quante conservate nello stesso modo, e questo non sempre è apparso spiegabile». Di cosa parla il professore?

La mattina dell'11 aprile, alle 7 del mattino, un elicottero sorvola il relitto del traghetto passeggeri con a bordo un fotografo che scatta diverse immagini: si vedono le parti esterne, il ponte, la zona poppiera, quello che rimane dei vani scialuppe e… alcuni corpi. Nove, tutti carbonizzati. Anzi no: un corpo, uno soltanto, risulta visibilmente integro. Pulito. Sembra addormentato, sdraiato, il viso rivolto verso il cielo, le braccia distese lungo i fianchi, leggermente allargate. Accanto a lui, a pochissima distanza, si scorge un altro corpo, completamente carbonizzato esattamente come altri sette. Le fotografie vengono acquisite agli atti del Tribunale. Si scoprirà che il corpo perfettamente integro appartiene ad Antonio Rodi. Com'è possibile che diversi corpi, situati quasi uno accanto all'altro sul ponte di un traghetto incendiato, presentino uno stato di compromissione così radicalmente diverso? Il prof. Bargagna non sa trovare una risposta. Anche perché, poche ore dopo aver scattato quelle fotografie, viene effettuata una nuova ripresa aerea del ponte del traghetto: le successive immagini mostrano il corpo di Antonio Rodi, perfettamente integro nella precedente fotografia, in fase di combustione, le braccia rattrappite e annerite, la zona addominale arrossata in piena fase di abbruciamento. Possibile che Rodi abbia resistito come e più di Bertrand a bordo del traghetto in fiamme, raggiungendo il ponte esterno della nave molte ore dopo la collisione e poi, per qualche ragione, abbia perduto i sensi? Come si concilia questo fatto documentato con l'ipotesi di una morte rapida e inevitabile per tutte le persone a bordo, a eccezione del miracolato Bertrand? Il suo riconoscimento, come si legge nell'Atto di individuazione del cadavere redatto il 16 aprile 1991, «è avvenuto in forma visiva, in quanto il corpo si presenta integro». È l'unico fra quelli rinvenuti sul ponte imbarcazioni del Moby Prince che risulti identificabile.

E, curiosamente, il referto relativo ad Antonio Rodi è anche l'unico, tra quelli compilati per le centoquaranta vittime, che non rechi alcuna indicazione del luogo di ritrovamento. Una dimenticanza? Una cosa è certa: quel corpo integro si trova accanto a corpi carbonizzati orribilmente mutilati dall'azione del fuoco. Quel corpo rende difficile sostenere la tesi di una morte improvvisa e rapida per tutti.

Reperto eccezionale: un video

A bordo del relitto viene anche rinvenuta una cassetta video amatoriale. Nel Salone de luxe, sotto il cadavere n. 110 viene scovata una borsa. Il corpo viene presto identificato: è quello di Alessandra Giglio, imbarcatasi sul Moby Prince assieme alle due piccole figlie e al marito. All'interno della borsa, vi è una custodia, nella quale si trova una videocamera. Ordinatamente sistemata e riposta con cura nella custodia. I corpi ammassati sopra hanno evidentemente protetto quell'involucro dai danni prodotti dal calore, il pavimento coibentato ha fatto il resto.

Quella videocamera amatoriale scampata al rogo contiene il breve filmato della vita a bordo del Moby Prince prima della morte. È un documento straordinario, un aiuto imprevisto per quanti cercano di capirne di più. Quel filmato può finalmente aiutare a spiegare molte delle domande alle quali l'unico sopravvissuto, il mozzo Bertrand, non è in grado di rispondere.

Il video viene consegnato al Pm De Franco che indaga sulla tragedia; ma arriva sul suo tavolo quando è già trascorso un po' di tempo dal suo ritrovamento, forse troppo. E quel filmato è passato attraverso diverse mani, forse troppe...

Sono riprese struggenti, perché iniziano e finiscono con le immagini di una famiglia che non esiste più, mamma, papà e due bimbe piccole che si imbarcano a bordo di un traghetto, a Livorno, la sera del 10 aprile. La musica di sottofondo li accoglie a bordo, «Dimmi quando tu verrai, dimmi quando, quando, quando...», le immagini del salone, i clienti del bar che guardano la partita in tv, le due bambine che saltellano allegramente davanti a una vetrina, uno scorcio della cabina... Nuove immagini: adesso siamo all'interno della cabina. Si vede il padre, il signor Canu, riflesso allo specchio mentre riprende la stanza, la moglie appare inquadrata di spalle mentre prepara i pigiamini delle bimbe, entrambe in piedi accanto al letto; a un certo punto l'obiettivo della telecamera si dirige verso l'angolo sinistro del soffitto e, un attimo dopo, si ode un rumore improvviso e crescente, cupo, difficile da decifrare. Fine del filmato.

Quel suono, quel rumore non è preceduto né accompagnato da uno spostamento dell'immagine ripresa. È strano: tutte le testimonianze delle persone coinvolte nella collisione, dall'equipaggio dell'Agip Abruzzo all'unico sopravvissuto Alessio Bertrand, concordano nel descrivere l'impatto come «molto violento», tale da provocare lo spostamento di persone e oggetti a bordo. Bertrand, seduto a guardare la tv, afferma di essere stato scaraventato in avanti assieme ai colleghi. Invece quell'immagine ripresa da una cabina del Moby Prince rimane ferma, stabile, senza movimenti repentini. I corpi della famiglia Canu, con la famosa valigia, verranno ritrovati nel Salone de luxe, vestiti e radunati assieme agli altri passeggeri, con addosso i giubbotti salvagente. Canu si apprestava ad andare a dormire quando effettuava le riprese: ha avuto evidentemente il tempo di rivestirsi, di prepararsi assieme ai familiari e di seguire le indicazioni, fornite da qualcuno a bordo, per raggiungere il luogo stabilito di raduno dei passeggeri, il Salone de luxe.

Operazione taglia e cuci

Torniamo al momento in cui il Pm Luigi de Franco vede il filmato contenuto nella telecamera. Altri prima di lui l'hanno maneggiata e hanno già visto quel video. Purtroppo non si sono limitati a guardarlo: a un certo punto delle riprese hanno preso una forbice e hanno tagliato il nastro.

Procediamo con ordine. La prima domanda alla quale rispondere è: chi ha ritrovato la telecamera? La seconda: chi ha preso in consegna il filmato che vi era contenuto, prima della consegna al magistrato?

Nel corso di un'udienza processuale, l'avvocato De Rosa chiede al prof. Bargagna di riferire le circostanze e le modalità attraverso le quali i medici legali entrarono in possesso della cassetta. La replica del prof. Bargagna è immediata: «Noi non ne siamo in possesso. Sappiamo che c'è agli atti e l'abbiamo anche vista, nell'ambito degli accertamenti di consulenza». Interviene un collaboratore di Bargagna, Alessandro Bassi Luciani, ricercatore dell'équipe medico-legale che ricorda meglio l'episodio: «Io assistetti al rinvenimento della telecamera. Allorché procedevamo all'esame del contenuto dei sacchi, in uno di questi – il numero può essere controllato sulla relazione – trovammo assieme alla polizia scientifica un borsone nel quale era contenuta la telecamera. Fu esaminata questa telecamera, rilevandola in parte bagnata, se ricordo bene, e a tutti venne il sospetto che potesse essere ancora utilizzabile il nastro perché non presentava rilevanti tracce di abbruciamento. L'oggetto fu quindi preso direttamente in consegna dalla polizia scientifica».

Poi però i ricordi si aggrovigliano, su una questione fondamentale...

Avvocato: «Mi perdoni, l'estrazione materiale della cassetta dall'apparecchio è stata effettuata a vostra cura, o a cura della polizia scientifica? La cassetta contenuta nell'apparecchio è stata da voi estratta?».

Bassi Luciani: «Non mi sembra che sia stata tolta al momento del rinvenimento della telecamera. Questo però è un ricordo a mente, se ricordo bene, perché la telecamera forse non funzionava o... comunque mi pare proprio che sia stata tolta da altri successivamente al nostro rinvenimento».

Secondo la prima versione, la polizia scientifica avrebbe preso direttamente in consegna la telecamera, così come rinvenuta nella borsa accanto al cadavere. Poi però, stimolato dalle domande dell'avvocato, il medico rammenta che, dopo una verifica sul funzionamento della telecamera, *altre* persone non meglio identificate estraggono la videocassetta VHS. Ricordi confusi, approssimativi. È trascorso tanto tempo... Ebbene, chi erano queste altre persone presenti alle operazioni di rinvenimento e di repertazione all'interno del capannone-obitorio?

Dalla documentazione raccolta emerge che quella cassetta non viene inviata subito ai tecnici della polizia: la videocassetta Canu finisce solo sei mesi più tardi alla Divisione IV Sezione I della polizia scientifica presso la Direzione centrale della polizia criminale di Roma, esattamente il 24 ottobre 1991. Il 7 maggio 1992, la Direzione centrale della polizia criminale invia alla polizia scientifica di Livorno copia dei risultati dell'analisi strumentale effettuata sul nastro; il 26 maggio 1992, quindi oltre un anno dopo la sciagura, l'ispettore Grosselle della polizia scientifica livornese trasmette al Pm incaricato, Luigi De Franco, il referto analitico ricevuto da Roma.

I laboratori romani della Sezione indagini foniche e registrazione della polizia scientifica ricevono l'originale videocassetta VHS C rinvenuta nella borsa del cadavere n. 110, cassetta contrassegnata dal numero EC 30 K249BB20N1.

Nessun danno viene rilevato dal perito sulla parte esterna della cassetta, non vi sono segni di danneggiamento, bruciature, abrasioni o imperfezioni. Il tecnico esamina il contenuto del filmato, analizzando nel contempo le condizioni del nastro originale. In merito al rumore che si avverte chiaramente durante gli ultimi istanti di riprese effettuate da Canu nella cabina del

Moby Prince, è molto cauto: «Nessuna ipotesi si può avanzare circa la natura del rumore, dato che il suo andamento Energia/Tempo non è stato riscontrato simile ad alcuno di quelli creati in laboratorio».

Però nota subito qualcosa di strano: la registrazione si conclude proprio nel momento in cui interviene quel suono. Un'interruzione brusca. Forse troppo. Decide allora di interrompere la proiezione e di passare a esaminare direttamente e accuratamente la qualità della pellicola originale, estraendola dall'involucro. Il risultato, secondo quanto emerge dalla relazione conclusiva della perizia, è così descritto: «Dalla visione della videocassetta si evince che la registrazione termina mentre l'operatore sta effettuando la ripresa del soffitto di una cabina della nave e, contemporaneamente, si ode un rumore di natura imprecisata». E aggiunge: «Immediatamente dopo, il nastro magnetico presenta una giunzione effettuata in modo non professionale». Fine della trasmissione. Le immagini risultano interrotte perché il nastro è stato tagliato in quel punto e incollato con una parte di nastro vergine. Non si sa chi abbia eseguito tale operazione, né quando sia avvenuta. Ma se qualcuno aveva interesse a occultare quel documento, perché non farlo sparire anziché tagliarlo? Sappiamo che al ritrovamento della videocamera erano certamente presenti diverse persone, all'interno del capannone obitorio in darsena Toscana. Troppe, perché quel nastro potesse scomparire nel nulla.

Giornale di navigazione e scatola nera abbandonati sulla petroliera

Non è un mistero. Un allievo al primo anno dell'Accademia navale sa che il comandante di una nave è tenuto a riportare sul giornale di navigazione ogni elemento riguardante la navigazione, compreso il punto di ancoraggio della nave in rada. Sarebbe stato un dato prezioso per definire l'esatta zona di collisione fra l'Agip Abruzzo e il traghetto della compagnia Navarma. Sul giornale viene inoltre annotata ogni eventuale modifica del punto di ancoraggio, così come la presenza di altre imbarcazioni alla fonda, anche non identificate. Il giornale di navigazione viene custodito in plancia comandi. Quello che si trovava nella plancia del Moby Prince adesso è cenere. Che fine ha fatto il giornale di navigazione dell'Agip Abruzzo?

La sera del 10 aprile, in attesa di abbandonare la petroliera con una scialuppa, a bordo non vi era una situazione di estremo allarme, da *si salvi chi può*: il comandante Superina ha tempo sufficiente per prelevare e mettere in sicurezza una serie di documenti[5] che si trovavano a bordo della nave ma, per un'inspiegabile leggerezza, il comandante dimentica in plancia comandi proprio il più importante di tutti: il giornale di navigazione. Sempre nella plancia comandi, dove Superina trascorre circa un'ora di tempo dopo la collisione prima di calarsi in mare insieme all'equipaggio, vengono abbandonati dal comandante altri documenti di straordinaria importanza: si tratta delle rilevazioni e dei grafici prodotti da un particolare sistema di controllo elettronico della navigazione installato a bordo, che registra automaticamente i dati relativi al funzionamento degli apparati ed elabora in tempo reale quelli satellitari relativi all'esatta posizione assunta in ogni momento dalla nave; le informazioni raccolte vengono stampate su carta.

Questo *tesoro* rimane a bordo dell'Agip Abruzzo, abbandonato in plancia comandi, per tre lunghi giorni. Nessuno si preoccupa di recuperarlo.

[5] Documentazione che verrà poi sequestrata dalla Procura della Repubblica di Livorno, come riporta *La Nazione* il 16 aprile 1991.

La notizia dell'esistenza di questa importante strumentazione di bordo non arriva dal comandante Superina, né dai dirigenti Snam accorsi nel giro di poche ore a Livorno: viene rivelata a un cronista del quotidiano *La Nazione* dal signor Salvatore Proto, amministratore delegato della ditta Cyborg srl con sede a Capannori, provincia di Lucca. La società del signor Proto è infatti la fornitrice dell'impianto elettronico di controllo installato sulla petroliera; tre mesi prima, era stato lo stesso amministratore della società lucchese a recarsi a bordo per effettuare una serie di controlli alle apparecchiature. Tutto ok, funzionavano perfettamente. Ed è lo stesso signor Proto a contattare il giornalista della *Nazione*, rivelandogli questa notizia e spiegandogli l'importanza di quella strumentazione dimenticata: è colpito dal fatto che nessuno, a quasi una settimana dalla tragica collisione, abbia dato la minima importanza alla necessità di recuperare questo *data recorder* indispensabile per consentire una ricostruzione documentata degli avvenimenti. Non riesce a farsene una ragione anche se ormai, conclude: «temo che sia andato distrutto».

In effetti è così: durante i tre giorni successivi al disastro, nessuna delle parti direttamente interessate a recuperare questi due fondamentali strumenti documentali si preoccupa di farlo. Eppure, nonostante i focolai d'incendio, la petroliera è accessibile: i vigili del fuoco salgono ripetutamente a bordo e, dalle loro relazioni, emerge che i principali problemi di contenimento delle fiamme non riguardano la plancia comandi, bensì la sala macchine. Nel verbale di un loro sopralluogo del 12 aprile si legge che «appare chiaro che l'incendio interessa la cisterna del bunker di destra e alcuni sfoghi ubicati sul piano di coperta». Non vengono segnalati particolari problemi nel locale plancia, addirittura vengono effettuate prove e sondaggi per verificare se l'incendio interessi anche il serbatoio posizionato a sinistra. Ma nessuno si preoccupa di informare i vigili del fuoco della necessità di prelevare quei documenti.

Il 13 aprile 1991, alle sei del mattino, avviene «un'esplosione confinata di entità assai rilevante a bordo della nave cisterna in corrispondenza della cisterna destra contenente il bunker e della cisterna n. 15 di acqua di zavorra, al momento vuota, e ubicata a poppavia». Dopo l'esplosione, l'incendio si estende alla sala macchine. Nessuna menzione circa il locale della plancia comandi. Ma è alla data del 13 aprile che viene fatta risalire la distruzione della preziosa documentazione di navigazione, dimenticata a bordo della petroliera.

La sopravvivenza dopo la collisione

Il lavoro dei consulenti medico-legali del Pm è inattaccabile: su questo concordano anche i periti di parte, fra i quali il professor Angelo Fiori, direttore dell'Istituto di medicina legale al Policlinico Gemelli di Roma, un'autorità in materia, noto per essersi occupato, fra gli altri casi, anche del delitto di via Poma. Utilizzando proprio i risultati di quelle analisi, Fiori arriva però a conclusioni diametralmente opposte a quelle dei consulenti del Pm: non è vero, come sostiene il prof. Bargagna, che a bordo del Moby Prince la morte è arrivata per tutti entro mezz'ora dopo la collisione. La vita a bordo, lo dimostrano i livelli di ossido di carbonio riscontrati nel sangue delle vittime, è durata molte ore.

Le cause della morte, sostengono i consulenti del Pm, sono riconducibili a tre fattori: il fuoco, l'elevata temperatura, l'inalazione di gas tossici. Una persona aggredita direttamente dal fuoco e dalle temperature da forno, muore in tempi rapidi e questo è scientificamente dimostrabile attraverso l'analisi ematica, dalla quale risulta una bassa concentrazione di ossido di carbonio, ovvero di carbossiemoglobina del sangue. Ciò significa che quella persona non ha avuto tempo sufficiente per respirare ossido di carbonio in quantità significativa: il fuoco non ha dato scampo, la persona non ha avuto tempo di inalare veleni, ha perso subito conoscenza ed è morta carbonizzata in breve tempo.

Il professor Bargagna è convinto che siano andate così le cose a bordo del Moby Prince: ma a sostegno di questa tesi non menziona i dati analitici riscontrati sui cadaveri. Seguiamo attentamente questo passaggio chiave: «Le conclusioni a cui collegialmente siamo giunti si fondano prevalentemente sui dati circostanziali. Abbiamo tenuto conto di ciò che ci era stato detto circa le modalità della collisione fra le due navi e della brutalità, intensità dell'incendio verificatosi a carico di entrambe, ma in particolare a carico del Moby... Dobbiamo dire che abbiamo tenuto conto della testimonianza del teste superstite Bertrand. Mettendo insieme tutti questi elementi giungemmo alla conclusione che, verosimilmente, assai plausibilmente, la sopravvivenza globale delle persone a bordo, salvo l'eccezione che noi abbiamo ritenuta vera eccezione, singolare eccezione, quella del Bertrand, non sia andata oltre alcune decine di minuti, che abbiamo indicato con una mezz'ora».

Chi comunica al collegio medico-legale e al professor Marino Bargagna questi «dati circostanziali»? Sono due le fonti informative del professor Bargagna: la Capitaneria di porto (alla quale viene affidata la prima inchiesta sommaria dal ministero della Marina mercantile) e il sopravvissuto miracolato Alessio Bertrand.

Ha buon gioco il professor Angelo Fiori a ribaltare l'impostazione del lavoro e le conclusioni espresse dal responsabile dei consulenti medico-legali del Pm: «Il primo motivo del dissenso nei confronti del collega Marino Bargagna è che, sul piano del metodo, mi è difficile, penso a tutti noi è difficile accettare che si invertano le regole della metodologia medico-legale. Cioè, noi non possiamo partire dai dati circostanziali per trarre spunto per fare le nostre indagini, e poi leggere i risultati anche alla luce dei dati circostanziali. È chiaro che noi non potremo mai, dai dati circostanziali, metterci a desumere dei dati medico-legali. Qui si invertono i termini. È dall'inizio del secolo che si è fatto questo passaggio. Perché prima l'avvelenamento, quando non c'erano mezzi scientifici per dosare l'ossido di carbonio, spesso i medici legali lo risolvevano su criteri cosiddetti circostanziali: ma era un segno di impotenza, perché non potendo fare di meglio si sostituivano agli inquirenti e ai giudici. Mentre adesso invece noi possediamo dei dati scientifici e su questo noi dobbiamo lavorare, naturalmente confrontandoci con quello che di circostanziale conosciamo. Quindi, non è vero che i dati tossicologici che ha raccolto il collegio siano un complemento. No: quelli sono i dati principali di cui disponiamo».

I cadaveri parlano

E cosa dicono questi dati tossicologici? Gli esami ematici per individuare i livelli di carbossiemoglobina e di cianuro presenti nel sangue sono stati compiuti su 100 cadaveri in differente stato di conservazione. I risultati sono inequivocabili, secondo Fiori: «I livelli di ossido emoglobina e di cianuro sono così rilevanti, così importanti da dimostrare che lì c'è stata una eterogeneità di situazioni per cui un certo numero di persone sono sopravvissute abbastanza di più di altre. Quanto? Penso almeno qualche ora».

Questa non è, per Fiori, una supposizione teorica, bensì un personale *intimo convincimento* fondato sulle analisi medico-legali svolte dal collegio di consulenti del Pm. Fiori ricorda in aula che sono frequenti i casi in cui persone «magari dopo sei o sette ore in cui sono state esposte all'ossido di carbonio vengono trasportate in ospedale e magari restano in coma due o tre giorni e poi muoiono, oppure invece si salvano». Perciò, sulla base delle conclusioni di Fiori, se invece di osservare il traghetto alla deriva si fosse tentato di portare soccorso a bordo, forse qualcuno si sarebbe potuto salvare sul Moby Prince, oltre al mozzo.

Già, Bertrand. Il sopravvissuto. Non è presente alle udienze, ma il prof. Bargagna basa i suoi convincimenti anche sulla sua testimonianza: «Quel testimone non ha raccontato frottole», afferma. «Il D'Antonio era vicino a lui come corpo inanimato», ripete Bargagna. Ma il punto è un altro: «Bertrand non fa il medico», replica il professor Fiori, «non è lì che controlla la respirazione, il polso, ecc., quindi *inanimato* non vuol mica dire morto». I corpi che Bertrand vede riversi sul ponte esterno «sono inanimati nel senso che sono dei corpi che però possono essere ancora portati a rianimazione».

Schianto improvviso?

C'è un altro aspetto, relativo alle condizioni di ritrovamento dei cadaveri, che mina l'affidabilità della memoria del Bertrand. Il sopravvissuto continua a ripetere che, a causa dell'urto violento e improvviso, venne proiettato in avanti cadendo dalla sedia e finendo per terra, sul pavimento. Bertrand è un soggetto giovane, robusto, atleticamente in grado di assorbire un colpo. A bordo era imbarcata gente di diversa età, bambini anche molto piccoli, persone anziane. Si apprestavano ad andare a dormire, oppure guardavano la partita in tv proprio come il mozzo. Se la collisione, così come racconta, è stata un evento improvviso non preceduto da alcuna avvisaglia di emergenza in corso e ha colto tutti rilassati e impreparati, com'è possibile che nessuno dei passeggeri né alcun componente dell'equipaggio presenti segni di fratture o traumi?

Sui centoquaranta corpi esaminati dall'équipe medico-legale guidata dal prof. Bargagna sono chiaramente presenti i segni di morte per asfissia, per fiamme, per l'elevato calore; ma non vi sono tracce di ferite o di eventi traumatici, riconducibili all'impatto fra le navi.

Rodi, Abbattista, Baldauf, Esposito, Bertrand. Di questi cinque, solo l'ultimo è riuscito a scampare alla morte. Gli altri quattro nomi sono diventati numeri, ogni numero segnato su un foglio di carta e ogni foglio appeso a un sacco di plastica.

«Mi permetto di sottolineare», è il prof. Daniele Cafini che parla, primario medico legale all'ospedale di Verbania, «che il caso Bertrand, da tutti indicato come l'eccezione, di fatto eccezione non è. Proprio perché almeno altri quattro casi dubbi ci sono».

È il caso di Antonio Rodi, arrivato sul ponte esterno del traghetto come Bertrand: il suo corpo – come abbiamo detto – viene fotografato in condizioni perfettamente integre la mattina dell'11 aprile, nove ore dopo la collisione, mentre poco dopo viene aggredito dalle fiamme. È il caso del marinaio Esposito, il cui cadavere viene recuperato in mare, sempre la mattina dell'11 aprile, dal tenente Gentile della guardia di finanza: l'uomo sopravvive in acqua per un certo periodo di tempo, nuota, cerca di rimanere aggrappato finché può a qualche appiglio galleggiante e poi, sfinito, muore dibattendosi allo stremo, in attesa di soccorsi che non arrivano. Tipica «asfissia da annegamento», si legge sul referto dell'esame autoptico; «L'asfissia da annegamento è completa, quindi non è una persona che è finita in mare morta, o che è finita in mare mezza morta. È una persona che ha potuto muoversi, che si è dibattuta nell'acqua», conferma il prof. Bargagna. Particolare non irrilevante: Esposito indossava le scarpe ed era privo di giubbotto salvagente: l'avesse indossato, si sarebbe probabilmente salvato.

È il caso di Abbattista, rinvenuto in sala macchine con tassi di carbossiemoglobina tali da confermare una prolungata sopravvivenza in quella zona del traghetto.

E infine è il caso dell'austriaco Baldauf. Il suo corpo, ritrovato in un locale della sala macchine particolarmente protetto dall'azione delle fiamme, risulterà quello meglio conservato di tutti, l'unico realmente disponibile per una completa autopsia. In una tasca dei pantaloni viene rinvenuto un portatessere contenente un documento di identità: è lui, chiaramente riconoscibile dalla foto. Un caso insperato, tenuto conto che l'azione distruttiva del fuoco e del calore ha praticamente reso impossibile l'esecuzione di normali indagini autoptiche sulla quasi totalità dei cadaveri. Un caso importante, per i medici legali incaricati di carpire il maggior numero di informazioni possibili dai resti umani disponibili. Un caso unico, un po' come quella telecamera e quel filmato miracolosamente sopravvissuti al fuoco.

Il professor Bargagna conferma in Tribunale che il criterio base seguito per decidere se eseguire o meno un'autopsia era proprio il grado di conservazione dei corpi: «Quelli che apparivano meglio conservati ovviamente presentavano il maggiore interesse... in certi casi la sezione del cadavere appariva sostanzialmente non praticabile perché vari segmenti corporei erano andati distrutti, i visceri erano certamente cotti. Direi che in prevalenza le autopsie hanno mirato a due fini: rilievi di carattere generale per i corpi meglio conservati; rilievi mirati all'identificazione per i corpi per i quali si rendeva necessaria».

Quello di Baldauf diventa dunque il *cadavere ideale*: viene immediatamente identificato, è in buono stato di conservazione e rappresenta una fonte di conoscenza di rilievo generale.

Invece, proprio il corpo di Baldauf, il cadavere n. 26, non viene sottoposto ad autopsia. Viene dimenticato. L'avvocato Cristina Cerrai chiede spiegazioni al professor Bargagna per la mancata esecuzione dell'autopsia sul corpo di Baldauf. Il medico, inizialmente, risponde così: «Non sempre era indispensabile. Era nostra discrezione procedere ad autopsia o non procedervi. L'autopsia fu ritenuta non necessaria. Essendo meglio conservato non ci diceva molto di più, penso. Questo aveva soltanto le conseguenze dell'inalazione di gas». Poi aggiunge: «L'autopsia fu ritenuta non necessaria anche per la necessità di dover consegnare al più presto le salme per motivi di pressione psicologica che vi erano in quei giorni».

Ma non è stata la pressione dei familiari a impedire l'esame autoptico sul corpo di Baldauf. Seguiamo il racconto di un altro medico che faceva parte del collegio dei periti impegnati nelle operazioni in darsena Toscana: «Questo cadavere era ben conservato. Non ci furono problemi relativi all'identificazione perché aveva addosso un borsello o un qualche cosa del genere che consentì poi l'identificazione de visu, anche con una fotografia. Poi non venne più esaminato anche perché nessun familiare venne a chiedere quella salma... Ecco che è accaduto che questa salma del Baldauf è rimasta tre o quattro giorni praticamente all'interno del suo sacco dentro il capannone. In questi tre, quattro giorni la salma è andata incontro a quelle consuete modificazioni che si hanno mantenendo le salme alla temperatura a cui poteva essere il capannone». L'incredibile racconto continua: «Dopo alcuni giorni è venuta la fidanzata del Baldauf, ha proceduto effettivamente all'identificazione; noi abbiamo fatto a quell'epoca, mi sembra, vado a mente, ma non sono particolarmente certo, il prelievo del sangue senza procedere all'autopsia. Il campione di sangue fu modesto forse proprio perché le condizioni della salma nel giro di qualche giorno... chi è medico legale sa che dopo alcuni giorni è più difficile trovare del campione di sangue a meno che non si debba procedere per forza alla necroscopia... le altre salme, cioè quelle carbonizzate o bruciate, si sono conservate meglio perché in parte erano già bruciate».

Nessun «si salvi chi può», tutti radunati nel salone

La maggior parte dei cadaveri viene rinvenuta all'interno del Salone de luxe: sono circa un centinaio, ammassati davanti alla porta d'uscita situata verso poppa, quasi in un estremo tentativo di fuga da un luogo divenuto una trappola mortale. L'azione delle fiamme e del calore sembra aver seguito itinerari incomprensibili. Accanto al corpo «severamente carbonizzato» di Giuseppina Martignago (il reperto n. 104) viene rinvenuta una «borsa in plastica rossa con scritta Excursoes Intravel ove si rinvengono bicchieri in plastica, coltello con manico bianco in plastica, tovagliolini di carta, panini». Addosso a corpi irriconoscibili, portafogli con documenti d'identità ben leggibili.

Quasi tutti questi corpi appartengono ai passeggeri, fatti convergere in quel preciso punto della nave nell'ambito di un'operazione di *messa in sicurezza* che non lascia trasparire motivi di particolare allarme, almeno nella fase iniziale. Nelle tasche di alcuni componenti dell'equipaggio viene trovato un foglio, una specie di tabulato: si tratta del *ruolo di appello*, una sorta di libretto istruzioni appeso alla testa della cuccetta di ogni operatore Navarma a bordo del traghetto. Contiene il mansionario di ciascun componente in caso di emergenza.

Il Salone de luxe era coibentato e in grado di proteggere e isolare per almeno un'ora l'ambiente interno dall'azione del fuoco. La posizione di rinvenimento dei cadaveri ha, per il professor Fiori, un significato preciso: «Erano tutti in condizioni di non intossicazione. Avevano la forza di cercare di uscire perché altrimenti noi avremmo dovuto trovare nella sala una distribuzione eterogenea di persone colte lì, nella morte da fuoco che poi è arrivato. E invece li abbiamo trovati tutti in uscita, evidentemente erano tutti in piedi, coscienti, capaci di tentare, e poi colti evidentemente all'uscita dai gas che hanno fatto perdere la coscienza». Un tentativo di fuga estremo, quando ormai le fiamme stavano per aggredire anche il salone. Ma quanto è durata la vita all'interno di quell'ambiente? «La maggior parte delle persone», continua Fiori, «sono state trovate nel Salone de luxe in una fase di fuga, dopo essere state riunite lì dentro perché ci sono le porte tagliafuoco. A un certo momento si sono resi conto che erano in trappola e hanno cercato di uscire, e lì poi purtroppo sono stati trovati morti. Ebbene, se in quella sala ci fosse stata una penetrazione di ossido di carbonio importante, dovevano morire tutti nell'arco di dieci-venti minuti come dice il prof. Bargagna, e in questo caso non avrebbero fatto in tempo assolutamente ad avere tassi di carbossiemoglobina diversi l'uno dall'altro. Uno un pochino di più, l'altro un pochino di meno, d'accordo: ma non che uno è al 6% e l'altro al 90%. Questo è impossibile».

«Significa che alcuni sono sopravvissuti a tal punto che hanno potuto continuare a introitare ossido di carbonio e ad aumentare la carbossiemoglobina fino al 90%. Vuol dire che erano vivi, sono tutte persone che ci danno un segnale inequivocabile, che un gruppo di persone non è morto né in mezz'ora e, secondo me, nemmeno in un'ora, ma probabilmente sono andati avanti per qualche ora».

A questo punto occorre prendere in considerazione un altro elemento. Il salone è situato nella zona di prua della nave passeggeri: sul ponte superiore si trova la plancia comandi, a livello inferiore si trova il bar e, subito alle spalle, il grande salone. Quando il traghetto sperona la petroliera, la prua del Moby Prince si infila nella cisterna piena di iranian light, lo squarcio e lo sfregamento di lamiere producono un incendio che rapidamente si sviluppa dalla prua della nave determinando – secondo la ricostruzione ufficiale – la morte rapida di tutte le persone a bordo.

Ora: se così fossero andati i fatti, perché la quasi totalità dei corpi dei passeggeri e dell'equipaggio vengono ritrovati proprio nel Salone de luxe, a pochi metri dallo squarcio e dall'inferno di fuoco? Perché radunarsi a prua, a pochi metri dalla linea di collisione, proprio dove l'incendio nasce ed è più virulento, anziché tentare scampo nelle zone di poppa oppure in mare?

Possibile che qualcuno abbia dato loro ordine, *dopo* la collisione, di rivestirsi e di radunarsi all'interno di un salone circondato dalle fiamme, e lì aspettare la fine?

Difficile da credere: sarebbe stato come organizzare una sorta di consapevole suicidio di massa; e non c'era nemmeno il tempo materiale – *dopo* la collisione – per disporre il trasferimento dei passeggeri nel salone prodiero: molti ambienti nella zona di prua erano già inaccessibili a causa del fuoco. Come si spiega allora la presenza di questo centinaio di corpi nel salone? La risposta può apparire banale, però cambia completamente lo scenario: se le persone a bordo del Moby Prince non potevano materialmente raggiungere il Salone de luxe dopo la collisione, significa che si trovavano già radunate in quel punto *prima* della collisione. Per quale ragione?

Che succede a bordo prima?

È utile combinare il ragionamento del professor Fiori con quello del capitano Profeta Brandimarte, consulente di parte civile, esperto professionista della navigazione.

A bordo del Moby Prince vi era una situazione di allarme ben prima che avvenisse la collisione con l'Agip Abruzzo: «I cadaveri», dice Brandimarte, «sono stati trovati nella maggior parte nel Salone de luxe. Questo sta a indicare che a bordo non c'è stato una sorta di "si salvi chi può". Voglio dire, riferendomi anche a eventi catastrofici di incendi di alberghi, di cui conosciamo gli esiti e le testimonianze, che le persone imprigionate nelle stanze all'interno, anche nei piani alti, si sono lanciate nel vuoto, convinte di potersi salvare... Ritornando alla nostra nave, non abbiamo evidenziato questa situazione, anzi, si evidenzia semmai il fatto che la maggior parte dei corpi sono stati trovati in un unico locale».

Parole confermate dal comandante dei vigili del fuoco di Livorno, Fabrizio Ceccherini: nel corso del processo ribadisce che la concentrazione dei passeggeri nel salone «non corrispondeva al piano di emergenza» a bordo del Moby Prince. Brandimarte approfondisce poi un altro aspetto: nessun cadavere è stato rinvenuto nel locale bar, situato immediatamente a prua del Salone de luxe. Eppure quel locale brulicava di persone, come dimostra il video girato a bordo, pochi minuti prima della tragedia, dallo sfortunato signor Canu. «Lo stesso Canu all'inizio del suo video», riprende Brandimarte, «fa una panoramica all'interno della nave. Riprende i membri dell'equipaggio, i barman in questo locale passeggeri che stanno appunto guardando la televisione. C'è un notevole gruppo di persone in quel locale. Pensando a una collisione improvvisa avremmo dovuto certamente trovare qualche corpo in quel locale, data anche la vicinanza tra quel locale e la prua, cioè il punto della collisione: sono pochi metri. Invece in quel locale non sono stati trovati cadaveri! ».

Sempre in relazione ai luoghi di rinvenimento dei corpi delle vittime, Brandimarte sottolinea un altro elemento: « Le apparecchiature radio della sala R.T., che si trova a una ventina di metri dietro il ponte di comando, sono state trovate crollate sul tavolo di lavoro. Ora, bisogna pensare che a un certo momento il marconista parlava con Livorno radio e dopo pochi minuti c'è stata la collisione, o il may day, per cui, in caso di collisione improvvisa, avremmo dovuto trovare il corpo del marconista sotto queste macerie. Queste apparecchiature, crollate per effetto della collisione, sono a muro, quindi si sono proprio abbattute sul tavolo di lavoro ». La postazione di lavoro del marconista è cieca, priva di visuale sulla direzione di marcia del traghetto. Ma il corpo del marconista non viene rinvenuto nella stazione R.T., l'operatore non viene colto di sorpresa dalla collisione perché non si trovava al suo posto. Viene invece rinvenuto « sul ponte di comando in quanto il may day è stato lanciato dall'apparato del ponte di comando. C'è anche una perizia. È risultato che il may day è stato lanciato non dall'apparato R.T., ma da quello sul ponte di comando ».

Dunque, qualche evento non ordinario era già in corso a bordo del traghetto; qualcosa aveva spinto il marconista ad abbandonare la sua postazione operativa, per mettersi direttamente a disposizione del comandante. « Ogni membro dell'equipaggio », è sempre il capitano che parla « in caso di emergenza ha una destinazione specifica a bordo della nave. In questo caso il marconista è tenuto a presentarsi dal comandante e attendere istruzioni, che il comandante gli ha dato perché ha lanciato il may day ».

L'avvocato Filastò, di parte civile, lo interrompe: «Questo secondo lei è avvenuto in una fase precedente rispetto alla collisione?».

Brandimarte: «Sì, di pochi minuti». E ricorda l'ultima comunicazione radio proveniente dal Moby Prince alla stazione IPL Livorno Radio: sono le 22:23 del 10 aprile. Due minuti dopo, il disperato e soffocato may day proveniente dal Moby Prince in collisione con la petroliera: «Due minuti di tempo durante i quali è avvenuto qualcosa che poi ha portato la nave alla collisione», conclude Brandimarte.

Il Moby stava tornando in porto

Dopo la rimozione dei corpi, con l'odore acre che avvolge ogni cosa e ti si appiccica addosso, arriva il momento di verificare lo stato degli impianti del traghetto, perché da lì arriverà sicuramente la risposta: un guasto, il blocco della timoneria, qualcosa che spieghi l'immane tragedia. Di questo è convinto l'ingegner Claudio Chiavacci che guida una squadra di vigili del fuoco lungo i corridoi che conducono alla sala macchine. Ma qui ad attenderli c'è una sorpresa, una nuova scarica di adrenalina: aperta la porta della sala macchine, scoprono che le luci sono accese, tutto funziona alla perfezione, gli ambienti sono integri, i ventilatori sono in funzione, i generatori elettrici a posto e in pieno esercizio. Un funzionario della Navarma, salito successivamente a bordo, rimane stupefatto: «Arrivato giù era incredibile: la nave aveva tutti i macchinari ausiliari in moto, pompe, depuratori, compressori aria, caldaia, era tutto in moto, tutto funzionante».

Nessun guasto, nessun blocco del funzionamento dei macchinari. Cosa è successo, allora? Il ragionamento del capitano Brandimarte torna all'evento straordinario che, prima della collisione, può aver spinto il comandante a radunare tutti nel salone di prua: «Questo è il mio pensiero da marittimo, da navigante, comunque mi metto nei panni del comandante: la prima operazione da fare è quella di mettere in sicurezza i passeggeri. Quindi, avrà certamente fatto convogliare i passeggeri nel Salone de luxe e questo comporta, comunque, un certo tempo, non lungo, ma diciamo sufficiente a convogliare questi passeggeri nel salone, a seguito dell'evento straordinario che si è avuto in quel momento. Devo anche dire e pensare che il comandante avesse necessità di sapere cosa fosse realmente successo. Per cui diciamo: mettere in sicurezza i passeggeri, capire cosa poteva essere successo, quindi dare anche degli ordini agli ufficiali che erano con lui e prepararsi a effettuare un possibile e prossimo rientro in porto. Questo lo dico perché non è pensabile, con una qualsiasi emergenza poco dopo la partenza, di proseguire il viaggio e arrivare fino a destinazione. Questa era la situazione. Diciamo anche che il comandante non aveva l'obbligo di informare le autorità marittime o chicchessia nell'immediatezza dell'evento, anche perché – torno a dire – doveva capire cosa era successo, doveva manovrare, doveva mettere i passeggeri in sicurezza. Lo avrebbe certamente fatto se ne avesse avuto la possibilità, se avesse potuto concludere questa emergenza».

Ma questa *emergenza controllata* termina con lo speronamento della petroliera e l'inizio dell'inferno a bordo del traghetto.

Scene dall'inferno

I corpi rinvenuti sul ponte esterno sono quelli più distrutti: è difficile identificarne il sesso, presentano «aspetto di statua e atteggiamento a lottatore», distruzioni di arti. Gli elementi di riconoscimento sono costituiti dalla devitalizzazione di un dente, un anello, un portachiavi. Il cadavere classificato come reperto n. 1 (Luigi Perez De Vera), rinvenuto sul ponte imbarcazioni nella zona di poppa, presenta «in ipofaringe, nel vestibolo laringeo e nella trachea abbondante materiale scuro, brunastro, denso che aderisce alla mucosa; lo stesso materiale è presente in minor quantità nell'esofago... nei grossi bronchi materiale analogo a quello segnalato in laringe e in trachea». Sempre sul ponte imbarcazioni, sotto il reperto n. 4 identificato come De Gennaro Giuseppe, viene recuperato il reperto n. 5, identificato come Tagliamonte Giovanni: non indossa alcun indumento, al collo una catenina in metallo giallo con medaglietta rettangolare su cui sono incisi due cuori, uno più grande con la scritta *I love you* e uno più piccolo. Il dato interessante è il ritrovamento del suo orologio metallico, fermo alle 10:30 in punto. L'ora della fine: la collisione, l'onda nera, l'esplosione e il fuoco che avvolge tutto. Questi uomini si trovavano sul ponte imbarcazioni esterno del traghetto ben prima della collisione, evidentemente per un'altra ragione: non hanno avuto scampo.

Il corpo del comandante Ugo Chessa viene rinvenuto proprio sotto la cabina di pilotaggio: è uno dei corpi più devastati, è stato l'ultimo ad abbandonare il locale plancia situato all'estrema prua, proprio davanti alla tanica squarciata della petroliera in fiamme. Aziona il comando elettromagnetico di chiusura delle porte tagliafuoco, situato proprio nel locale plancia, per mettere in sicurezza i passeggeri già radunati nel Salone de luxe; tenta di governare finché possibile il traghetto incendiato. È l'ultimo a tentare di mettersi in salvo, ma il fuoco non gli dà scampo.

Spostandoci all'interno del ponte di coperta, troviamo il reperto n. 51, identificato dall'ufficio come Rizzo

Salvatore. Si tratta dell'elettricista di bordo del Moby Prince. Il suo corpo non è riconoscibile e viene così identificato: l'atto di individuazione è motivato sulla base del verbale di riconsegna del cadavere steso dal Pm l'8 giugno '91, che così recita: «Rilevato che da questa relazione emergono elementi di attribuibilità a Rizzo Salvatore della salma n. 51, rappresentati in particolare [...] dal rinvenimento in zona vicina a quella in cui la salma è stata ritrovata di attrezzi da elettricista, elemento questo rilevante attesta la funzione di elettricista espletata dallo stesso Rizzo, P.Q.M. (per questi motivi, *nda*) dispone l'attribuzione a Rizzo Salvatore della salma n. 51». Attrezzi da elettricista accanto al corpo: non servono se divampa un incendio, possono servire se vi sono anomalie a bordo che riguardino il funzionamento di servizi e impianti. Fra i numerosi oggetti rinvenuti ancora legati ai polsi dei cadaveri, vi sono anche numerosi orologi. Concentriamo la nostra attenzione su una particolare categoria di orologi: quelli che, non danneggiati e dunque ben identificabili, hanno le lancette bloccate a una determinata ora. Quale? E per che motivo: esaurimento della carica? Rottura? Distruzione causata dal fuoco?

Fra gli orologi muniti di datario rinvenuti con le lancette bloccate, nessuno indica la data del 10 aprile: tutti, nessuno escluso, indicano il giorno successivo, giovedì 11 aprile. E fra quelli non muniti di datario, nessuno fra quelli rinvenuti nei locali interni del traghetto risulta bloccato nella fascia oraria compresa fra le 10:30 e le 00:00, ovvero fra il momento della collisione e il momento in cui viene tratto in salvo Bertrand. Unica eccezione, come si è visto prima, l'orologio al polso del povero Giovanni Tagliamonte, sorpreso sul ponte imbarcazioni esterno assieme ad altri colleghi dalla marea nera in fiamme, pochi istanti dopo la collisione, che segna le 22:30 in punto.

Abbiamo provato a suddividere i dati ricavabili da questi reperti in base ai diversi ambienti di rinvenimento dei corpi a bordo del traghetto (più precisamente, in base ai luoghi dov'è stato possibile un certo grado di conservazione dei corpi e dei relativi oggetti personali) per poi confrontarli fra loro. Ecco il risultato.

Salone de luxe: sappiamo che qui le condizioni di protezione dal fuoco sono state, per un certo periodo di tempo, le migliori rispetto a ogni altro ambiente della nave. E sappiamo anche che la gran parte dei corpi qui rinvenuti erano ammassati verso l'uscita situata sulla parete posteriore, verso poppa, dunque in direzione opposta rispetto al punto di collisione. Tentavano una fuga estrema, disperata, da un luogo che il fuoco e il fumo stavano trasformando in una micidiale trappola, ma hanno trovato in agguato fuoco e fumo anche dalla parte opposta e per loro non c'è stata possibilità di salvezza. Quando avviene questo estremo e inutile tentativo di fuga? Fra i corpi ammassati verso l'uscita, il n. 106 porta ancora al polso un orologio privo della cassa di vetro, rottasi evidentemente in seguito a evento traumatico: le lancette segnano le ore 2:57. A pochi centimetri da lui, l'orologio al polso della vittima n. 113 ha le lancette ferme praticamente alla stessa ora, 2:50. Poco più dietro, quello del corpo n. 105 è fermo alle 3:40. E ancora più dietro, quelli trovati presso i corpi n. 81, 80, 88 segnano le ore 7:11, 8:15, 9:30. Altri orologi rinvenuti presso cadaveri presenti nel salone risultano ancora funzionanti.

Appena fuori del salone, sul vestibolo cabine di seconda classe del ponte di coperta, l'orologio del cadavere n. 22 è fermo con le lancette alle 7:46; sul corridoio cabine di seconda classe due orologi con le lancette bloccate: uno alle 3:30 e l'altro alle 4:50'50" (probabilmente l'unico orologio digitale rinvenuto). Al polso di altri due corpi, meglio conservati degli altri (n. 128 e n.

17), due orari fissati per sempre sul quadrante: ore 11:13 e 12:29. Questi orologi dispongono di datario, in entrambi la data è 11 aprile.

La guardia militare del porto

Vi sono persone che, almeno per una volta nella vita, si trovano nel posto giusto al momento giusto, anche se forse ne avrebbero fatto volentieri a meno. Massimo Vernace è uno di questi.

Vernace ricorda e racconta al magistrato che la sera del 10 aprile, alle 22, sale in garitta per dare il cambio al collega di turno. Compiute le ordinarie operazioni di verifica del funzionamento degli apparati in dotazione, inizia il suo turno operativo di vigilanza del mare. Ogni movimento in rada, ogni situazione particolare è motivo di attenzione. Sarà una serata di guardia come le altre, pensa Vernace, mentre inizia il turno di sorveglianza dalle 22 alle 24, in sostituzione di un collega indisposto. Supposizione sbagliata.

Osservando la zona di mare antistante, Vernace nota le luci delle navi ferme in rada: è una bella serata, la visibilità del mare antistante è ottima, si vedono distintamente tutte le navi, compresa l'Agip Abruzzo, «la grossa petroliera illuminata». Ben presto smette di osservare la grande petroliera: la sua attenzione viene catturata dalle luci di una motonave in fase di uscita dal porto. È il Moby Prince, Vernace lo riconosce. Il traghetto ha appena iniziato a muoversi in direzione della rada, per poi puntare verso Olbia. È ancora molto distante dalla petroliera. «Era illuminatissimo», ricorda Vernace, «quando seguivo il mare, il traghetto era acceso». Poi, però, accade qualcosa di incomprensibile: improvvisamente il traghetto non c'è più. O meglio: c'è ancora ma non si vede più, per qualche motivo il suo impianto di illuminazione è totalmente oscurato. «Non ho più visto le luci», rammenta Vernace. «Il traghetto l'ho visto acceso in diagonale a me. Poco dopo non ho più visto le luci del traghetto. Sarà stato lì, cioè, da un attimo all'altro non penso sia andato lontanissimo. Le luci non le ho più viste. Come traghetto per me era spento, perché le luci non le ho viste».

Interviene il Pm Cardi: «Non ha più visto il traghetto o non ha visto le luci del traghetto?».

Vernace: «Le luci».

Pm Cardi: «Cioè, il traghetto lo vedeva sempre, ma lo vedeva spento?».

Vernace: «Sì».

Pm Cardi: «Ma questo già a suo tempo l'aveva detto, lei?».

Vernace: «Sì, sì».

Il silenzio nell'aula del Tribunale è interrotto dalla voce di Vernace che riprende il racconto di quella maledetta sera. «Non ho più visto le luci del traghetto, ma non ho dato peso al fatto che non c'erano le luci accese. Quindi, mi sono girato per fare la prova radio e sono rimasto un pochino con le spalle al mare». «Potrebbe dire se è stato un tempo apprezzabile quello fra quando non ha più visto le luci e quando ha visto lo scoppio?», interviene l'avvocato Bassano. «Saranno passati cinque, sette minuti, il tempo di fare delle prove radio», risponde Vernace. Cinque-sette minuti fra l'oscuramento del traghetto e la collisione, durante i quali il guardiamarina non osserva più la situazione in rada, intento a effettuare prove radio. Minuti durante i quali due ufficiali di Marina, Thermes e Olivieri, osservano invece strani bagliori provenienti dall'Agip Abruzzo. E poi? «Poi ho sentito un boato, mi sono girato e c'era fuoco, fiamme, esplosioni, fumo», conclude Vernace.

Questa testimonianza apparirebbe inconciliabile con la ricostruzione fornita dall'unico sopravvissuto a bordo del Moby Prince, Alessio Bertrand, secondo il quale a bordo del traghetto tutto filava liscio fino al momento della collisione.

Ma la memoria di Bertrand appare difficilmente conciliabile con molti altri elementi oggettivamente riscontrati. La collocazione dei corpi a bordo ritrovati, nella quasi totalità, all'interno del Salone de luxe, è il risultato di un'operazione di messa in sicurezza dei passeggeri chiaramente avviata, organizzata e comunicata a tutti i componenti dell'equipaggio. Possibile che Bertrand non si sia accorto di nulla? Possibile che mentre passeggeri ed equipaggio si radunavano nel salone, lui continuasse a guardare tranquillamente la partita di calcio alla tv?

Alessio Bertrand, il miracolato. La sua vicenda rappresenta forse la più evidente testimonianza che era possibile sopravvivere a lungo a bordo del Moby Prince. Ma i suoi ricordi, a distanza di anni, sono ancora avvolti nella nebbia.

Il sopravvissuto: pochi ricordi, troppi misteri

Come si sa, lui solo scampa al rogo; Bertrand rimane aggrappato per un'ora e mezza al corrimano di poppa in attesa di soccorsi che non arrivano, indossando un giubbotto di salvataggio munito di un fischietto di segnalazione che continua a suonare nell'oscurità, disperatamente, inutilmente. Poi, quando è ormai allo stremo delle forze e sta per mollare la presa, rischiando così di fare la fine del collega Esposito – il marinaio trovato morto annegato molte ore più tardi – arrivano due ormeggiatori a bordo di una barchetta di sette metri. Si tratta delle uniche persone che fino a quel momento hanno cercato, individuato e inseguito la nave investitrice. L'uomo aggrappato al corrimano esita, i due ormeggiatori gli urlano di tuffarsi, lo tirano su. Si tratta del mozzo di bordo del Moby Prince, un ragazzo di Ercolano.

Il ventiquattrenne Alessio Bertrand era appena entrato alle dipendenze della Navarma. Casualità dei numeri: assunto il 10 marzo, quello del 10 aprile era il primo imbarco. Il suo primo viaggio si è concluso con un disperato tuffo nelle acque scure e fredde della rada di Livorno.

Non è certo un marinaio esperto. È un mozzo alle prime armi.

Prima di addentrarci nei suoi contraddittori ricordi, torniamo alla drammatica sequenza del suo salvataggio, perché forse lì è custodita una parte delle risposte ai molti dubbi. Perché qualcosa di strano inizia ad accadere subito dopo che l'unico testimone sopravvissuto viene raccolto in mare.

Urla nel silenzio

Bertrand ricorda di aver visto, mentre era ancora nel traghetto in fiamme alla deriva, «una luce negli occhi, un faro». Un proiettore illumina il mozzo aggrappato disperatamente all'estremità poppiera del traghetto. Il mozzo associa questo fascio di luce all'arrivo dei due ormeggiatori, gli unici che inseguono il traghetto alla deriva e che lo traggono in salvo. Ma la barca degli ormeggiatori è priva di proiettori.

Sui nastri di IPL Livorno Radio rimane impressa la sequenza delle comunicazioni dei due valorosi che salvano il mozzo. L'ascolto di quel nastro lascia sconcertati. Seguiamo la successione cronologica dei dialoghi convulsi. Sono le 23:40'20" quando sul canale 16 VHF irrompe la voce dell'ormeggiatore Valli: «Avvisatore,

avvisatore da ormeggi... siamo insieme alla nave bruciata, noi... questa è senza nessuno e va in giro da sé». Dopo diciotto secondi, sempre Valli chiama in aiuto la motovedetta della Capitaneria di porto accorsa sul posto, la CP 232: «CP, uomo in mare! Si è buttato da poppa della nave, ci siamo sopra!». Bertrand viene tratto in salvo dagli ormeggiatori, è trascorsa circa un'ora e un quarto dalla collisione.

Quindi, la motovedetta della Capitaneria CP 232 ora si trova accanto agli ormeggiatori. Con il trascorrere dei minuti il comportamento della motovedetta appare sempre più strano: non recupera il naufrago dalla barca degli ormeggiatori, e nemmeno si avvicina alla nave alla deriva dalla quale il naufrago si è gettato.

Dopo una serie di interferenze che quella sera rendono problematiche le comunicazioni sul canale di emergenza, di nuovo gli ormeggiatori si rivolgono alla motovedetta della Capitaneria. Il tono della voce è deciso, quasi spazientito. Sono le 23:42'43": «CP, siamo alla tua sinistra! Punta sulla nave per favore! C'è ancora gente, ci dice questo naufrago che abbiamo raccolto!».

La motovedetta non risponde.

L'ormeggiatore ripete ancora una volta sul canale 16 VHF il suo inequivocabile, drammatico messaggio: «Abbiamo raccolto un naufrago, dice che c'è ancora gente sulla nave!». E poi ancora: «Sto parlando della nave che era in collisione!».

Silenzio da parte della Capitaneria. Sul canale di emergenza non resta traccia di alcuna comunicazione, né da parte della Centrale operativa portuale né dalle motovedette in rada. Sono le 23:43'24" quando irrompe nuovamente la voce dell'ormeggiatore Valli, esasperato dai continui disturbi sul canale radio di emergenza ma, soprattutto, dall'indecifrabile silenzio che accompagna le sue drammatiche, ripetute segnalazioni alla Capitaneria di porto: «Lascia un attimo libero il canale!», urla al microfono. E prosegue: «Un naufrago l'abbiamo già raccolto. Adesso abbiamo una CP (motovedetta, *nda*) che indugia! Andare a poppa della nave! Il naufrago ci dice che ci sono ancora dei naufraghi da salvare!».

Sembra quasi che sia l'ormeggiatore Valli il responsabile delle operazioni di soccorso: ha salvato un uomo, ripete alla radio che ce ne sono altri, segnala l'incomprensibile *indugiare* da parte di una motovedetta della Capitaneria; continua a chiedere alla Centrale operativa di intervenire. Quale risposta ottiene da chi dovrebbe dirigere le operazioni di soccorso?

Silenzio: sul canale di emergenza 16 VHF continua un inspiegabile, totale silenzio da parte della Centrale operativa e delle motovedette presenti in rada, in una delle quali è imbarcato il comandante del porto Albanese.

Ancora una volta, è la voce dell'ormeggiatore a irrompere via radio: «La nave è la Moby Prince! Moby Prince!». Sono le 23:45'16".

La sequenza delle comunicazioni successive è, se possibile, ancor più sconcertante. Dopo una comunicazione via radio da parte di un rimorchiatore, di nuovo l'ormeggiatore conferma sul canale 16 VHF la drammatica notizia, rivolgendosi pochi secondi dopo alle vicine motovedette della Capitaneria: «È la Moby Prince! Per cui ha fatto operazioni commerciali, c'è un sacco di gente sopra!».

Silenzio.

Di nuovo l'ormeggiatore: «Ci sono cinquanta passeggeri, mi dicono!».

Silenzio.

L'ormeggiatore chiama la motovedetta, a poche decine di metri di distanza da lui, che sta osservando la stessa scena: «CP, mi stai ascoltando?».

Il tempo continua a trascorrere nel più totale silenzio.

L'ormeggiatore, forse a questo punto più incredulo

che disperato, tenta di mettersi direttamente in contatto con la Centrale operativa portuale della Capitaneria.

Sono le 23:46'17", è di nuovo Valli che chiama: «Compamare, Compamare!».

Silenzio.

Ancora la sua voce esasperata, alla ricerca di qualcuno che confermi di aver capito cosa sta succedendo, di voler intervenire. Ci prova con l'avvisatore marittimo: «Avvisatore, avvisatore! Qualcuno mi deve rispondere! Oh, cos'è successo?».

Cosa succede? Silenzio. Nessuna risposta.

Poi improvvisamente, alle 23:55'08", riescono a comunicare con la Centrale operativa della Capitaneria. È passato un quarto d'ora da quando hanno tratto in salvo Bertrand. «Abbiamo raccolto un naufrago, ha detto cinquanta passeggeri!», ripete tenacemente Valli per l'ennesima volta.

Compamare: «Centocinquanta passeggeri raccolti? Chiedo conferma».

Interviene un rimorchiatore: «No! Hanno raccolto un naufrago e dovrebbe avere a bordo cinquanta passeggeri!».

Compamare Livorno: «Va bene, ricevuto».

Di nuovo gli ormeggiatori: «Ce lo ha detto il naufrago!».

Il repentino certificato di morte e la dispnea ritardata

Perché quel lungo silenzio da parte dei mezzi della Capitaneria di porto responsabili del coordinamento dei soccorsi? Perché la motovedetta accanto agli ormeggiatori indugia, anziché intervenire rapidamente? Quale strategia di soccorso sta adottando? Sembra una strategia di attesa: ma di che cosa?

Sono domande cruciali perché proprio a questo punto, ammesso che gli avvenimenti finora elencati possano rientrare nella sfera della *normalità*, accade qualcosa di realmente straordinario. Seguiamo gli eventi da quanto riportato sul brogliaccio della Centrale operativa della Capitaneria: si tratta delle annotazioni cronologiche, con orario e minuti relativi, degli eventi del 10 e 11 aprile. Riportiamo testualmente l'annotazione delle 23:55: «La CP 232 comunica di aver imbarcato un naufrago del Moby Prince tuffatosi a mare dalla poppa della nave». Da questo momento Bertrand si trova a bordo della motovedetta CP 232. All'improvviso, alle 23:55'24", la silente motovedetta CP 250 – a bordo della quale è imbarcato il comandante del porto Albanese – cerca di mettersi in contatto proprio con la CP 232 che ha imbarcato Bertrand.

Ore 23:58'05": finalmente la Centrale operativa della Capitaneria rompe il lungo silenzio ma, anziché contattare la sua motovedetta, per ragioni ignote si rivolge agli ormeggiatori... «Ormeggiatori, da capo Manganiello (è il nome dell'ufficiale di Marina che in quel momento è al microfono della centrale, *nda*)».

Il tono della voce proveniente dall'imbarcazione degli ormeggiatori è profondamente cambiato rispetto alle precedenti, concitate comunicazioni. Sembra spento, rassegnato: «Avanti, capo Manganiello...», risponde Valli.

Manganiello: «Siete sempre in zona? C'è mica qualche altro naufrago?».

Ormeggiatore, con tono stanco e un po' irritato: «Capo Manganiello! Ci abbiamo anche la motovedetta vicina! Stiamo perlustrando, io non trovo nessuno».

Lì vicino c'è una motovedetta: perché dalla Centrale operativa della Capitaneria non si rivolgono direttamente a loro?

Ore 23:58'19", di nuovo la Centrale operativa interviene sul canale 16 VHF. Un'altra richiesta di informazioni, questa volta sul naufrago Alessio Bertrand. Ancora una volta, inspiegabilmente, sebbene il mozzo del Moby Prince si trovi ormai a bordo della CP 232, la Capitaneria si rivolge agli ormeggiatori.

Manganiello: «Dunque, il naufrago ha dichiarato se si sono buttati in mare altri, oppure no?».

L'ormeggiatore esita qualche secondo, poi risponde con una frase che rimane impressa per sempre sul nastro e nella memoria di chi ascolta: «Il naufrago ha detto che sono tutti morti bruciati». Poi, dopo un intervallo di quindici, interminabili secondi aggiunge, riferendosi a Bertrand: «Comunque era sotto shock, eh!».

In questa vicenda le cose sembrano procedere al contrario: più lo scenario di quanto è accaduto va chiarendosi nei drammatici particolari, più le azioni e le iniziative di alcuni dei protagonisti assumono contorni indefiniti e irrazionali. Perché la Centrale operativa non comunica con le sue motovedette presenti sul posto? E per quale motivo la versione attribuita a Bertrand cambia improvvisamente, proprio in concomitanza del suo trasferimento sulla motovedetta CP 232? Cosa lo avrebbe indotto a ritenere – dopo che per quasi mezz'ora era stato ripetuto via radio che c'erano almeno cinquanta passeggeri da salvare – che sul traghetto fossero «tutti morti bruciati»? Cosa avviene durante e dopo il trasbordo di Bertrand dalla barca degli ormeggiatori alla CP 232?

Non è tutto, nell'elenco degli strani avvenimenti che accompagnano il salvataggio del sopravvissuto. Torniamo al momento in cui il mozzo viene consegnato dagli ormeggiatori alla motovedetta. Per trentacinque minuti, dalle 23:55 del 10 aprile alle 00:30 dell'11 aprile, il naufrago Bertrand rimane a bordo della CP 232. Poi improvvisamente, alle 00:30 dell'11 aprile, avviene qualcosa che viene così testualmente riportato sul registro cronologico redatto dalla Centrale operativa della Capitaneria: «La CP 232 chiede di rientrare perché il naufrago sta male: ha crisi di dispnea ed è in stato confusionale».

Sembra una crisi di dispnea a scoppio ritardato. Forse è già in condizioni critiche quando trasborda sulla motovedetta; ma se così fosse, perché viene tenuto a bordo della CP 232 per trentacinque lunghi minuti accanto al traghetto alla deriva in fiamme? Perché non viene riportato subito a terra e ricoverato, come avviene infatti per i componenti dell'equipaggio dell'Agip Abruzzo?

Di Alessio Bertrand si hanno poche immagini. Una, fra tutte, rimane nella memoria: si tratta del suo rientro al porto, la sera della tragedia. Una televisione locale riprende le immagini dell'arrivo della motovedetta con a bordo il mozzo. Sono circa le 1:15 dell'11 aprile, in rada l'Agip Abruzzo e il Moby Prince stanno ancora bruciando, c'è un gruppo di persone in attesa sulla banchina dove attracca la CP 232: a un certo punto, sulla scaletta della motobarca appare un uomo piuttosto basso e tozzo, avvolto da una coperta, che improvvisamente balza di scatto sul molo e si avventa rabbioso contro una persona lì presente, tentando di aggredirla furiosamente prima di essere fermato e caricato su un'ambulanza. La persona aggredita è un giornalista di Telegranducato, emittente televisiva locale: è lì per fare il suo mestiere, finisce travolto da un uomo in preda a un evidente raptus. Quell'uomo è Alessio Bertrand. È chiaramente terrorizzato: lo sguardo stravolto, impaurito, fuori di sé. È una persona sotto shock, altro che dispnea. La sua furia aggressiva verso il primo malcapitato è quella di un uomo spaventato sottoposto a forte stress. Viene scortato fino all'ospedale.

In una simile vicenda non poteva mancare un degno epilogo. A distanza di anni è ancora avvolto nel mistero il motivo per cui, pur venendo ricoverato in ospedale per disturbi da intossicazione dovuti a inalazione di gas tossici e rimanendovi un'intera settimana per accertamenti, Bertrand non verrà mai sottoposto ad alcun esame ematico per verificare la concentrazione di ossido di carbonio: i valori ematici del suo sangue, il sangue dell'unico sopravvissuto, dai quali potrebbero emergere importanti indicazioni circa la capacità di sopravvivenza a bordo, sono destinati a rimanere per sempre un segreto. E non sarà l'unico.

Gli strani ricordi del sopravvissuto

Mattina dell'11 aprile. Alessio Bertrand è su un letto degli Spedali Riuniti di Livorno e viene ascoltato da due ufficiali di polizia giudiziaria inviati dal Pm De Franco. È ancora in condizioni psicologiche di forte stress, i suoi ricordi sono frammenti sconnessi: rammenta che la sera prima aveva portato un vassoio di caffè e panini in plancia comandi, dove erano presenti il comandante Chessa, il primo ufficiale di coperta e il timoniere. Poi era tornato «nella saletta dell'equipaggio dove si trova un apparecchio televisivo e stavo vedendo la partita Barcellona-Juventus. A un certo punto abbiamo avvertito un terribile urto, quasi come se fosse un terremoto, e improvvisamente i locali sono stati investiti dalle fiamme e dal fumo». Lui e i colleghi vengono scaraventati in avanti, per terra, «... tutti quelli che eravamo nella sala siamo scappati e abbiamo attraversato diversi locali della nave, constatando che tutti erano invasi dal fumo e dal fuoco e che sia l'equipaggio che i passeggeri cercavano di scappare. Insieme con due miei amici, Giovanni D'Antonio e Angelo Massa, ci siamo recati nella parte poppiera della nave, all'aperto. Lì ovviamente la situazione era un po' migliore».

Prima annotazione d'obbligo: non vi è traccia di nebbia in questo primo resoconto di Bertrand. Sollecitato da una precisa domanda in proposito, Bertrand risponde così: «Non posso dire se nella zona vi fosse nebbia, perché in un primo tempo ero nella saletta, e in un secondo tempo il fumo oscurava tutto». Intervistato da una giornalista di *Repubblica*, conferma: «Non so come sia potuto accadere». Teniamo a mente la risposta.

Tribunale di Livorno, 15 aprile '91: davanti al Pm De Franco, Bertrand espone in modo più esteso e articolato il ricordo di quanto accaduto a bordo del Moby Prince: «Dopo pochi secondi dall'urto, tutti quelli che eravamo in saletta ci siamo rifugiati in garage, al piano terreno della nave». Perché in garage? Bertrand non sa rispondere, dice che non è stato dato «alcun allarme sul traghetto e nemmeno alcun ordine di concentrarsi nel punto di riunione, situato nel salone dove sta anche il commissario di bordo». Strano: invece è proprio in quel salone che vengono recuperati la maggior parte dell'equipaggio e dei corpi di passeggeri con i propri bagagli. Prosegue il mozzo: dato che il garage era invaso dal fumo, «abbiamo deciso di salire sopra e di rifugiarci nella parte poppiera della nave all'aperto. Eravamo sempre il gruppo uscito dalla saletta. Per arrivare al garage e quindi alla parte poppiera, dove peraltro ci siamo trattenuti un po', abbiamo impiegato circa cinque minuti». Qui, prosegue, «ho percepito l'esistenza di un'altra nave in fiamme. Il fumo era già molto intenso e non si capiva se c'era o meno nebbia». Nel gruppo c'è anche Gerardo Guida, zio di Bertrand. È lui che lo trattiene, impedendogli di gettarsi in mare: è pericoloso, potrebbe finire risucchiato dall'elica.

E allora cosa fa Bertrand, rimane lì in attesa dei soccorsi? No. Rientra nei locali interni del traghetto, raggiunge le cabine passeggeri situate nella zona di poppa e, dato che sono invase dalle fiamme, assieme agli altri si dirige verso prua. Ovvero, verso il cuore dell'incendio. «In questi corridoi ho visto diverse persone, sia passeggeri che membri dell'equipaggio, che andavano avanti e indietro, qualcuno gridando... le persone che si trovavano nel corridoio che portava al salone hanno cominciato a morire una mezz'ora dopo l'urto. In quei minuti, nei corridoi, non vi era fuoco ma un fumo intenso che non consentiva la respirazione regolare... Non so nemmeno bene io come, sono riuscito ad arrivare nel punto dove si interseca la scala che scende in coperta e il corridoio delle cabine dei passeggeri, all'esterno. Lì ho incontrato due miei colleghi, D'Antonio e Massa e siamo rimasti all'aperto. A un certo punto i miei due amici sono caduti a terra morti, credo per intossicazione e io ho cercato di praticare loro la respirazione bocca a bocca, senza risultato. Mi sono attaccato alla parte esterna del corrimano e mi sono messo sul viso la maglietta bagnata. Chiamavo aiuto, sia a voce che fischiando col salvagente, ma nessuno rispondeva. Sentivo soltanto le sirene delle navi». Quanto tempo sopravvivono Massa e D'Antonio? «Quaranta, cinquanta minuti dopo l'urto», sostiene il sopravvissuto.

Capitaneria di porto, 26 aprile '91: Bertrand viene interrogato a Napoli dagli ufficiali della Capitaneria livornese nell'ambito dell'indagine amministrativa. Davanti a lui siede il capitano di fregata Lorenzo Checcacci. È la prima volta che Bertrand parla, almeno ufficialmente, con rappresentanti del comando portuale dopo quella lunga mezz'ora trascorsa a bordo della motovedetta CP 232 la notte della tragedia. Forse per questo motivo, o per un repentino ritorno di memoria, nel corso di questo interrogatorio Bertrand rammenta improvvisamente un episodio, un fatto importante, inspiegabilmente trascurato e che entra in aperta contraddizione con quanto da lui dichiarato al Pm De Franco fino a quel momento: «Quando ero nel corridoio delle cabine passeggeri», dice ora Bertrand, «mi sono imbattuto anche nel timoniere, anche lui era in preda al panico: gli ho chiesto che cosa era successo e mi ha risposto che c'era nebbia e che avevamo urtato un'altra nave». A specifica domanda del capitano Checcacci, Bertrand rafforza questo suo nuovo ricordo: «Sono sicuro che si trattasse del timoniere di guardia dalle 20 alle 24 perché lo conoscevo personalmente e per averlo visto in plancia al timone poco prima».

Perfetto. Tutto sembra quadrare: l'unico sopravvissuto del Moby Prince, con un guizzo di memoria che non può essere smentito da alcun essere vivente, conferma che c'era nebbia e per questo il Moby Prince è finito addosso alla petroliera. Adesso non sono più mere supposizioni: lo ha riferito a Bertrand direttamente il timoniere del Moby Prince «in preda al panico», cioè chi in mezzo alla nebbia ha condotto il traghetto a speronare la petroliera. Il timoniere non c'è più, non può né confermare né smentire. Pazienza: chi oserebbe dubitare della parola dell'unico sopravvissuto?

In realtà, anche in questo caso alcuni pezzi del puzzle rimangono fuori posto. Nel verbale redatto dalla Capitaneria, Bertrand afferma che conosceva bene il timoniere incrociato casualmente nei corridoi in fiamme. Lo riconosce perché non si tratta di un collega come tanti, una conoscenza superficiale. No: «Lo conoscevo personalmente», puntualizza. Tuttavia, non è in grado di menzionare il suo nome e cognome.

Altro punto misterioso. Anche se alcuni aspetti rimangono oscuri – come ad esempio la decisione di fuggire verso il garage nella speranza di «resistere più a lungo al fumo» – su un punto vi era sempre stata chiarezza e uniformità di versioni: Bertrand aveva sempre detto esplicitamente che, fino a quando si trovava a bordo, né lui né i suoi compagni di fuga avevano capito esattamente cosa fosse successo. A precisa domanda, aveva sempre risposto che non sapeva nemmeno se ci fosse o meno nebbia in mare.

Le stranezze continuano. Dopo questa importante rivelazione, Bertrand viene nuovamente convocato dalla Procura della Repubblica presso il Tribunale di Livorno, alla presenza anche dei periti nominati dal Pm Luigi De Franco. È il 30 settembre 1991. Come d'incanto, il ricordo dell'incontro rivelatore con il timoniere, affiorato in presenza delle autorità militari appena cinque mesi prima, svanisce nel nulla. Non se ne trova traccia nel verbale della nuova testimonianza fornita da Bertrand: nessun accenno, nessun riferimento a incontri e scambi di informazioni sulle cause della collisione con il timoniere o con altri componenti dell'equipaggio.

La memoria a intermittenza di Alessio Bertrand su un aspetto così cruciale merita un ulteriore approfondimento. Il mozzo viene convocato in Tribunale per un nuovo interrogatorio, questa volta condotto direttamente dal Pm Luigi De Franco. È il 26 febbraio 1992. Nuovo colpo di scena: Bertrand questa volta non smentisce quanto in precedenza dichiarato agli ufficiali della Capitaneria, però fornisce al magistrato una nuova versione dell'accaduto: l'incontro e il colloquio con il timoniere Padula sarebbe avvenuto nelle scalette che conducono al garage pochi minuti dopo la collisione, anziché nell'infernale corridoio delle cabine passeggeri.

Poi però la versione cambia nuovamente: al processo, Bertrand afferma di avere incontrato il timoniere Padula «nelle cabine dei passeggeri». «Nel garage non c'era Padula?», chiede il Pm. «No», risponde Bertrand. «Sicuro?», insiste Cardi. «Sì», ripete il mozzo.

In ogni caso, al di là di luoghi e versioni che cambiano in continuazione, una cosa sembrerebbe ormai assodata: il mozzo a un certo punto incontra il timoniere Padula il quale, alla fatidica domanda («Cosa è accaduto?»), risponde con una frase che per molti rappresenterebbe la spiegazione definitiva di quanto successo in rada: «C'era nebbia, abbiamo urtato un'altra nave». Tutto chiaro? No, ancora una volta, alcuni tasselli decisivi rimangono fuori posto.

Qual è la verità?

Quando avviene la collisione, gran parte dei passeggeri e dei componenti dell'equipaggio si trovano già all'interno del Salone de luxe: le porte di sicurezza vengono chiuse ermeticamente azionando il comando elettromagnetico situato in plancia comandi per evitare l'aggressione del fuoco dall'esterno. Quelle porte non si riapriranno più: chi si trova dentro il salone vi rimarrà per sempre, resistendo il più possibile. Chi rimane fuori, cercherà scampo altrove, altrettanto inutilmente, eccetto il mozzo.

Bertrand ricorda di aver incontrato, dopo lungo girovagare, il timoniere del traghetto che gli avrebbe fatto la rivelazione fondamentale su quanto era appena successo, indicando diversi luoghi dell'incontro. Di conseguenza Padula, assieme a Bertrand, avrebbe fatto parte di quei gruppi di persone che, rimaste chiuse fuori dal salone, cercavano la salvezza muovendosi negli ambienti della nave meno aggrediti da fiamme e fumo.

Dove viene rinvenuto il cadavere del timoniere Aniello Padula? Il 27 aprile '91 viene redatto l'atto di individuazione del cadavere n. 107, sulla base di effetti personali e della compatibilità dei dati biologici. Nel documento si legge che «il riconoscimento è avvenuto mediante indumenti trovati sulla salma, in particolare le scarpe da ginnastica e la tuta. Inoltre il cognato dichiara che possedeva un braccialetto di metallo». Quel cadavere, il n. 107, viene identificato come Padula Aniello, nato a Ercolano il 4 febbraio 1947.

Luogo di rinvenimento: Salone de luxe. Difficilmente compatibile con il racconto del famoso *incontro rivelatore*.

Forse davvero Bertrand non è in grado di dare alcun contributo alla ricerca della verità perché stava guardando la partita Barcellona-Juventus con tale trasporto da non accorgersi di quanto accadeva attorno a sé, fino al momento della fuga disperata tra le fiamme. Forse non può farlo perché qualcosa si frappone ancora, come un ostacolo apparentemente insormontabile, fra ciò che è accaduto, ciò che Bertrand ha realmente vissuto in quelle ore e quello che *il sopravvissuto* può o vuole raccontare. I suoi ricordi sembrano accendersi a intermittenza, a seconda dell'interlocutore. Ma le contraddizioni non sono finite.

Forse la lunga fuga di Alessio Bertrand non è ancora terminata, a quattordici anni da quella maledetta notte.

V.

MANOMISSIONI E SABOTAGGI SUL CORPO DEL REATO

Non filmate quel relitto

La lettera, inaspettata, viene protocollata il 25 gennaio 1996 dalla cancelleria del Tribunale di Livorno. È una richiesta di accesso al relitto del Moby Prince, proviene da Roma su carta intestata della Rai, Radiotelevisione italiana, Direzione Format. Per effettuare riprese televisive destinate a una puntata di *Mixer* di Giovanni Minoli dedicata all'argomento, i responsabili del programma chiedono l'autorizzazione a poter salire sul Moby Prince e filmare gli interni del traghetto nei giorni 27, 28 e 29 gennaio 1996.

Sono trascorsi cinque anni dai tragici fatti. La carcassa del Moby, annerita e un po' sbilenca, galleggia ormai dimenticata nella darsena dove l'11 aprile '91 venne rimorchiata ancora fumante con il suo carico di morte. L'apertura del processo risveglia la curiosità dei media nazionali e la richiesta della Rai ne è la prova. Tornare al centro di un'inchiesta giornalistica televisiva può rappresentare un'occasione irripetibile per ridare alla vicenda l'attenzione che merita: si tratta della più grande tragedia della marineria civile italiana, tuttora avvolta nel mistero.

Il Tribunale respinge la richiesta di accesso al traghetto presentata dalla Rai con la seguente motivazione: «Non appare opportuno consentire un'attività extra processuale quale quella richiesta, che possa oltre che pregiudicare il sereno svolgimento del processo stesso, mettere in pericolo l'integrità del relitto e alterare in qualsiasi misura lo stato dei luoghi».

Accesso negato a *Mixer* perché, suo malgrado, potrebbe costituire una potenziale fonte di inquinamento delle prove, ostacolando quanti stanno faticosamente ricercando la verità sul Moby Prince.

Scelta condivisibile, fondata sul principio di precauzione.

Precauzione tardiva, però. Perché quando il Tribunale di Livorno prende questa decisione, ogni tipo di alterazione, manomissione e inquinamento delle prove e dello stato dei luoghi a bordo del relitto è ormai già avvenuta. Troppe persone avevano avuto libero e incontrollato accesso a bordo del corpo del reato, sin dalle prime ore seguenti il disastro. E non si trattava di curiosi giornalisti alla ricerca di notizie, ma di persone determinate a modificare e cancellare ogni traccia dell'accaduto.

Dagli atti processuali emerge infatti che, a partire dalle ore immediatamente successive alla strage, a bordo del Moby Prince vengono manomessi, occultati e sottratti alcuni elementi di fondamentale importanza per ricostruire la verità.

Ecco cosa accade a bordo del relitto.

L'inquinamento dello stato dei luoghi

Il controllo di quanto avviene all'interno della zona portuale è affidato all'autorità della Capitaneria di porto, mentre le indagini sul *corpo del reato* sono affidate alla polizia scientifica.

L'ispettore Grosselle della scientifica sale per la prima volta sul relitto alle 10 del 12 aprile '91, assieme al Sostituto procuratore De Franco, per l'individuazione e il recupero di tutti i cadaveri; o meglio, di quelli rimasti dopo la *bonifica* effettuata il giorno prima dai vigili del fuoco. Il sopralluogo generale a bordo del relitto del Moby Prince, momento cruciale delle indagini scientifiche, viene iniziato solo quattro giorni più tardi, dal 16 al 22 aprile '91, dopo la completa rimozione delle salme.

Il verbale di riunione redatto dai consulenti tecnici del Pm De Franco in data 12 aprile '91 – quindi il giorno dopo l'entrata in porto del traghetto in fiamme e quattro giorni prima del sopralluogo generale da parte della scientifica – riporta testualmente che a bordo del traghetto si rinvengono «segnali del mutamento dello stato dei luoghi, inquinato, alterato e comunque modificato».

Che significa, concretamente? Ad esempio, che dal relitto del Moby Prince qualcuno ha fatto sparire un orologio (forse bloccatosi all'ora esatta dell'impatto, oppure in coincidenza di altro evento traumatico avvenuto a bordo) precedentemente situato nella consolle della sala macchine; qualcuno ha rimosso una motopompa, ubicata nel locale garage; qualcuno ha alterato i comandi della timoneria, sia operando direttamente sul timone, sia modificando una parte del servomotore. Ma non basta: alcuni giorni dopo qualcuno preleva dal relitto l'apparecchiatura di registrazione KaMeWa, una sorta di *scatola nera* della navigazione situata nel vano delle eliche.

La scomparsa della scatola nera

Ogni imbarcazione dotata di impianto propulsivo KaMeWa dispone di una coppia di registratori situati nel vano delle eliche, che consente di memorizzare l'andatura della macchina, combinando il numero dei giri e il passo delle eliche, permettendo in tal modo di ricostruire sia l'esatta velocità sia la direzione assunta dal traghetto in ogni momento della navigazione. Anche il Moby Prince possiede un impianto analogo: dunque, esaminando tali registratori KaMeWa, sarebbe possibile tracciare l'esatta rotta seguita dal traghetto e le sue eventuali variazioni, fino al momento della collisione. Uno strumento fondamentale per ricostruire la dinamica della tragedia.

Ma i registratori non ci sono più, risultano scomparsi: una mano ignota li ha prelevati dalla loro sede, e non verranno mai più trovati.

Un fatto di gravità inaudita, confermato in sede processuale da un consulente tecnico, Luigi Vatteroni: «Dai disegni si vedeva che c'erano i due registratori, uno per l'elica di dritta e uno per quella di sinistra. Questi registratori sono sempre in macchina ma non li abbiamo trovati». Opera del fuoco? Distruzione connessa alla dinamica della collisione e dei soccorsi? Il consulente sa che questo è un passaggio delicato della vicenda e intende esporre con la massima chiarezza le proprie valutazioni. Le fiamme non sono arrivate a distruggere i registratori, la spiegazione della loro mancanza è un'altra: «Abbiamo trovato un potenziometro mancante, poi abbiamo trovato le cinghie, le catenelle di trasmissione che erano scollegate». Alla domanda se la strumentazione possa essere stata manomessa successivamente al disastro, il tecnico Vatteroni risponde in modo inequivocabile: «Senz'altro, perché ebbi a riscontrare, proprio i primi giorni che andammo giù, lo stato di ottima manutenzione della macchina». Un impianto in regola, a posto, dotato di tutte le apparecchiature previste. Compresi i registratori del vano eliche che però, dopo la tragedia, scompaiono.

Un lavoro di *pulizia finale* laddove le fiamme non sono arrivate.

Sette mesi dopo la strage, il 12 novembre '91, i periti del Pm e delle parti civili salgono nuovamente a bordo del relitto per effettuare la prima prova di funzionamento del timone. Nel corso dei preparativi per il test, un consulente di parte civile, l'ingegner Mignogna, nota qualcosa di strano: il timone presenta un'avaria che non esisteva sette mesi prima, uno spinotto posizionato in maniera diversa. È una modifica rilevante ai fini del funzionamento della timoneria e Mignogna dispone di una prova inconfutabile dell'avvenuta manomissione: una serie di fotografie del timone scattate a bordo del Moby nei giorni immediatamente seguenti la tragedia, nelle quali lo spinotto appare posizionato diversamente. Il consulente di parte civile mette a verbale che nel primo sopralluogo lo spinotto era «posizionato sul carrello, in comando non manuale, corrispondente al comando della plancia», mentre nell'occasione successiva «il perno era stato praticamente tirato su ed era piegato perché era stato picchiato, e vicino al ricevitore, in terra, c'era una grossa chiave... il perno non era quello che risulta su tutte le fotografie». Viene dunque accertato che nel locale agghiaccio (il reparto della nave dove sono collocati gli organi che consentono il funzionamento della timoneria del traghetto) «è stata compiuta una vistosa manomissione al servomotore con deformazione della spina per il passaggio da comando locale manuale a quello a distanza». Questo si legge nel verbale del sopralluogo n. 33 effettuato il 12 novembre '91, e firmato anche dai periti del Pm.

Ma, per una curiosa coincidenza, dalla relazione finale del sopralluogo redatta direttamente dai periti e trasmessa al Pm (in pratica, il documento che fa fede ai fini processuali), proprio nella parte in cui viene descritta la situazione riscontrata nel locale agghiaccio, scompare qualunque riferimento a tale manomissione.

La Pretura di Livorno: «Il Pm indaghi sui suoi consulenti»

Nessuno se ne accorge e l'episodio dello *spinotto manomesso* viene trascurato, anzi dimenticato per sei lunghi anni. Intanto, il 31 ottobre '97 la I Sezione del Tribunale di Livorno emette la sentenza di assoluzione nei confronti di tutti gli imputati per la strage del Moby Prince. Una settimana più tardi, esattamente l'8 novembre, una persona si reca nell'ufficio della dottoressa Paola Belsito, presso la Pretura circondariale di Livorno: si tratta di Pasquale D'Orsi, un dirigente della Navarma, la compagnia di navigazione proprietaria del Moby Prince.

Seduto nella poltrona davanti al pretore Belsito, D'Orsi inizia a raccontare, per la prima volta a un magistrato, un episodio avvenuto anni prima a bordo del relitto, durante uno dei sopralluoghi effettuati alla presenza dei consulenti del Pm De Franco: «In qualità di tecnico della società guidavo le commissioni che andavano a bordo per analizzare tutte le varie situazioni della nave, e in un paio di queste occasioni erano presenti tutti i periti... Si discuteva circa la posizione dello spinotto... spiegai come funzionava il timone. Mi fu chiesto di togliere lo spinotto e posizionarlo nell'altra posizione... non è sempre semplice... era la fine del 1991. Ho cercato di togliere lo spinotto del locale agghiaccio su richiesta dei consulenti e poi sono stati i consulenti stessi a picchiarci sopra nel tentativo di sfilarlo, tanto che era stato rovinato e poi da loro stessi ricostruito ex novo».

Il fatto, se confermato, avrebbe un effetto dirompente sulla credibilità stessa del processo appena concluso, basato su ricostruzioni compiute attraverso esami peritali che, in un caso simile, sono determinanti. Ne è ben consapevole la dottoressa Belsito, che decide di interrogare immediatamente i consulenti del Pm De Franco, i quali negano inizialmente di aver esercitato pressioni o azioni violente sullo spinotto, anzi confermano che «tutto era in ordine nel locale agghiaccio». Poi però, vedendosi esibire copia del verbale originale sottoscritto con i consulenti di parte civile nel quale, invece, si parlava di «vistosa manomissione», uno degli ex periti del Pm, l'ingegner Gristina, recupera improvvisamente la memoria e ammette che, in effetti, sì, il perno era stato deformato e che «l'unica cosa che era stata modificata era che il perno non era inserito bene nell'alloggiamento del foro per il comando della plancia». Dunque, stimolato dalla copia di un verbale firmato, riemerge il ricordo della «modifica del perno».

Perché nessuno dei periti del Pm lo segnalò al magistrato? Data la delicatezza della questione, la dottoressa Belsito chiede a un tecnico consulente, l'ingegner Prosperi, di esprimersi sulle possibili «conseguenze tecniche» di tale manomissione: avrebbe potuto modificare il corso delle indagini, o sarebbe stata comunque ininfluente? La risposta di Prosperi non lascia spazio a dubbi: se fosse andata a buon fine, cioè se lo spinotto non si fosse rotto durante l'operazione di manomissione costringendo gli autori a costruirne uno nuovo, quella modifica avrebbe potuto accreditare la tesi di un'avaria al timone: «Far trovare il timone in comando manuale poteva accreditare una avaria, certamente accreditava una avaria, accreditava una situazione di avaria delle linee di comando».

Di fronte alla gravità dei fatti appurati, Belsito pone alcune domande precise: «Perché i consulenti ritennero di essere in diritto di valutare ciò che avevano accertato a bordo del Moby Prince e di accantonarlo senza avvisare il Pm? E come mai a bordo di un corpo del reato, un traghetto in cui avrebbe dovuto avere accesso il minor numero di persone, ve n'era un così grande numero, e venivano messe a segno così tante manomissioni che avevano a oggetto sempre gli impianti deputati alla conduzione o alla propulsione del traghetto, e che certo non potevano esser stati fatti da persone assolutamente incompetenti e non del mestiere?».

La risposta a queste domande è scritta in una sentenza: «Il comportamento dei consulenti del Pm, che tacquero su quanto erano venuti a sapere, è quanto meno dubbio sotto il profilo deontologico e deve pertanto disporsi la trasmissione degli atti al Pm in sede per eventuali valutazioni di competenza in ordine al reato di cui all'art. 380 del Codice penale».

Responsabilità di chi doveva vigilare sul traghetto e non lo ha fatto; accesso indiscriminato e incontrollato sul relitto; presenza a bordo di troppe persone senza titolo. Tutte circostanze che, come evidenzia la sentenza del pretore Belsito, «contribuiscono a far nascere grossi dubbi sull'effettivo rispetto delle regole processuali in quella fase di giudizio, e sulla conseguente possibilità di escludere, oggi, a tanti anni di distanza, che qualcuno rimasto sconosciuto, possa avere commesso delle diverse e ulteriori manomissioni, mai svelate, sul traghetto della morte, e possa così, non scoperto, avere ancor più allontanato l'accertamento dei fatti dalla verità storica di quella disgraziatissima sera di aprile del 1991».

Strani traffici sul relitto

Se escludiamo i cronisti e la sfortunata troupe Rai di *Mixer*, il relitto del Moby Prince rimane, nel corso degli anni e nel pieno svolgimento delle indagini, un luogo al quale è possibile accedere senza particolari problemi. Soprattutto nelle ore serali e notturne. Chi vi accede, per quali motivi? Una cosa è certa: misteriosi visitatori risultano irresistibilmente attratti da qualcosa che, a distanza di tempo dalla tragedia, si trova ancora a bordo del relitto e che, per qualche ragione, deve essere assolutamente rimossa. A qualunque costo.

Mario Cattogno, assistente capo della polizia di Stato presso la Sezione antidroga della Squadra mobile di Livorno, quando non è in servizio ama andare a pesca. La sera del 13 giugno 1993, una domenica, dopo aver cenato decide di effettuare una «passata» nei pressi del porto livornese. Acque non molto limpide, ma pescose: ogni tanto capita un bel branzino da cucinare al forno. Cattogno raggiunge il molo dove è attraccato il relitto del Moby; appoggia a terra la bisaccia e, mentre si prepara ad attrezzare la canna, inizia a osservare la lugubre sagoma del traghetto, leggermente inclinato su un fianco. Ha un aspetto sinistro: croste di ruggine ovunque, le fiancate annerite fino alle lamiere contorte nella zona prodiera. Cattogno sta per tornare a occuparsi di ami e galleggianti quando, improvvisamente, qualcosa cattura la sua attenzione a bordo del relitto. Da un portellone laterale sbucano fuori quattro ombre, quattro uomini che si trovavano all'interno dei locali del traghetto e ora camminano sul ponte esterno. L'agente guarda l'orologio: sono le 20:30. È domenica sera: che ci fanno quattro individui sul traghetto?

Cattogno è del mestiere, capisce subito che non si tratta dei tecnici incaricati delle perizie, né di investigatori: smette di occuparsi di pesca e di branzini e, rimanendo immobile, continua a seguire i movimenti dei quattro individui appena usciti dal relitto. Indossano tute blu e trasportano alcuni involucri prelevati dall'interno dell'imbarcazione; il misterioso materiale imballato viene nascosto dietro una gru di colore giallo, situata in prossimità della zona prodiera del relitto.

Terminata l'operazione, i quattro tornano all'interno dei locali del traghetto attraverso il medesimo portellone laterale. Il poliziotto guarda nuovamente l'orologio: sono le 21. Un'ora e mezza più tardi, alle 22:30, il poliziotto abbandona la sua postazione: i quattro misteriosi individui si trovano ancora a bordo del relitto del Moby Prince.

Incamminandosi verso casa, gli torna in mente un episodio al quale non aveva dato particolare rilevanza, accaduto la sera prima al porto mediceo, più o meno alla stessa ora: stava camminando non lontano dal relitto, assieme a una guardia giurata della ditta Vesuvio che svolgeva servizio di sorveglianza a bordo di un rimorchiatore della compagnia Neri, e a un certo punto, d'improvviso, due persone erano scese dal relitto, dileguandosi in fretta e scomparendo nel nulla. Pochi secondi, un frammento di immagine che ora torna alla mente, assieme a tante domande che si accavallano: cosa stavano facendo quelle persone in tuta nel relitto? Cosa stavano prelevando a bordo del *corpo del reato*? Per conto di chi agivano e con quale obiettivo? Il giorno dopo, lunedì mattina, l'agente arriva di buonora in ufficio: per prima cosa si siede davanti alla vecchia e ingombrante macchina da scrivere, infila un foglio di carta e inizia a battere i tasti: «Livorno, lì 14 giugno 1993. Oggetto: relazione di servizio». Compila un puntuale resoconto destinato al dirigente della Squadra mobile di Livorno, descrivendo in modo dettagliato quanto ha visto. Un buon poliziotto sa che, in questi casi, occorre lasciare una traccia, un elemento concreto di ricerca per consentire ulteriori approfondimenti. La sua relazione viene trasmessa al Tribunale di Livorno e finisce fra gli atti dell'indagine in corso.

A distanza di quattordici anni, la *traccia* investigativa lasciata da Mario Cattogno è rimasta su quel foglio ingiallito dattiloscritto. In attesa di una spiegazione.

Il delitto di frode processuale non è un reato penale di poco conto, specie se riguarda una vicenda – la più grave sciagura della Marina civile italiana – nella quale sono morte centoquaranta persone. Quali conseguenze ha avuto la scomparsa dei registratori KaMeWa dal traghetto? Cosa è stato fatto per identificare autori e obiettivi della scomparsa delle *scatole nere* dal vano eliche del Moby Prince? Quali iniziative sono state avviate nei confronti di chi ha concorso all'alterazione dello stato dei luoghi a bordo del relitto? Quali responsabilità sono state accertate da parte di coloro che, istituzionalmente, dovevano garantire la vigilanza dell'area portuale dove era custodito il corpo del reato e, al contrario, hanno consentito il compimento di sabotaggi e manomissioni?

Diverse domande alle quali possiamo rispondere con un semplice concetto metafisico: il nulla. Nessuna conseguenza, nessuna iniziativa, nessuna responsabilità per chi ha fatto del relitto un corpo del reato a libero accesso. Come se non fosse successo niente.

Durante il processo, il Moby Prince viene lasciato affondare nella rada del porto di Livorno. Incuria e degrado, sostanziale indifferenza verso una presenza fisicamente ingombrante e simbolicamente fastidiosa. Occorrerebbero alcuni lavori strutturali per mantenere a galla il relitto, a disposizione per eventuali nuove perizie. Ma questi lavori costano soldi, troppi; e poi, perché spendere denaro per conservare quel lugubre traghetto annerito? A cosa può servire? Nuove perizie perché?

Dopo un primo intervento di recupero, la struttura continua a imbarcare acqua. Nel 1998 il relitto viene sottoposto per l'ultima volta a opere di cantiere: viene installata una paratia di sostegno per rinforzare la struttura a livello del piano garage, gli oblò delle parti ormai sommerse dello scafo vengono ermeticamente chiusi e saldati con lastre metalliche, mentre pompe idrovore ad alta capacità di drenaggio vengono messe in funzione a bordo.

È fatta. Le fiancate di quello che era un traghetto passeggeri riaffiorano in modo più stabile, la nave sembra recuperare un po' di capacità di galleggiamento. Finalmente. È iniziato il suo recupero? No: è cominciata la sua fine.

Il Moby, così sistemato e riassestato, viene rimorchiato per l'ultimo viaggio attraverso il mare Mediterraneo. Non più Olbia, e nemmeno un altro porto italiano. La destinazione finale è assai lontana. Meglio un approdo sicuro e defilato. Il relitto viene rimorchiato fino in Turchia, ad Aliaga; questa zona costiera, complice anche la tolleranza delle autorità locali, è caratterizzata dalla presenza di diversi cantieri (con annesso altoforno) specializzati nella demolizione di particolari tipi di navi. Avete presente le immagini delle spiagge della Patagonia, dove ogni anno si riversano decine di esemplari di balene di diverse dimensioni? Ecco, ad Aliaga succede più o meno la stessa cosa, solo che al posto dei cetacei ogni anno vengono ad arenarsi lungo la costa circa un centinaio di navi cariche di rifiuti tossico-nocivi e pericolosi, provenienti da diversi paesi europei, Italia compresa. Non è un problema di correnti marine: è il circuito delle ecomafie a occuparsi direttamente dell'ultimo viaggio di queste imbarcazioni, abbandonandole, o meglio *spiaggiandole* ad Aliaga. Questa grande discarica del Mediterraneo, più volte denunciata da Greenpeace, è il posto ideale dove far sparire ogni traccia di un'imbarcazione. Il relitto del Moby Prince abbandona mestamente il porto di Livorno di notte, seguendo la rotta delle navi cariche di rifiuti tossici. L'ultimo viaggio, l'ultimo affronto. Quel che resta del Moby Prince e dei suoi segreti finisce in un cantiere turco e viene demolito, pezzo per pezzo, bullone dopo bullone. Tonnellate di metallo fuse, finite chissà dove, riutilizzate in qualche modo. Pezzi del traghetto Navarma si trovano ancora, forse, in qualche angolo remoto, sotto forme nuove. Ma il Moby Prince non esiste più. E nemmeno l'Agip Abruzzo, demolito pochi mesi dopo la collisione.

VI.

NAVI FANTASMA, RADAR IMPAZZITI, ESPLOSIVO MILITARE

Situazione di massima allerta

La sera del 10 aprile il porto di Livorno, più che un porto civile italiano, sembra una darsena militare statunitense. Navi militarizzate americane si trovano alla fonda cariche di armi, munizioni ed esplosivi di ritorno dalle operazioni della prima guerra del Golfo, conclusa da circa un mese. Come ogni altra Capitaneria di porto, anche quella di Livorno è stata posta in stato di massima allerta per il rischio di attentati terroristici. La sorveglianza e il presidio della Centrale operativa funzionano ininterrottamente, 24 ore su 24. Ma proprio quella sera si forma un'inspiegabile e improvvisa falla nella rete dei sistemi di controllo e di comunicazione civili e militari, una sorta di *buco nero* dove segnali, immagini e registrazioni risultano occultati, impediti o alterati; dove le tracce di una nave possono perdersi nel nulla, i radar delle imbarcazioni di soccorso improvvisamente vanno in tilt, quelli dell'aeronautica militare mostrano *coni d'ombra* che impediscono le registrazioni dei mezzi in movimento, mentre le comunicazioni d'emergenza locali vengono soffocate da continue interferenze esterne.

Questa imprevista falla dei sistemi di controllo, coincide con il punto in cui avviene la collisione fra Moby Prince e Agip Abruzzo e dove sono ancorate diverse navi militarizzate cariche di armi.

Come al solito, occorre cucire assieme diverse testimonianze e documenti, apparentemente slegati e incoerenti, per rintracciare un po' d'ordine nel caos.

Tracciati radar e coni d'ombra

Il campo d'azione della stazione radar dell'Aeronautica militare di Poggio Lecceta, situata alle spalle della città di Livorno, consente normalmente di osservare non soltanto lo spazio aereo di competenza ma anche i movimenti marittimi e gli spostamenti delle navi in un'ampia zona della rada antistante il porto mediceo.

Invece, proprio quella sera, accade qualcosa di strano.

Se ne accorgono, tempo dopo, alcuni consulenti del Pm De Franco e di parte civile quando – non seguendo l'esempio delle Commissioni d'inchiesta sommaria e ministeriale – richiedono alla stazione dell'Aeronautica di Poggio Lecceta copie delle registrazioni radar avvenute la sera del 10 aprile. Quelle registrazioni non convincono: i periti notano che una zona della rada antistante il porto – proprio la zona dove è avvenuta la collisione – risulta apparentemente invisibile al radar. In quel punto della rada non vengono rilevate tracce, segnali, movimenti. Non appare nulla. Come se non vi fosse alcun passaggio di navi.

Nel corso dell'udienza del 22 maggio '96, viene ascoltato come teste Salvatore Fabbricotti, consulente del Pubblico ministero, imprenditore genovese titolare della società Alfa sas che opera nel settore della strumentazione per la navigazione, in particolar modo radar e bussole.

Fabbricotti è perplesso: «Ho analizzato, assieme ai tecnici del Cram di Ciampino i nastri di quella sera, con le loro stesse apparecchiature che l'avevano prodotto, perché prima mi pare che l'avessero fatto esaminare in

Inghilterra, poi abbiamo pensato di provare a leggerli con gli stessi che l'hanno prodotto e vedere se si riusciva ad avere dei segnali un po' più puliti, migliori e...».

Domanda del Pm Cardi: «Quali sono stati i risultati di questi vostri accertamenti?».

Fabbricotti: «Mi riferisco ai bersagli che in quell'ora... in quel giorno, a una certa distanza dalla costa... quelli sono chiarissimi, mentre prima pensiamo a una zona d'ombra... non ci sono».

Nel corso dell'udienza del 30 maggio '96, l'avvocato Bassano chiede chiarimenti, proprio su questo punto, al consulente di parte civile Brandimarte che ha verificato i tracciati radar di Poggio Lecceta: «Il Moby Prince sicuramente viaggiava per raggiungere in quei tempi l'Agip Abruzzo almeno a una velocità che parte da sei nodi e ne raggiunge diciannove. Come spiega che invece non si vede la rotta del Moby Prince?».

Brandimarte: «Questo non lo posso dire, perché non sono un tecnico del radar di Poggio Lecceta, bisognerebbe domandarlo a loro. Risulterebbe un cono d'ombra tra Valle Benedetta e la zona della rada proprio dove ci sono i punti dell'Agip Abruzzo, quindi quella fascia risulterebbe esclusa da questo cono d'ombra del radar».

Si può obiettare: un radar dell'Aeronautica militare è in ogni caso mirato a rilevare le rotte aeree, non quelle marine; e l'antenna, diretta verso il traffico aereo, proietta una specie di *cono* che include anche ampie zone di mare, ma non tutte.

Eppure il radar registra l'uscita dal porto – poco dopo le 21, circa un'ora prima della tragedia – della Margareth Lykes, una nave militarizzata americana che, una volta giunta in rada, assume rotta in direzione sud. Vengono registrati anche i movimenti della motonave Adige, che segue una rotta simile al Moby Prince in uscita dal porto e poi, giunta in rada, punta la prua in direzione nord, destinazione Savona. Rimane persino la traccia completa dell'itinerario di uscita dal porto di un altro traghetto passeggeri, il Golfo degli Ulivi, diretto a Olbia. È un dato importante: quest'ultimo lascia il porto di Livorno seguendo analoga rotta, stessa destinazione finale del Moby Prince. Tutto registrato, tutto perfettamente visibile dal radar, a differenza di quanto avviene in un determinato punto della rada intorno alle ore 22:25.

Radar di bordo impazziti

Dopo la collisione, l'incendio della petroliera provoca un progressivo peggioramento della visibilità. Tutte le imbarcazioni di soccorso che intervengono in rada sono dotate di impianto radar. Ma i radar impazziscono improvvisamente appena al di fuori del bacino portuale delimitato dalla diga della Vegliaia, in prossimità del punto di collisione fra Agip Abruzzo e Moby Prince.

Questo è un altro punto oscuro. Delle due l'una: o quella sera nessuno degli operatori era in grado di far funzionare normalmente l'impianto radar, oppure esisteva una fonte di disturbo dei sistemi di controllo radar tale da renderli temporaneamente inservibili.

Gli stessi consulenti tecnici del Pm, di fronte a una situazione così anomala, chiedono un incontro con specialisti per, citiamo testualmente, «capire i motivi del loro presunto mancato utilizzo (delle apparecchiature radar, *nda*) da parte delle imbarcazioni presenti nell'area di mare nel periodo successivo al sinistro al fine di localizzare il relitto del Moby Prince». Ma nessuna risposta chiara arriva in proposito.

Che succede, esattamente? Quanto accade a Biagio Rum, capitano di lungo corso e comandante del rimorchiatore Tito Neri VII, val la pena di essere raccontato. Sono le 22:31 del 10 aprile: la voce via radio dell'avvisatore marittimo preannuncia l'imminente chiamata di soccorso da parte dell'Agip Abruzzo, a causa di un visibile incendio a bordo della petroliera. Biagio Rum, in servizio al porto, interrompe la cena e s'imbarca a bordo del Tito Neri VII mettendosi ai comandi del rimorchiatore, mentre il collega Domenico Mattera occupa la postazione radar. Prosegue Rum: «A tutta forza siamo usciti fuori, poi appena passato l'avvisatore abbiamo visto questo grande bagliore della petroliera e sotto un grosso alone nero. C'era una piccola brezza da ponente, per cui ho reputato più opportuno fare una rotta più verso ponente proprio per andare sopra vento. Sono andato così per 6-7 minuti a tutta forza, la visibilità era buona, si vedevano le navi in rada, si vedeva Antignano, l'Ardenza. Il mio collega Mattera guardava il radar e quindi mi dava indicazioni di dove era l'Agip».

La manovra seguita dal rimorchiatore è diversa rispetto a quella di tutti gli altri mezzi di soccorso. «Prevedevo di arrivare sotto bordo intorno a un quarto alle undici», ricorda Rum, proseguendo per 240-250° a ponente. Ricordiamo la tabella di marcia prevista: un quarto alle undici, sotto bordo all'Agip Abruzzo. Praticamente, quello di Rum è il primo mezzo ad avvicinarsi alla petroliera in fiamme. A un certo punto, quando è ormai in prossimità, Mattera richiama l'attenzione del collega posizionato al timone: l'Agip è ora individuato dal radar; la sua enorme sagoma, situata nella zona di mare alla sinistra del rimorchiatore, appare ben visibile sul monitor. Rum vira quindi in direzione della petroliera e attende, da un momento all'altro, la comunicazione dell'avvenuta individuazione del bersaglio dalla postazione radar. Ma si tratta di un'attesa vana. Mattera ha smesso di parlare, sta fissando ammutolito lo schermo del radar davanti alla consolle, frastornato: «Biagio, non lo vedo più. Il radar è diventato tutto bianco!».

«Come mille bersagli intorno a me»

Il racconto di Rum, sollecitato dalle domande dell'avvocato Di Rosa, è impressionante: «Non appena Mattera mi ha detto di accostare a sinistra perché aveva l'Agip da sinistra, sono entrato in questa cortina di fumo. Davanti a me non vedevo più nulla. E il radar è andato in avaria. Cioè, dava questa macchia bianca, come se fosse tutto un bersaglio. Sul radar si vedeva solo una luminescenza nel centro e basta. Non vedevo altro. Come se ci fossero tantissimi bersagli tutti intorno a me».

Cosa succede, allora, in quel punto della rada? Non c'è risposta. Sappiamo solo che a un certo punto, mentre il rimorchiatore seguendo una rotta da ponente si avvicina alla petroliera accostando a sinistra, i radar di bordo sembrano impazzire.

Quella di Rum non è una testimonianza isolata. Roberto Del Seppia si trova a bordo del Tito Neri X e ricorda che, a causa del fumo provocato dall'incendio, la navigazione in uscita dal porto era possibile solo «utilizzando il radar, perché era l'unica maniera per poter andare avanti, per vedere... siccome nelle acque si incrociavano altri bersagli, altri natanti. Nel primo esame del radar, quando stavo uscendo, questo mi marcava i bersagli regolarmente, perché la situazione era di scarsa visibilità però funzionava perfettamente. Al di fuori delle dighe, in una certa direzione si vedeva solo un bersaglio confuso, senza dettagli al centro. Era come una macchia luminosa».

Una conferma di anomali disturbi elettromagnetici ai radar di bordo arriva anche dal capitano di Fregata Roberto Canacci, della Capitaneria di Livorno, ascoltato nel corso dell'inchiesta svolta dalla Commissione ministeriale. Canacci era imbarcato con l'ammiraglio Albanese a bordo della motovedetta CP 250, addetto al controllo radar: «I radar di navigazione», ha dichiarato, «non sono asserviti a pratiche tradizionali di bordo, non hanno molti congegni per eliminare grossi disturbi, non hanno la polarizzazione sferica: l'immagine che avevo sullo schermo era abbastanza confusa, c'erano molti bersagli, fuori dal porto».

«Facevo il numero e rimaneva buio»

Quella sera la rada di Livorno è tempestata da strane, continue interferenze e il Moby Prince viene progressivamente oscurato, il suo may day è troppo flebile per essere captato. A bordo del traghetto erano presenti diversi apparati di radiocomunicazione. Ennia Tomasin è stata radiotelegrafista a bordo del Moby Prince fino all'ottobre '90. Nemmeno lei riesce a trovare una ragione plausibile del fatto che nessuno sia riuscito a comunicare efficacemente con l'esterno per avvertire di quanto stava accadendo a bordo del traghetto. «A quanto ne so io l'apparecchio R.T. della plancia non ha mai avuto problemi. Il comandante Chessa era molto scrupoloso. Da quanto mi risulta, la rada di Livorno non presenta zone d'ombra per quanto attiene alle comunicazioni radio». Sul Moby diverse persone, fra passeggeri ed equipaggio, erano in possesso di un telefono cellulare. Nessuno ha pensato, chiuso all'interno del salone di un traghetto invaso dalle fiamme, di utilizzarlo per sollecitare aiuto, per lanciare un estremo SOS? Difficile da credere.

Invertiamo la domanda: e se invece qualcuno (magari più di uno) quella sera avesse effettivamente tentato di mettersi in contatto più volte con l'esterno tramite telefono cellulare, sarebbe riuscito nell'impresa?

Quella sera, dopo aver salutato i colleghi in partenza col Moby Prince, l'ispettore Navarma Pasquale D'Orsi raggiunge il suo alloggio a bordo di un altro traghetto ormeggiato alla banchina Fincantieri di Livorno, il Moby Baby. Il tempo di bere un caffè ed è già a letto. «Ho sentito delle voci che chiamavano», ricorda D'Orsi, «mi affacciai ed era un ragazzo che avvisava che c'era stato un qualcosa, uno scoppio o una collisione e che poteva esserci anche il Prince implicato. Noi chiedemmo come mai e lui disse che l'aveva sentito nella zona del porto mediceo dove ormeggiavano tutti i rimorchiatori che hanno le radio accese». Sono passati circa venti minuti dal momento della collisione fra Agip Abruzzo e Moby Prince. D'Orsi e Starace, prima ancora di recarsi in Capitaneria, cercano di mettersi direttamente in contatto con i colleghi del traghetto, dov'è in funzione, come sulle altre navi della flotta, un modello Micro Tac della Motorola che rimane sempre acceso, stabilmente collocato sul ponte di comando.

Riprende il racconto di D'Orsi: «Io all'epoca avevo un telefonino portatile e anche la nave ne era dotata: sia io che il signor Starace abbiamo cominciato a chiamare questo numero, però...», D'Orsi esita, poi prosegue, «... però senza risposta». Il Pubblico ministero Cardi, chiede a D'Orsi di essere più preciso: «Dava libero ma non rispondeva?». No, non è così. D'Orsi scuote la testa: «Niente, non dava segnale». Un attimo di pausa, D'Orsi alza lo sguardo verso il Pm: «Non dava niente, si faceva il numero e rimaneva buio». Nessuna risposta, nessun suono, nessun segnale: come se quell'apparecchio telefonico non esistesse. Sono passati venti minuti circa dalla collisione. Siamo in pieno *cono d'ombra*.

C'è un'altra persona che non riesce a darsi una spiegazione plausibile del completo black-out del sistema di comunicazioni del Prince: si tratta di Carlo Terzi, responsabile dell'agenzia marittima Ghianda della Navarma, a Livorno. Il pomeriggio del 23 aprile 1991 viene raccolta la breve e sconcertante testimonianza dell'agente marittimo: apprendiamo così che non solo tutte le motonavi della compagnia Navarma sono dotate di portatili Motorola, ma soprattutto che la motonave Moby Prince era dotata di almeno quattro radiotrasmittenti portatili tipo Interceptor, 90 canali di ricezione, 5 Watt, alta frequenza, modello 967 e 987 su frequenza internazionale e statunitense, oltre a due ulteriori apparecchi radiotrasmittenti modello Standard. Particolare importante: questi portatili rimangono accesi per tutta la durata della navigazione in uscita dalle acque portuali.

Anche da questi radiotrasmettitori, inspiegabilmente, nessun segnale. Buio profondo in rada a Livorno. Eppure, proprio in quella zona di mare c'è un gran movimento, quella sera.

«Teresa a Nave Uno»

Teresa è il nome d'arte, o meglio di copertura, di una misteriosa *nave fantasma* che il 10 aprile, al calar della sera, appare nelle acque tirreniche avvicinandosi progressivamente alla rada di Livorno. La sua rotta viene rilevata dalla stazione radar Enav di Valle Benedetta. Naviga velocemente e pericolosamente, al punto da provocare ripetute segnalazioni via radio da parte di alcune imbarcazioni che incrociano la sua rotta, rischiando la collisione: queste comunicazioni rimangono impresse sui nastri della stazione IPL Livorno Radio. Nessuna nave era attesa a Livorno quella sera, a quell'ora. Eppure Teresa procede veloce: deve raggiungere la rada livornese a un'ora precisa perché ha un appuntamento con un'altra nave all'ancora nel porto toscano: *Ship One*, Nave Uno, altro nome in codice, altra identità mai svelata.

Teresa e Nave Uno hanno una missione da compiere congiuntamente nella rada di Livorno. Qualcosa però va storto. Un evento imprevisto, la missione non può continuare: il Moby Prince ha speronato la petroliera Agip Abruzzo, le due navi sono in fiamme, stanno per arrivare i soccorsi. Teresa non interviene, non presta aiuto, non chiede informazioni sull'accaduto, non si occupa dei soccorsi né di segnalare quanto vede: abbandona rapidamente le acque livornesi, dileguandosi. Di lei non si saprà mai più nulla, così come nulla sapremo dell'identità reale della misteriosa Nave Uno che rimane, invece, ancorata in rada a Livorno. Un'ennesima strana storia.

Teresa in rotta di collisione

Teresa lascia tracce di sé a partire dalle 20 fino alle 22:10, quando scompare temporaneamente dalla vista del radar, presumibilmente perché ha raggiunto o sta per raggiungere la destinazione finale (navigando a una velocità inferiore alle 6 miglia orarie, la nave non viene più rilevata dal radar). Poi la voce di Teresa ricompare improvvisamente, alle 22:45. Da un quarto d'ora in rada si è scatenato l'inferno, Teresa è costretta a fuggire.

Il capitano Brandimarte analizza i tracciati radar e le conversazioni registrate da IPL Livorno Radio: «C'è una nave, un bersaglio che compare a una certa ora e poi scompare alle 22:10. Risulta anche nella perizia dell'esperto dei tracciati radar. Diciamo che compare solo per un breve tratto. Però in questo breve tratto si vede che ha una direzione verso il porto di Livorno. Ha una velocità tale da essere rilevata dal radar di Valle Benedetta fino a che, per motivi probabilmente di riduzione della velocità, questo tracciato scompare».

Prima domanda: dove era diretta precisamente questa nave, in quale punto del porto di Livorno? «Anche a velocità ridotta», è la conclusione di Brandimarte, «la rotta di questa nave ci riconduce alla zona dei soccorsi, la zona che noi riteniamo essere il punto probabile di collisione. Diciamo che questo bersaglio si stava dirigendo in questa zona».

Spiega il capitano: «È stato fatto uno studio anche di comparazione di voce; e la voce dell'operatore, del comandante, di colui che parla alla radio, è molto caratteristica. È un greco che parla un inglese strano, masticato; una voce robusta, comunque inconfondibile rispetto a tutte le altre comunicazioni. Viene rilevata già due ore prima dell'evento nelle varie bobine del tracciato che comprende le 24 ore, dalle 7 della mattina alle 7 della mattina del giorno dopo. Quindi diciamo che due ore prima della collisione, due ore prima del may day, c'è una nave che si chiama Nervi che prende contatto con questa nave sconosciuta: intorno alla Gorgona, il comandante della nave Nervi le dice di scansarsi perché è in rotta di collisione con la sua nave».

Fuga improvvisa dal porto

Dopo la motonave Nervi, un'altra imbarcazione incrocia la rotta con Teresa. Questa volta si tratta di una nave militarizzata americana in uscita da Livorno, la Margareth Lykes; ancora una volta, la navigazione incauta di Teresa rischia di provocare una collisione: «La Margareth Lykes parte da Livorno alle 21:03 con rotta 235°, a 15 miglia a sud della Vegliaia, incrocia questa nave: deve fare un'accostata improvvisa di 180° per evitare la collisione», precisa Brandimarte. Prima la motonave Nervi, poi la nave statunitense: ma chi è al timone di Teresa? «La Nervi lo chiama insistentemente», continua il capitano, «si sente la svogliatezza di questo operatore che, proprio mal volentieri, dice: "accosto, giro, sto girando", ma glielo dice con un tono tutt'altro che positivo e piacevole. Normalmente può accadere che in mare due navi si incrocino, si chiamino i due comandanti, i due ufficiali si mettano d'accordo sull'operazione, sulla manovra che devono fare e poi la fanno, e si salutano. Questo invece sembra proprio uno che non vuole dar retta a nessuno e va per la sua strada. Anche il comandante della Margareth Lykes lo chiama e gli dice: "Sei in collisione, siamo in collisione", e la Margareth Lykes ha dovuto fare un'accostata improvvisa; magari non sarebbe stato di sua competenza, però ha accostato».

Improvvisamente, a partire dalle 22:10 di Teresa non compare più alcuna traccia sul radar. Anche il silenzio radio è totale. Finché, pochi minuti dopo la collisione, quella voce caratteristica irrompe nuovamente sul canale di emergenza: «*This is Teresa, this is Teresa to Ship One in Livorno anchorage: I'm mooving out, I'm mooving out, breaking station!*». Riprende Brandimarte: «C'è la comunicazione di questa voce particolare, la traduzione è: "Da Teresa, da Teresa a Nave Uno all'ancoraggio nella rada di Livorno: sto andando via, sto andando via, passo e chiudo". [...] "Livorno anchorage" è la rada di Livorno. Però io dico questo: non aspetta, non attende alcuna risposta al suo messaggio da parte della Nave Uno, non ripete la sua chiamata. Quindi non si è neanche accertato che la sua comunicazione fosse stata ricevuta. Chiude le comunicazioni, perché dice "passo e chiudo", quindi questo fa già pensare che non avrebbe comunque atteso nessuna risposta. In genere, quando si fa una prima comunicazione, si aspetta la risposta, si dice quello che si deve dire, ci si saluta e si chiude la comunicazione. Qui invece è una comunicazione secca con "passo e chiudo", dove però ha dato tutte le indicazioni di quello che lui stava in quel momento facendo. [...] Se manca questo contatto si cerca di ripetere due, tre volte la chiamata fino a che non avviene il contatto. Se poi il contatto per motivi diversi non avviene, le comunicazioni cessano. Qui invece siamo davanti a una comunicazione singola, secca, indirizzata a una nave. Che abbia sentito, ascoltato o non ascoltato, probabilmente non era importante per chi faceva la chiamata».

Domanda ovvia: se alcune navi dovessero effettuare operazioni clandestine, perché mai dovrebbero utilizzare il canale radio di emergenza, lasciando una traccia registrata delle comunicazioni? Questo dubbio, espresso dall'avvocato di parte civile Bassano, viene dissipato da Brandimarte: «All'epoca, nessuno sapeva dell'esistenza di apparati di registrazione automatici nella stazione costiera di Livorno Radio: né i comandanti di navi italiane, né io come consulente, né a maggior ragione navi straniere... L'apparato di Livorno Radio era del tutto sperimentale all'epoca proprio per la registrazione in automatico delle 24 ore».

Secondo dubbio, espresso ancora dall'avvocato Bassano: ma se la nave Teresa fosse stata coinvolta nel disastro del Moby Prince, per quale ragione avrebbe segnalato la propria presenza comunicando via radio proprio sul canale 16 VHF, quello sul quale sono abitualmente sintonizzate tutte le navi? Perché si espone, per quale motivo non comunica su un altro canale, in modo da non far risultare così palesemente la propria presenza in rada?

Anche in questo caso, la risposta di Brandimarte è convincente: «Il 16 è il canale di chiamata... Tutte le navi hanno l'obbligo dell'ascolto sul canale 16. Per cui, per essere ascoltato dalla famosa Nave Uno – la misteriosa Nave Uno nella rada – Teresa doveva obbligatoriamente effettuare la chiamata sul canale 16, e non su altri canali dove le navi normalmente non sono sintonizzate». Comunicazione urgente e secca, di sola andata, senza attesa di risposta. Fuga dal luogo del disastro, mentre arrivano i soccorsi.

Sulle tracce di Teresa, una strana coincidenza

Nessuna traccia di Nave Uno; nessuna traccia di Teresa, dopo quell'ultima comunicazione, un frettoloso congedo, passo e chiudo. «Da quel momento», riprende il capitano Brandimarte nel corso dell'udienza, «questa voce, alquanto caratteristica e particolare, scompare; non viene più rilevata nelle comunicazioni audio che poi si trascinano fino a circa le 7 della mattina dopo. Questo lo facevo notare proprio in relazione a quel tracciato, diciamo così, misterioso, perché in quel momento non si aspettavano navi in arrivo. Nessuno, neanche l'autorità marittima, l'avvisatore, i piloti: nessuno era al corrente dell'avvicinamento di una nave, che magari avrebbe potuto dare fondo all'ancora nel porto per motivi diversi. Questa nave, Teresa, non è mai stata identificata. Abbiamo cercato di fare indagini in tal senso, ma navi con questo nome non ne sono risultate, per lo meno nella zona di mare... diciamo neanche nel Tirreno o nel Mediterraneo».

Stesso risultato per Nave Uno. «Certo, c'è una Nave Uno: "to Ship One in Livorno anchorage", quindi c'è una Nave Uno nella rada di Livorno. Nella rada quella sera c'erano tante navi di vario tipo, di vario genere. Quasi sicuramente Teresa e Nave Uno sono due nomi convenzionali».

Possibile che due navi possano svanire nel nulla? Per quale tipo di missione Teresa e Nave Uno si erano date appuntamento, proprio quella sera, proprio in quella zona? Perché Teresa fugge quando avviene la collisione?

A queste domande, rimaste avvolte nel mistero, sarebbe stato opportuno cercare una risposta *a caldo*, nei giorni e nei mesi successivi l'evento, setacciando rotte, movimenti, origine e destinazione, carichi, curriculum e nomi delle navi presenti nell'area alto tirrenica. A distanza di anni rimangono solo alcune tracce che andrebbero approfondite.

Partiamo da una domanda banale: se da un lato è pressoché scontato che Nave Uno sia un nome in codice; siamo sicuri che lo stesso valga per Teresa? È stata fatta una ricerca sistematica per scoprire se nella primavera del 1991, lungo le rotte prossime al Mediterraneo, navigasse una motonave tanker cargo con questo nome? La risposta è no. Al tempo del processo di primo grado, attraverso i registri del settore *Marine Investigations* della compagnia Lloyd's, il consulente di parte civile Profeta Brandimarte aveva individuato una nave di possibile interesse investigativo, di nome *Andros Antares*, ancorata a Genova e da lì ripartita il giorno 12 aprile. Ma la pista verrà abbandonata, e nel corso del processo lo stesso Brandimarte non ne fa menzione.

A distanza di tempo abbiamo provato a seguire il percorso inverso, cercando tracce della presenza di navi di nome Teresa (in tutte le possibili varianti linguistiche e numeriche del nome: Teresa, Terese, Theresa I, II, eccetera) iniziando dalla consultazione dei registri di *Detention and Release* elaborati dalle diverse autorità portuali: è una traccia mirata, perché riguarda solo quelle imbarcazioni che, causa il mancato rispetto delle normative vigenti in materia di navigazione e sicurezza, possono essere trattenute in loco dalle autorità portuali per gli opportuni adempimenti. Navi irregolari, in sostanza, che non hanno superato l'ispezione di controllo. Ne abbiamo individuata una, ma senza risultati concreti: Therese, anno di costruzione 1972, bandiera cipriota, trattenuta più volte presso diversi porti del Nord Europa. Ma ha un alibi di ferro: all'archivio della sezione *Marine Investigations* della compagnia Lloyd's risulta che, fra il 10 e l'11 aprile 1991, Therese solcava le fredde acque del mar Baltico.

La breve ricerca si sarebbe potuta concludere qui, nel senso che, nuovamente interpellati per una ricerca a più ampio raggio, dai Lloyd's arriva una risposta apparentemente definitiva: agli archivi non risulta che esistano altre navi in circolazione di nome Teresa o varianti simili.

In questi casi non resta che lasciar perdere, oppure ricominciare da capo navigando in rete, anziché per mare. Così facendo, scopriamo che nel febbraio 2002 è stata registrata presso lo scalo di Port Qasim a Kharaki (Pakistan) una nave di nome Theresa II, battente bandiera di Singapore, costruita agli inizi degli anni '80. Dunque esiste almeno un'altra Teresa in circolazione. Una nave con lo stesso nome risulta aver fatto scalo ultimamente anche a Lianyungang, importante porto militare cinese situato 250 km a nord di Shangai, dove la Russia ha avviato negli anni '90 la realizzazione del più vasto impianto nucleare della Repubblica popolare cinese (ne sta fabbricando un altro, all'uranio arricchito, in un'area più centrale della Cina). Come se non bastasse, Theresa II ha una nave sorella che, senza particolare sforzo di fantasia, è stata chiamata Theresa III, stessa compagnia e bandiera panamense, anch'essa molto attiva.

Sarebbe interessante ricostruire i movimenti compiuti nell'aprile 1991 da alcune navi attualmente in circolazione. Anche perché una curiosa coincidenza emerge, quasi casualmente, leggendo le credenziali curricolari (consultabili on-line) di Yuriy Vitaliy Senkevych, ucraino, comandante di navi da trasporto.

Scopriamo che Senkevych è stato imbarcato sia su Theresa II che sulla nave sorella Theresa III, e fin qui nulla di particolarmente interessante. Apprendiamo che ha navigato anche ai comandi di diverse altre navi, sulle quali vale la pena effettuare qualche ricerca incrociata. Da questa ricerca emerge che una delle imbarcazioni sulle quali Senkevych ha prestato servizio è una motonave che, nella primavera 1991, si trovava nel mar Mediterraneo. Più precisamente, si trovava all'ancora nella rada a Livorno proprio la sera del 10 aprile '91: il nome di questa nave è Cape Syros.

Si tratta di una delle numerose navi militarizzate statunitensi di ritorno dalla prima guerra del Golfo, ancorate nella rada livornese la notte della tragedia del Moby Prince. Di queste navi militarizzate, il comando del Leghorn Terminal di Camp Darby aveva fornito alle autorità portuali livornesi una lista al momento del loro arrivo in rada, nel marzo 1991. Ma abbiamo scoperto che questo elenco non era completo: mancavano i nomi di due imbarcazioni militarizzate anch'esse presenti, rimaste escluse (per qualche ignota ragione di natura militare, forse a causa del carico trasportato) dall'elenco ufficiale. Una di queste due imbarcazioni militarizzate *fantasma* presenti con il loro carico di materiale bellico era proprio la Cape Syros. Una traccia, soltanto una piccola traccia emersa a distanza di tanto, troppo tempo. Therese e Cape Syros. Teresa e Nave Uno?

Tracce di esplosivo militare

Dopo l'urto contro la fiancata della petroliera, la prua del traghetto non esiste più: la violenza dell'impatto comprime le lamiere verso l'interno, piegandole e lacerandole. Il petrolio fuoriesce dalla falla in modo violento, una forte ondata si riversa rapidamente sul ponte esterno e da lì penetra nei locali immediatamente sottostanti la prua squarciata, anche attraverso le lamiere contorte. Nel locale garage, a prua, un autocarro Iveco Aifo modello 117-17 del peso di 5050 kg, con un carico costituito da una barca in vetroresina del peso di circa 2500 kg, è ridotto a un ammasso di lamiere, la cabina di guida non esiste più: una tremenda esplosione ha spinto il mezzo verso l'alto provocandone lo schiacciamento contro il sovrastante ponte di coperta.

Cosa può averla provocata? Una miscela di gas e vapori accumulatisi in seguito alla collisione con l'Agip Abruzzo? Invece no. Nel Paese dei misteri c'è sempre una *bomba* in agguato. Spesso si tratta di una bomba intelligente, così intelligente da non aver bisogno di esplodere e, magari, nemmeno di esistere per produrre comunque gli effetti a catena desiderati.

Nessun dubbio su cosa possa aver provocato l'esplosione nel locale eliche di prua secondo Mariperman, la Commissione permanente della Marina militare specializzata in esperimenti sul materiale da guerra: dopo aver svolto quattro sopralluoghi a bordo del relitto, dal maggio al luglio 1992, per conto della Commissione speciale d'inchiesta ministeriale, la Commissione conclude che si è trattato della « deflagrazione di una miscela di aria con gas e vapori idrocarburici (essenzialmente butano, pentano e propano), di composizione vicina a quella di massima esplosività ». Una miscela formatasi nel locale « dalla condotta di ventilazione forzata che vi ha convogliato i gas e vapori del greggio dal ponte di coperta ». Questo avrebbe creato, nel locale *bow thruster*, « il raggiungimento di livelli pressori di 8-9 atmosfere », il che comporta la formazione di una miscela in grado di produrre, dopo l'accensione, « un'energia sull'ordine dei 240-250 milioni di Joule, pari a circa il 75% dell'energia teoricamente liberabile »; sufficiente, secondo i calcoli prodotti dalla Commissione, a provocare lo schiacciamento dell'autocarro contro la lamiera della boccaporta del ponte di coperta a una velocità di 150 km orari.

Di diverso avviso Alessandro Massari, chimico, esperto della Criminalpol, già attivo in importanti inchieste, nominato consulente tecnico dal Pm De Franco il 12 novembre 1991 con l'incarico di accertare « se a bordo della M/N Moby Prince e in particolare nel locale motore delle eliche di prua si trovino tracce che denotino presenza di materiale esplosivo; in caso affermativo specifichi la natura dell'esplosivo».

Questi in sintesi i risultati esposti dal chimico della Criminalpol: «I dati analitici ottenuti con le diverse tecniche hanno permesso di identificare i seguenti composti: NH4NO3 nitrato di ammonio; EGDN etilenglicoledinitrato; NG nitroglicerina; DNT dinitrotoluene; TNT 2,4,6 trinitrotoluene; PETN pentrite; T4 1,3,5 trimetilene 2,4,6 esaciclotrinitrammina. I primi cinque sono tipici di composizioni esplosive a uso *civile*, denominate come gelatine-dinamiti, mentre gli ultimi due sono presenti soprattutto in esplosivi militari e in plastici da demolizione (Semtex H)... Resta comunque accertato che le sostanze identificate con la sola eccezione del nitrato di ammonio sono tutti esplosivi ad alto potenziale sia singolarmente che in miscela. Le tracce di questi esplosivi erano presenti nel locale motore dell'elica di prua, anche se, essendo in quantità inferiori ai limiti strumentali, non è stato possibile accertare i singoli reperti che le contenevano».

Massari effettua venti prelievi di melme in diversi punti del locale garage ma – elemento cruciale – solo nel locale eliche di prua vengono rinvenute tracce di tutti e sette i diversi tipi di sostanze esplosive.

Una cosa va sottolineata: la consistenza di queste sostanze è a livello di tracce molecolari. Non vengono trovati resti di ordigni, né meccanismi di innesco, né materiali o componenti o contenitori di ordigni esplosivi. La loro presenza viene individuata esclusivamente attraverso una serie di esami analitici complessi, condotti presso i laboratori chimici del Servizio polizia scientifica della Direzione centrale della polizia criminale e presso i laboratori di chimica analitica dell'Enea di Roma. I reperti vengono *lavati* con dimetilchetone e le soluzioni acetoniche così ottenute sono filtrate, concentrate sotto vuoto e sottoposte ad analisi chimica attraverso differenti procedure, fra le quali l'esame cromatografico su strato sottile (TLC) e la gascromatografia/spettrometria di massa (GC/MS).

Coerentemente con i risultati di questi primi esami, il Pm De Franco conferisce a Massari un nuovo incarico, finalizzato ad approfondire l'eventuale origine dell'esplosione della miscela trovata a bordo del Moby Prince. Ecco la risposta: «I residui dei sette esplosivi trovati nel locale bow thruster potrebbero provenire sia da esplosivi puri presenti nello stesso contenitore sia da differenti composizioni prodotte per altri fini. Considerando l'elevata probabilità che cinque di essi (NG, EGDN, AN, TNT, DNT) provengano da un esplosivo commerciale per uso civile, mentre gli altri due (PETN e T4) o da un esplosivo plastico come il Semtex H o da un *booster* (T4) o da una miccia detonante (PETN), si può affermare di essere in presenza di un congegno esplosivo al quale manca, per essere completo, solo il detonatore». Il documento si conclude affermando «l'impossibilità, per mancanza di dati oggettivi certi, di indicare se l'esplosione è avvenuta prima, durante o dopo l'urto della M/N Moby Prince con la petroliera Agip Abruzzo».

Rimangono in sospeso troppe questioni, in sostanza. Ma la sola presenza a Livorno di un esperto della Criminalpol chiamato a effettuare prelievi analitici sul relitto del Moby Prince e la successiva divulgazione dei primi risultati ottenuti, scatenano nei media locali e nazionali – e ovviamente tra le parti coinvolte nell'inchiesta – nuove fibrillazioni. E in questo rinnovato interesse per l'affare Moby Prince e per un'imprevista possibile svolta delle indagini, l'ipotesi bomba prende progressivamente il posto e la funzione svolta fino a quel momento dal fattore nebbia; un'eventualità tutta da verificare, ma intanto utile a disquisire, a costruire scenari e a dividere il fronte dell'attenzione pubblica in una sorta di referendum tra favorevoli e contrari, fra i sostenitori della bomba e quelli dell'esplosione da miscele gassose. Criminalpol contro Mariperman. E se c'era una bomba a bordo del Moby Prince, qualcuno l'ha messa, dunque deve esserci un movente. Quale? Non era facile raggiungere il locale eliche di prua: chi lo ha fatto doveva sapere bene dove e come muoversi... Nuove ipotesi, nuovi scenari, nuove rivelazioni e nuovi veleni prendono spunto da diverse fonti, battendo strade diverse, più o meno credibili, più o meno fondate, per accreditare questa o quella pista: dal trasporto clandestino di esplosivi all'attentato, dall'azione della criminalità organizzata al sabotaggio stragista da parte di rivali in affari della Navarma. Un po' Italia dei misteri e un po' Colombia, insomma. Nessuna di queste ipotesi approda a qualcosa di concreto. A un certo punto arriva a Livorno anche una squadra di superpoliziotti coordinati da Francesco Zonno, dirigente della Squadra mobile di Bologna, con il compito di setacciare ogni traccia relativa all'ipotesi bomba. Gli investigatori si insediano per diversi mesi, dall'inizio del '92, in un locale della Questura di Livorno: lavorano a tempo pieno sul posto per setacciare ogni possibile pista. Sono professionisti di primo piano, gente coinvolta in importanti inchieste di livello nazionale, di assoluta affidabilità.

Risultato finale sul fronte dell'accertamento dell'ipotesi bomba: nessuno.

Due punti fermi

A mente fredda e con il vantaggio di poter ragionare sulla base del lavoro già svolto, proviamo a individuare alcuni punti fermi in questa vicenda, l'ennesimo mistero avvolto dentro l'enigma Moby Prince.

Punto primo: i risultati delle analisi chimiche svolte dal dottor Massari non sono mai stati smentiti, né in sede di controperizie né in sede processuale di primo e secondo grado. E siccome i dati scientificamente accertati nel corso di questa vicenda non sono poi molti, una cosa è assodata: qualunque ne fosse l'origine, a bordo del relitto del Moby Prince vi erano tracce di esplosivo militare e la massima concentrazione di queste tracce viene localizzata nel vano motore delle eliche di prua.

Punto secondo: così come nessuno ha mai smentito queste risultanze analitiche della Criminalpol, allo stesso modo nessuno è mai riuscito a smentire o a mettere in discussione, sulla base di elementi rigorosamente scientifici, il contenuto della relazione elaborata da Mariperman circa la natura dell'esplosione che ha prodotto deformazioni del locale eliche di prua, locale garage e schiacciamento dell'autocarro contro il ponte superiore. Si è trattato, come ha stabilito Mariperman analizzando lo stato dei luoghi, gli impianti di bordo e persino il *valore di durezza* di bulloni e viti, della deflagrazione di una miscela di aria con gas e vapori idrocarburici accumulatasi nel locale eliche attraverso la condotta di ventilazione forzata situata nella zona di prua del ponte imbarcazioni, proprio quella investita dalla maggiore quantità di liquido infiammabile. La valvola a farfalla del ventilatore viene trovata aperta per circa il 60% della sezione: dunque anche dopo la collisione l'impianto ha continuato, purtroppo, a funzionare, aspirando con una portata di 6000 metri cubi l'ora, immettendo gas e vapori direttamente nella sottostante conduttura che, dopo una biforcazione, porta esattamente al locale motore eliche di prua con una capacità di 0,8 metri cubi al secondo. Anidride carbonica, idrocarburi gassosi più pesanti dell'aria: in circa dieci secondi il locale eliche di prua diventa saturo di una miscela esplosiva in grado, lo mostrano i calcoli

Mariperman, di produrre i danni rilevati sull'autocarro Iveco.

Nessuna esplosione di ordigni è avvenuta a bordo del Moby Prince. Non si tratta di ipotesi, sostiene Mariperman. Lo provano «le deformazioni ad andamento cilindrico regolare» dei locali investiti dall'esplosione, tipici di una «dinamica lenta» della sollecitazione pressoria sulle strutture delle paratie. Lo provano, in modo inconfutabile, i minimi danni riscontrati ai componenti interni del locale che avrebbe dovuto funzionare da *camera di scoppio* di una bomba: «Nel locale motore elica di prua non si è rilevato alcun danno attribuibile all'esplosione di un ordigno: praticamente intatti risultano i componenti del circuito idraulico aderenti alla paratia longitudinale, intatto appare anche il motore elettrico dell'elica di manovra, compresi tutti i collegamenti elettrici; dei punti luce al neon presenti nel cielo del locale, uno risulta danneggiato più che altro da incendio, l'altro ha scarsi danni ai sostegni e ai collegamenti elettrici, mentre risulta praticamente integro lo schermo diffusore. L'armadio metallico a tre ante, contenente il quadro elettrico, presenta scarsi danni, e questo malgrado la sua ampia superficie (alcuni metri quadri) e il modesto spessore delle lamiere (sull'ordine del millimetro). Intatte appaiono la saldatura di base al ponte inferiore, le staffe di ancoraggio e perfettamente integri i componenti elettrici interni. Il locale elica di manovra non presenta alcun *centro di esplosione*, vale a dire che non v'è alcuna zona ove siano concentrati effetti termici rilevanti sul metallo. Non vi sono cioè sulle strutture perimetrali né su quelle interne del locale, segni di esplosione ravvicinata di una carica di esplosivo condensato». Lo stato dei luoghi parla chiaro, secondo gli esperti della Marina: non è scoppiata nessuna bomba, si è trattato di una deflagrazione originata da miscela gassosa. Eppure rimangono ineliminabili le tracce di Semtex...

L'origine delle tracce di Semtex

C'è una frase finale, nella relazione elaborata da Mariperman, che merita riportare: «Se esplosivo non innescato v'era nel locale motore elica di manovra, o sopra di esso, prima della deflagrazione gassosa, lo stesso è senz'altro semplicemente bruciato, senza che vi fosse alcuna possibilità di una sua detonazione in esito allo scoppio della miscela aria/gas combustibili». Quelle tracce di esplosivi militari potevano provenire anche da un ambiente diverso, situato sopra il locale eliche di manovra, dove si trova la zona del garage investita dall'esplosione gassosa e il ponte di coperta squarciato dalla collisione. Il vano eliche di manovra è il locale situato nella zona più bassa dell'estrema prua, al di sotto della linea di galleggiamento.

La strada si è fermata a questo punto. Interrotta, senza vie d'uscita, come un *cul-de-sac.*

È possibile tornare indietro al bivio e tentare di fare almeno qualche passo nell'altra direzione, quella mai percorsa, abbandonata e polverosa, nemmeno riportata dalle carte. È la strada che conduce a una seconda ipotesi: se nessuno a bordo del Moby Prince, come riteniamo, era solito viaggiare con un carico di Semtex in valigia, quelle tracce di esplosivo militare rinvenute sulla nave passeggeri potrebbero avere avuto un'origine esterna al traghetto. Alessandro Massari preleva sostanze melmose nel locale eliche di prua e nel locale garage, in una situazione di forte diffusione e dispersione di eventuali tracce. Lo stesso Massari, nella sua relazione sui reperti prelevati il 20 maggio '92 nel locale eliche di prora, è costretto ad annotare che «sul fondo dello stesso locale, svuotato dell'acqua tramite pompa aspirante, venivano raccolte tutte le melme. Da notare che in precedenza l'operazione di svuotamento del locale era già stata compiuta molte volte, per differenti ragioni, senza alcuna precauzione».

Se, come afferma Mariperman, quelle sette sostanze esplosive potevano anche provenire da un punto situato all'esterno del locale, sicuramente sopra di esso, in quale punto della nave potevano trovarsi? E come hanno fatto ad arrivare fino al vano eliche di prua dove, non dimentichiamo, viene trovata la maggiore concentrazione di tracce di esplosivo militare?

Dopo l'impatto, mentre avviene lo sversamento di iranian light sul ponte di coperta, il camino di ventilazione che forzava aria nelle condotte dei sottostanti locali prodieri viene a trovarsi ad appena dieci metri di distanza dalla linea di collisione, a causa del forte arretramento della prua deformata dall'impatto.

La condotta di ventilazione funziona, spiega Mariperman, da distributore e poi da miccia, «ricevendo l'accensione dall'incendio del greggio». Una miccia che parte dal ponte di coperta diramandosi nei locali sottostanti, un percorso che termina esattamente nel vano eliche di prua.

Potevano provenire da qui, dalla zona del ponte di coperta sovrastante il vano eliche di prua, le tracce di esplosivo militare poi rinvenute, mescolate con numerose altre sostanze, nei vani sottostanti. Ma se un evento come un'esplosione avvenuta in qualche punto della rada avesse anche solo parzialmente interessato il traghetto, qualche traccia materiale a bordo della nave passeggeri sarebbe dovuta rimanere, ben visibile, nonostante l'azione distruttiva delle fiamme.

Le antenne spezzate

Anche in questo caso, proprio dalle carte emerge qualcosa di molto interessante. Tracce e segni di un evento che ha interessato direttamente la zona del traghetto di prua – ricordate? la zona illuminata dai fari del traghetto prima della collisione – e in modo particolare alcune strutture situate immediatamente sopra la plancia comandi. Un evento traumatico, distruttivo, avvenuto a un certo punto all'esterno del traghetto, non conciliabile con le conseguenze della collisione e dell'incendio. Antenne rotte, spezzate. Parti metalliche estremamente flessibili, tranciate assieme a un sostegno – un traliccio di una terza antenna – divelto anch'esso dalla sua sede originale. Qualcosa le ha investite, abbattute e poi sono state devastate dalle fiamme.

Le persone che testimoniano l'evidenza di quanto avvenuto a bordo del Moby Prince, senza riuscire a darne spiegazione, non sono scenaristi a caccia di scoop: si tratta dei periti del Pm, il maresciallo Dino Ceccantini e il professor Enzo Dalle Mese, nominati per accertare il funzionamento degli impianti di radiocomunicazione presenti quella sera a Livorno.

Al processo, il maresciallo Ceccantini dice: «Da un'ispezione che abbiamo fatto a bordo del Moby Prince insieme con il professor Dalle Mese, abbiamo constatato che le due antenne – perché gli apparati VHF a bordo del Moby Prince erano due, uno era in timoneria dove stava generalmente il comandante e l'altro dentro la stazione radio – erano tutte e due a terra. Erano rotte. Abbiamo trovato anche una parvenza di antenna, un sostegno che sarà stato anche una terza antenna per VHF... Però, la terza antenna non sappiamo... abbiamo trovato questo supporto della terza antenna». Due antenne più ciò che resta del traliccio di supporto di una terza, dunque. Per terra, spezzate. L'avvocato Giunti pone la domanda cruciale: «Sapete indicare se questa rottura delle antenne sia stata conseguenza del fuoco, oppure sia stata un'azione precedente, traumatica?». Interviene il collega Dalle Mese: «In genere queste antenne sono abbastanza flessibili, per cui più che un impatto è necessario che ci vada a cascare addosso qualcosa perché si tronchino, si spezzino». Ceccantini pare inizialmente più dubbioso del collega: «Non è facile rispondere a questa domanda. Noi le abbiamo trovate in terra». Poi, però, aggiunge: «Si vede che c'era passato il fuoco *dopo* che erano cascate, però queste due antenne noi si sono trovate in terra. Ci sono anche delle fotografie che abbiamo prodotto».

VII.

AGIP ABRUZZO: PRIMA E DOPO LA COLLISIONE

La posizione alla fonda della petroliera

In ogni vicenda esistono aspetti marginali e questioni sostanziali. La determinazione del punto di fonda e l'orientamento della prua dell'Agip Abruzzo al momento della collisione costituisce un elemento di primaria importanza per ricostruire la dinamica degli eventi.

« Eravamo a 2,7 miglia dal faro sulla testata della Vegliaia con rilevamento 23°, la prua rivolta verso nord per 300° », risponde Superina davanti agli ufficiali della Capitaneria il 16 aprile '91, convinto di non poter essere smentito. Registriamo questa risposta, perché su di essa viene fatto il lavoro di ricostruzione dell'inchiesta sommaria e della successiva indagine speciale della Commissione ministeriale. Quel giorno, il comandante Superina non sapeva dell'esistenza di troppi elementi che avrebbero apertamente contraddetto quella sua versione. E non si tratta di semplici dettagli.

Torniamo per un attimo alle indicazioni fornite via radio dalla petroliera subito dopo la collisione. Alle ore 22:50'56", il comandante Superina sollecita l'intervento dei mezzi di soccorso (« Se venite fuori in tempo forse ci salviamo, perché c'è la nafta incendiata in mare, non so quanto può durare! ») comunicando alla Capitaneria di Livorno il punto di fonda della petroliera. « Siamo a due miglia e sette, per 45° a sud della Vegliaia, fate presto! ».

Alle ore 22:53'27", rispondendo ai vigili del fuoco che chiedono le coordinate Loran, il radiotelegrafista dell'Agip Abruzzo risponde: «Un momento, vi dò quelle geografiche: 43°29' nord, 10°16' est». Trascorrono cinque minuti e, sempre dall'Agip Abruzzo, parte una nuova indicazione a un rimorchiatore in arrivo, anche questa impressa sul nastro di IPL Livorno Radio: «Metta la prua su duecento... le dico esattamente che prua deve mettere all'uscita dalla diga... 200-210 per due miglia e sette e ci trovate!». È una rotta simile alla direzione indicata dall'avvisatore marittimo per il Moby Prince in uscita dal porto, contrariamente a quella fornita dalla Capitaneria di porto...

Tradotto su carta nautica, significa che la petroliera al momento della collisione si trovava in un punto di fonda interdetto all'ancoraggio, ben diverso dal punto nave indicato dalla Capitaneria. A meno che qualcuno non trovasse divertente rimanere a bordo di una petroliera in fiamme dirottando altrove i mezzi di soccorso antincendio, vien difficile pensare che quelle prime comunicazioni sul punto di fonda dell'Agip Abruzzo – circa mezz'ora dopo la collisione – non fossero le più veritiere e attendibili.

Una conferma del fatto che la petroliera al momento della collisione si trovasse in una posizione diversa da quella poi dichiarata arriva dal cielo. Da un aereo Alitalia, per la precisione. Sono da poco passate le 22 del 10 aprile: Ezio Bertolini, comandante del volo Alitalia Roma-Pisa, a causa del ritardo accumulato decide di modificare la rotta prevista: anziché passare sull'isola d'Elba, devia sopra il canale di Piombino. Ricorda Bertolini: «Già dal canale di Piombino, verso le 22:30, potevo vedere distintamente a nord verso Livorno delle fiamme alte. Avvicinandomi poi distinguevo distintamente che il fuoco era in mare e le fiamme si levavano molto alte».

A quel punto, il comandante decide di procedere verso la verticale del punto incendio individuato in mare: «Decisi di sorvolare la zona come è previsto dalle normative del Codice della navigazione, giunsi all'incirca sulla verticale delle fiamme... Quando mi trovavo sulla verticale di quella che potei distinguere per una petroliera in fiamme – infatti ne vedevo distintamente il castello illuminato dal fuoco – comunicai il fatto alla torre di controllo dell'aeroporto di Pisa». E il punto nave indicato dal pilota Alitalia Ezio Bertolini, supportato da registrazioni radar e audio, coincide proprio con quello fornito, nei primi due messaggi radio, dall'Agip Abruzzo. Tradotto cartograficamente: «Punto nave nella zona di divieto di ancoraggio». I punti nave indicati successivamente dalla Commissione d'inchiesta e, più tardi, dai consulenti del Pm, risultano invece situati a una distanza compresa fra 1 e 2 miglia rispetto al punto indicato dall'aereo.

Il Moby rientrava in porto

Ore 22:57'01" del 10 aprile: un soccorritore chiede al comandante della petroliera di attivare i segnalatori acustici per facilitare l'identificazione della nave cisterna. Sui nastri di Livorno Radio, che registra le comunicazioni sul canale 16 VHF, rimane impressa la risposta di Superina. «Stiamo suonando, stiamo suonando, solo che abbiamo la prua a sud e quindi difficilmente ci sentite».

Umberto Venturi è assistente capo della polizia di Stato in servizio presso il Commissariato polizia di frontiera marittima di Livorno. Quella sera, intorno alle 22:25, si trova comodamente seduto nel salotto della sua abitazione, situata presso il molo mediceo, nell'ex area Ansaldo. Sta guardando la televisione ma, improvvisamente, ogni suono viene sovrastato da «un grosso boato proveniente dall'esterno». «Sono subito uscito in giardino», ricorda, «per vedere di che cosa si trattava, poi sono salito sulla terrazza della casermetta della polizia dove sono ubicati gli alloggi del personale». Da quel punto di osservazione, situato all'interno del porto mediceo, a circa duecento metri dall'imboccatura del porto, Venturi osserva «grossi bagliori e fiamme che si levavano da una nave ancorata alla fonda. La nave, che sicuramente doveva essere la petroliera Agip Abruzzo, era ancorata con la prua rivolta verso terra, leggermente in direzione sud, e le fiamme che si sprigionavano erano visibili sopra e dietro la nave, in prossimità della plancia di comando. Le fiammate sono durate per alcuni minuti, dopo di che la visibilità veniva offuscata dal fumo proveniente da detta nave».

Il capitano di polizia, avvisato il commissariato, continua a osservare la petroliera ed è assolutamente convinto della posizione in rada della petroliera al momento della collisione: «Sono certo che la prua della petroliera si trovasse, al momento in cui l'ho osservata, verso sud, e le fiamme erano dietro alla sagoma della petroliera, infatti i bagliori dell'incendio illuminavano il castello della nave che era a destra rispetto al resto della sagoma». Venturi osserva la scena, sul tetto della casermetta, assieme ad altri colleghi «che sarà mia cura far presentare per la verbalizzazione», aggiunge. E il Moby Prince? «Nell'incendio non ho assolutamente visto il traghetto, né ho visto delle luci accese». Che succede poi? Succede che l'Agip Abruzzo si muove, abbandonando il precedente punto di fonda. Una scelta inevitabile, anche il mare è in fiamme.

Il direttore di macchina della petroliera, ingegner Marco Pompilio, conferma modi e tempi dell'operazione; si trovava in saletta ufficiali assieme al comandante Superina al momento della collisione: dopo il botto, il tecnico scende immediatamente in sala macchine e, su esplicito ordine del comandante, si reca in *control room* per avviare il motore (gli apparati ausiliari erano pronti, già operativi), mettendolo rapidamente in funzione con comando *avanti adagio* per un numero corrispondente di 40-50 giri. Trascorrono diversi minuti, quindici per la precisione. Questa volta è la voce del comandante Superina a comunicare le coordinate: «43°29.8' nord, 10°15.3' est», anche queste diverse rispetto a quelle indicate alla Commissione di inchiesta sommaria.

Ma dove sta dirigendosi la nave cisterna? O meglio: da dove si sta allontanando?

La guardia dimenticata ha visto tutto

«Il sottoscritto ispettore Giampietro Grosselle informa la Signoria Vostra che oggi, nel corso delle deposizioni rese in questi uffici da Olivieri Roger e Thermes Paolo, sentiti su delega in ordine ai fatti di cui all'oggetto, informalmente apprendeva che la sera del 10 aprile 1991, presso l'Accademia navale, doveva esservi un servizio di guardia nella garitta posta nei pressi del circolo velico proprio di fronte al mare, nello specchio d'acqua interessato dagli accadimenti in questione. Si ritiene probabile che il marinaio di guardia possa aver osservato quanto in quel momento si stava verificando nella zona portuale. Trattandosi di militare, all'epoca in servizio presso l'Accademia navale, per la sua identificazione sarebbe necessario visionare il servizio disposto quel giorno, previa autorizzazione delle autorità militari. Livorno, 18 febbraio 1993».

Da quando la Capitaneria di porto di Livorno è stata istituita con Regio Decreto n. 3235 del 20 dicembre 1923, le acque antistanti il molo mediceo sono regolarmente sorvegliate a vista, secondo precisi turni di sorveglianza militare, sempre, ogni giorno e ogni notte.

Sono trascorsi quasi due anni dalla sera in cui centoquaranta persone sono tragicamente perite nel traghetto della morte davanti a Livorno. Fino a quel momento nessuno, all'interno della Capitaneria di porto, dell'Accademia navale, della Commissione d'inchiesta sommaria, dell'intero Compartimento marittimo di Livorno, del comando dell'Alto Tirreno, aveva ritenuto opportuno avvisare il magistrato del fatto che quella sera, come sempre, i punti strategici di avvistamento del porto erano presidiati. Una dimenticanza collettiva. Tutto può essere, anche se in realtà Massimo Vernace (questo il nome della guardia militare in servizio di vigilanza portuale la sera del 10 aprile) aveva già provveduto a comunicare ai suoi superiori tutto ciò che aveva visto in rada. Ma della sua testimonianza non vi è traccia nella ricostruzione dei fatti elaborata in gran fretta dalla Capitaneria di porto. Vernace viene convocato dal magistrato e racconta.

La posizione della petroliera e la fiancata in fiamme

«Ricordo che prima di fare le prove con l'apparato radio, per qualche minuto ho osservato il mare antistante. Ho potuto vedere distintamente, davanti a me, una grossa petroliera illuminata. Si trovava proprio davanti alla mia postazione, leggermente a sinistra. Ricordo benissimo che le luci erano accese e che la parte maggiormente illuminata era rivolta al porto, mentre la parte meno illuminata si trovava rivolta a sud, nel senso inverso al porto. La parte più illuminata era anche molto più alta e, ripeto, era rivolta al porto. Ricordo di aver osservato per qualche minuto la petroliera e sono certo che non vi era assolutamente nebbia».

Il racconto del guardiamarina Massimo Vernace, coincidente con altre importanti testimonianze, mette in crisi uno degli elementi cardine della ricostruzione processuale fornita dai periti: ovvero, l'esatto orientamento della prua dell'Agip Abruzzo. Se cambia l'orientamento della prua della petroliera, cambia la dinamica e lo scenario degli eventi: se la prua era orientata a sud, significa che la fiancata destra della petroliera era rivolta verso il mare aperto anziché verso il porto di Livorno, e dunque il Moby Prince non era entrato in collisione uscendo dal porto, bensì rientrandovi: dopo aver superato l'Agip Abruzzo, per qualche ragione il traghetto aveva rapidamente invertito la rotta per tentare il rientro in porto e proprio in questa fase la sua prua si era infilata nella fiancata destra della nave cisterna della Snam.

Il racconto del guardiamarina, ascoltato dalla polizia a due anni dai fatti, ripercorre i momenti drammatici dell'incendio in rada: «Le fiamme e il fumo si alzavano vicino alla parte più illuminata della petroliera, sicuramente però non dalla parte verso terra, cioè non dalla parte in cui io mi trovavo. Infatti, io potevo vedere benissimo tutto lo scafo, dalla fiancata che era rivolta a me. Dopo pochissimi secondi che avevo osservato le fiamme basse, si sono verificate alcune esplosioni e il fuoco si è alzato notevolmente sempre sopra la petroliera, nel punto già descritto. A quel punto la sagoma della nave era totalmente invasa dal fuoco e dal fumo, a eccezione della fiancata rivolta a me. Questa infatti la potevo sempre vedere e non vedevo né fiamme sulla fiancata né fiamme in mare». Conclude Vernace: «Di quanto avevo osservato quella sera, avevo già riferito alle autorità militari dell'Accademia, le quali mi fecero firmare le dichiarazioni rese, anche se ritengo che non siano del tutto esatte, poiché erano leggermente in contrasto con quanto dichiarato dal sottocapo di picchetto. Mi sembra si chiami Laviosa Federico, di Livorno. Infatti lui avrebbe dichiarato di aver visto anche il traghetto prima o dopo la collisione».

Il giorno seguente, viene convocato in Questura Federico Laviosa, per verificare con il diretto interessato il *leggero contrasto* fra le due versioni. Laviosa, che ha smesso come Vernace la divisa militare al termine del periodo di leva, conferma invece quanto testimoniato dal collega circa la posizione alla fonda dell'Agip Abruzzo («Le fiamme si alzavano sopra alla massa scura e posso affermare che non erano al livello dell'acqua. Il mare tra la massa scura e la postazione era libero da fiamme. Queste erano concentrate solo sopra alla massa che riuscivo a vedere»). Ma la cosa che lascia di stucco è la successiva affermazione dell'ex sottocapo di picchetto: «Non ho mai visto il traghetto né prima della collisione né dopo la collisione».

Il video D'Alesio e la relazione del ministero dell'Interno

Il 9 dicembre 1992 il Sostituto procuratore di Livorno, Luigi De Franco, invia al Dipartimento della Pubblica sicurezza presso il ministero dell'Interno una busta contenente la videocassetta originale girata dalla terrazza di casa D'Alesio, dove si vede la petroliera in fiamme pochi minuti dopo la collisione. Il magistrato vuole ottenere una relazione circa la visibilità sul luogo dell'incidente e l'esatto orientamento della nave cisterna.

Il 28 gennaio 1993, dal servizio di polizia scientifica della Direzione centrale della Criminalpol, viene restituita al magistrato livornese la cassetta originale, unitamente a una copia Betacam e a una videocassetta VHS sulla quale sono registrati i tentativi effettuati per migliorare alcune immagini. Risultato? «L'incendio si trova dalla parte opposta dell'Agip Abruzzo, rispetto al punto di ripresa; il centro dell'incendio sembra provenire da un'infrastruttura più bassa della petroliera ma più alta rispetto al livello del mare; [...] considerando la posizione della luce del lampione e il punto di impatto sulla petroliera, quest'ultima, rispetto al punto di ripresa, è posizionata con la prua verso terra; in alcune immagini, il riflesso dell'incendio sul mare indica chiaramente che in quel momento non c'era nebbia: si vede il mare increspato dalle onde».

Il sistema osservativo del Servizio meteorologico dell'Aeronautica è costituito da 84 osservatori presidiati, 44 dei quali sono in servizio continuativo 24 ore su 24. Tutti i dati della rete nazionale vengono comunicati al centro di Pratica di mare. Presso il Centro vengono anche studiate le immagini che giungono da un satellite geostazionario gestito da Eumetsat: si tratta di Meteosat, posto a circa 36.000 metri sopra l'incrocio tra l'equatore e il meridiano di Greenwich, che ogni 30 minuti invia a terra immagini riprese in tre canali, corrispondenti a tre differenti sensori: nubi visibili, infrarosso e vapore acqueo. Il centro di Pratica di mare dovrebbe rappresentare la prima fonte documentale e informativa su scala nazionale alla quale attingere, in casi simili. Invece, viene interpellato solo dal Tribunale di Livorno, nel corso del processo, a cinque anni di distanza dai fatti: prima di allora non risulta che la Capitaneria di Livorno, responsabile dell'inchiesta sommaria, né la Commissione speciale d'inchiesta ministeriale avessero ritenuto opportuno disturbare i tecnici specializzati di Pratica di mare, disponendo evidentemente altre fonti di informazione sul microclima.

La risposta arriva il 22 gennaio '97: i tecnici di Pratica di mare recuperano i dati relativi alle condizioni meteo nell'Alto Tirreno del 10 aprile '91 e analizzano anche la videocassetta D'Alesio, con le immagini della petroliera in fiamme riprese cinque minuti dopo la collisione. Ecco i risultati: «Alle ore 21 Utc[6] (Orario universale coordinato, che corrisponde alle 23 italiane, *nda*) a ridosso della costa toscana è individuabile una molto piccola, ma molto intensa, formazione nuvolosa compatibile con un'intensa e vasta colonna di fumo: la precedente formazione appare in forma più frastagliata». Si tratta dell'incendio dopo la collisione: nessuna traccia di foschia o nebbia. La relazione cita i dati forniti dalla stazione meteorologica dell'Aeronautica militare di Pisa, quella più vicina alla località d'interesse e la più completa per quanto riguarda la quantità di osservazioni. La stazione riporta l'andamento della visibilità tra le ore 18 Utc – cioè le 20 italiane – del giorno 10 aprile fino alla mezzanotte Utc – ossia le 2 di notte – del giorno dopo: «Il valore della visibilità è inizialmente di oltre 10 km circostanti la stazione, giunge a visibilità nulla alle ore 00:00 Utc del giorno 11». Insomma, alle otto di sera del 10 aprile la visibilità era perfetta, mentre alle due del giorno seguente è pessima. Niente di nuovo.

Al punto 4 della relazione troviamo le «Condizioni di visibilità nella località dell'incidente, risultanti dalla cassetta D'Alesio». Conclusioni? «La videocassetta D'Alesio, opportunamente trattata da esperti in materia, permette di stabilire che la visibilità, nel tratto di mare tra l'obiettivo e l'incendio in mare e al momento della registrazione, era buona».

È lo stesso risultato al quale era giunta, quattro anni prima, la Criminalpol nella famosa perizia effettuata su richiesta del magistrato De Franco.

Stesso risultato, identico destino: la polvere in un faldone ammuffito.

[6] Le stazioni internazionali di radiodiffusione risolvono il problema dei diversi fusi orari assumendo come unico punto di riferimento l'orario del meridiano zero, quello di Greenwich, che viene chiamato Utc (Orario Universale Coordinato). Quindi, le ore 21 Utc del 10 aprile 1991 corrispondono alle ore 23 italiane.

La strana storia del documento scomparso

A volte ritornano certi documenti importanti. Quattordici anni dopo la sua redazione, siamo riusciti a recuperare una copia del famoso Allegato 1 comprendente il Questionario Moto-Cisterna Agip Abruzzo. Ricordate? Quello scomparso dal fascicolo dell'inchiesta sommaria. Scopriamo che il questionario comprende 191 domande rivolte al comandante dell'Agip Abruzzo, Renato Superina. Data di compilazione: 16 aprile '91. Nel questionario compaiono solo le risposte, non la trascrizione delle domande. L'ultima questione, la più importante, è a pagina 28: il punto di fonda dell'Agip Abruzzo. Risponde Superina: «Preciso che al momento del sinistro la nave era all'ancora con prua per 300 e n. 7 lunghezze di catena a mare; preciso inoltre che la posizione di cui al n. 59 è quella di fonda». Cioè, afferma il comandante, prua rivolta a nord per 300°. È la solita tesi avallata dai tempi dell'inchiesta sommaria. Perché allora preoccuparsi tanto della sparizione di un documento che sembra non dire niente di nuovo?

Prima di richiudere il fascicolo, la solita inguaribile curiosità ci spinge a rileggere la risposta numero 59 del questionario, quella a cui Superina rimanda per indicare la posizione di fonda della petroliera. A una prima lettura era scivolata via senza destare particolare interesse. Adesso invece quelle quattro righe, poche parole, bastano per sobbalzare sulla sedia e rimangiarsi tutto quanto stavamo pensando pochi istanti prima. Leggiamo la risposta di Superina: «Rilevamento 23° dal faro di Livorno, mg 2.7 dalla testata di ponente della diga della Vegliaia. Stabilito con rilevamenti radar e posizione confrontata con i dati del sistema satellitare».

Straordinario: quando Superina compila il questionario (il 16 aprile '91) non sa ancora che la stazione costiera di Livorno Radio ha registrato tutte le comunicazioni avvenute la sera di sei giorni prima. Non sa che dai nastri risulta che, la sera della collisione, lui non era in grado di stabilire alcun tipo di indicazione satellitare Loran sul punto di fonda, né rilevamento radar (e non potrà farlo in seguito, perché la strumentazione andrà distrutta tre giorni dopo a causa di un'esplosione); non sa che è rimasta impressa la sua voce mentre comunica ai vigili del fuoco – non essendo in grado di fornire quelle satellitari – coordinate geografiche del punto di fonda della petroliera completamente diverse da quelle riportate nel questionario. Non può immaginare che l'intera registrazione delle sue comunicazioni avvenute la sera del 10 aprile '91 rappresenta una smentita diretta e clamorosa di quanto riportato nel questionario MC Agip Abruzzo per quanto riguarda il punto di fonda della nave cisterna.

È imbarazzante. C'è il rischio concreto che la credibilità dell'ipotesi ricostruttiva avallata dalle inchieste amministrative risulti compromessa dalla lettura del questionario. C'è il rischio che qualcuno possa iniziare a domandarsi perché un comandante coinvolto in una collisione, apparentemente senza responsabilità, fornisca a sei giorni di distanza dal fatto una serie di rilevamenti radar e satellitari dei quali non disponeva al momento dell'incidente, profondamente diversi dal punto nave comunicato dallo stesso Superina ai soccorritori e al Pm De Franco il giorno 11 aprile. Un bel problema. Ma un provvidenziale smarrimento dei documenti evita l'intoppo.

Il portellino aperto e la manichetta penzolante

L'elenco delle cose inspiegabili prosegue con la storia del portellino della cisterna n. 6 dell'Agip Abruzzo trovato aperto, con una manichetta bruciata penzolante al suo interno.

La struttura dell'Agip Abruzzo, come tutte le petroliere, presenta una rigida compartimentazione interna: vi sono cisterne *da carico* nelle quali vengono stivati greggio e derivati, e quelle *da zavorra* riempite di acqua marina per garantire sempre un corretto assetto di galleggiamento sulla superficie del mare.

Esistono alcune fondamentali norme di sicurezza, la prima delle quali impone di mantenere accuratamente chiusi i locali dove vengono stivati i prodotti petroliferi: l'aumento del tenore di ossigeno all'interno di questi ambienti, in misura fra l'8% e l'11,5% (considerata la soglia rischio) crea infatti la possibilità concreta di un'esplosione, con conseguenze facilmente immaginabili.

Sempre per ragioni di sicurezza, l'assetto della nave prevede una completa separazione strutturale e impiantistica tra la zona pericolosa – corrispondente appunto alle cisterne da carico – e i locali operativi: sala macchine, motori, alloggi, plancia, eccetera, al punto che «è vietata qualunque forma di comunicazione sia essa un tubo, una condotta di ventilazione, o qualunque altra cosa, proprio per evitare che in qualunque situazione si possa avere il passaggio di gas o di prodotti infiammabili, dalle zone riservate al carico alle zone riservate ai servizi».

Contravvenire a queste elementari procedure, a bordo di una nave cisterna ancorata in mezzo a navi militarizzate, è un po' come mettersi a guidare un Tir in autostrada contromano e con gli occhi bendati: non sai cosa succederà esattamente.

I vigili del fuoco, nella prima verifica a bordo dell'Agip Abruzzo effettuata il 14 aprile '91, annotano un fatto strano: il portellino della cisterna centrale n. 6, contenente 16.000 litri di greggio, risulta inspiegabilmente aperto, e adagiata alla sua base c'è una manichetta bruciacchiata, un tipo di conduttura normalmente utilizzata per travasare liquidi. Oppure per prelevarne.

Il portellino ha un diametro di circa 70 cm. e, di norma, viene aperto solo per prelevare il carico, per effettuare operazioni di lavaggio o di ventilazione della cisterna.

La cisterna centrale n. 6 confina proprio con la maledetta tank n. 7, quella carica di 2300 tonnellate di *crude oil* squarciata dalla prua del Moby Prince.

Difficile, per il presidente Germano Lamberti, non chiederne spiegazione all'ingegnere navale Alberto Benini, livornese, dieci anni di servizio presso il Genio navale della Marina militare e consulente della Snam proprietaria dell'Agip Abruzzo. Questa la versione dell'ingegner Benini: «La nave stava trasferendo all'interno della cisterna n. 6 delle acque oleose di sentina», ovvero residui di acqua marina immessa nei circuiti di raffreddamento dei macchinari.

Tutto chiarito, dunque? Non proprio: quello che non convince dell'operazione è il luogo prescelto per lo stoccaggio finale delle acque sporche di sentina: non le apposite casse di raccolta, e nemmeno una delle diverse cisterne vuote, bensì un serbatoio contenente 16.000 litri di greggio. Perché mescolare il greggio con l'acqua di sentina? «La raffineria di Livorno è attrezzata, riceve tranquillamente queste acque», spiega Benini al presidente Lamberti, «perché poi le manda in raffineria, vengono depurate nell'acqua e quel poco di residui, di idrocarburi che sono contenuti, vengono inviati nei processi di produzione normale».

Pochi residui? In quella cisterna erano stoccati 16.000 litri di greggio. Forse che nelle raffinerie Agip hanno tempo e denaro da perdere a separare fra loro acque di sentina e tonnellate di idrocarburi inopinatamente mescolati fra loro dagli equipaggi delle petroliere in rada?

Rendendosi forse conto che la spiegazione, per usare un eufemismo, desta qualche perplessità, Benini cerca di rafforzare la sua tesi con un'ulteriore precisazione: «Nel porto, al terminale di Livorno, non è possibile pompare direttamente a terra queste acque, per cui era necessario fare il travaso in una cisterna del carico e poi, utilizzando le stesse linee attraverso le quali era stato pompato il greggio, sarebbe stato pompato anche questo residuo che era rimasto». La spiegazione lascia aperti molti dubbi: quella sera, l'Agip Abruzzo era ancorata nella rada di Livorno con un carico parziale, 82.000 tonnellate rispetto alle 182.000 di capacità di carico. Secondo la testimonianza dello stesso Benini, a bordo della petroliera «il carico era stato distribuito nelle cisterne 1, 2, 3, 4, 5 centrali e nelle cisterne 3 e 7 laterali». Dunque, buona parte delle cisterne da carico sono vuote.

Il sospetto che possa esservi un'altra spiegazione per tali comportamenti anomali, spinge il presidente del collegio Lamberti a intervenire: «Da che cosa risulta che la sera del 10 stavano... o era previsto che stessero per pompare?», chiede.

Benini: «Non risulta dai documenti».

Lamberti insiste: «Lei è portato a ricollegare l'apertura del portellone a quest'operazione di travaso, se non alla collisione, o ad altre cause ancora?».

Benini: «Presidente, quando fu possibile risalire a bordo, fu trovata la manichetta bruciata che penzolava all'interno, naturalmente non fu dato peso a questo fatto, anche perché era oggettivamente irrilevante e poi comunque il prodotto era ancora là dentro, non è che è stato tolto».

Forse la risposta dell'ingegner Benini trova spiegazione in un fatto avvenuto alcuni giorni prima, nel corso di un'altra udienza, quando l'avvocato Bassano aveva rivolto all'ingegner Marcello Piazzi, consulente chimico della Capitaneria di porto di Livorno, una domanda esplicita sull'argomento.

Bassano: «Sarebbe possibile, con dei sistemi di pompe mobili, pescare greggio attraverso quel portellino che è stato trovato aperto?».

Piazzi: «Io penso solo alle operazioni normali, perché non posso pensare a...».

Bassano: «Chiedo se è possibile».

Piazzi: «Penso che si possa anche fare, perché se uno la espone così come l'ha esposta lei... le pompe ci sono di tante dimensioni, ci sono pompe piccolissime, pompe enormi, non saprei... Si può fare».

Curioso imbarazzo, quello dell'ing. Piazzi, di fronte alle domande dell'avvocato di parte civile: in fondo, proprio attraverso questo sistema di manichette collegate a pompe mobili descritto dall'avv. Bassano vengono svuotati (circa settanta giorni dopo il disastro) i serbatoi ancora pieni dell'Agip Abruzzo: il sistema di pompaggio installato a bordo della petroliera, infatti, risultava in avaria.

Aspettavano la bettolina per il bunkeraggio

Un fantasma si aggira per il porto: è il fantasma di una bettolina, prima segnalata, poi smentita e infine osservata da diversi testimoni la sera del 10 aprile.

Superina non è il solo a menzionare la presenza di una simile imbarcazione. Possibile che l'esperto comandante di una petroliera confonda un traghetto passeggeri con una barca cisterna, molto più piccola? Difficile, è come se un vigile urbano confondesse un Tir con un ciclomotore. Durante l'inchiesta sommaria condotta dalla Capitaneria, il nostromo dell'Agip Abruzzo, Vittorio Ruggero, ricostruendo i momenti successivi alla collisione con il Moby Prince, dichiara in modo esplicito: «Ho intravisto sul lato dritto una nave in fiamme. Pensavo fosse la bettolina che aspettavamo per il bunkeraggio».

Su questo punto non è mai stata fatta chiarezza, e il comandante Superina al processo si è rifiutato di testimoniare. Valentino Rolla, il terzo ufficiale di coperta della nave cisterna della Snam, dopo aver visto la nave – non una bettolina – entrare in collisione contro la fiancata della petroliera, ricorda di aver «relazionato i fatti al comandante su sua precisa richiesta» non più di venti secondi dopo la collisione. E in effetti, nelle prime comunicazioni via radio, Superina comunica che «una nave è venuta addosso» all'Agip Abruzzo. Tuttavia, troppe testimonianze parlano di *bettoline* o comunque di imbarcazioni di piccole dimensioni coinvolte in un incendio in prossimità del luogo della collisione. Lo stesso comandante della petroliera, rispondendo via radio ai vigili del fuoco che cercano di conoscere la natura del carico delle navi coinvolte, risponde: «Noi abbiamo iranian light, iranian light, crude oil! Però non sappiamo la bettolina che ci è venuta addosso cos'ha a bordo... da quello che ci risulta c'è tutta la superficie in fiamme, quindi dev'essere pieno di fiamme».

Imperio Recanatini, marconista dell'Agip Abruzzo, testimonia al processo di aver visto, venti minuti dopo lo schianto fra il traghetto e la nave cisterna, «una barchetta avvolta completamente dalle fiamme che ci sfilava di nuovo verso prua». Si può confondere un traghetto lungo quasi 150 metri con una barchetta? Recanatini ricorda le dimensioni di quella nave in fiamme: «Cinquanta, sessanta, settanta metri, quello che può essere». «Un traghetto?», chiede il Pm al teste. «Non saprei, una bettolina», insiste Recanatini. Alcuni marinai dell'Agip Abruzzo dichiarano di aver appreso solo rientrando in porto che la collisione era stata causata da un traghetto «e non da una bettolina, come si pensava quando eravamo a bordo della petroliera». Il più esplicito è Ciro Esposito, caporale di bordo dell'Agip Abruzzo, che mette per iscritto la sua testimonianza letta in aula dal Pm Carlo Cardi nel corso del processo: «Voglio precisare che il giorno 10 aprile 1991 noi aspettavamo una bettolina che avrebbe dovuto rifornirci di carburante, ecco perché si è pensato che a urtarci fosse stata una bettolina, ma solo quando sono salito a bordo del rimorchiatore ho saputo che era un traghetto passeggeri e non una bettolina come si pensava».

Nelle prime concitate sollecitazioni rivolte ai soccorritori, il comandante Superina fa riferimento alla presenza di due distinti prodotti, iranian light e nafta. Due sostanze difficili da confondere, specie per un professionista di lungo corso al comando di petroliere. Superina dice che la petroliera è carica di iranian light; poi però, afferma che «c'è nafta che brucia, ho paura che salti tutta la nave... la nafta è andata a mare e ha preso fuoco, se fate presto ci salvate»; e al rimorchiatore che chiede: «Ma la nafta chi è che la sta buttando fuori? Voi o quell'altra nave?», Superina risponde: «Noi, noi, noi! Poi l'altra non so che fine abbia fatto, dov'è andata, non so niente!».

Il mistero della bettolina scomparsa continua. E forse non va molto lontano dalla verità il comandante dei vigili del fuoco Fabrizio Ceccherini quando, nel corso del processo, rammentando le vane ricerche della bettolina incendiata, ricorda: «Eravamo sorpresi del fatto che non ci fosse traccia della bettolina e in un primo momento si pensò che fosse affondata».

Bagliori rossi mentre il Moby è lontano

Insomma, nella rada di Livorno sta accadendo qualcosa di anomalo, e il Moby Prince ci finisce in mezzo.

Quella sera due ufficiali della Marina in servizio presso l'Accademia navale, Paolo Thermes e Roger Olivieri, si trovano nella palazzina ufficiali San Leopoldo.

Hanno cenato, non sono interessati alla partita di calcio trasmessa in tv. Ricorda Paolo Thermes: «Avevamo comprato un'asse per stirare la nostra divisa e, siccome non è molto bello farsi trovare in giro noi ufficiali con un asse da stiro, eravamo usciti la sera, approfittando del fatto che tutti erano a vedere la partita; uno faceva da palo in pratica, e l'altro... più che altro per non incontrare l'ufficiale di servizio o qualche nostro diretto superiore».

È una splendida serata limpida, camminando verso il parcheggio interno i due ufficiali osservano le navi in rada. Dall'area antistante la palazzina ufficiali, si possono distinguere tutte le navi ferme alla fonda e quelle in entrata e in uscita dal porto attraverso la diga della Vegliaia. Proprio qui, a un certo punto, la loro attenzione viene catturata da qualcosa di strano che sta avvenendo in rada, dove c'è una grande nave ancorata. Thermes e Olivieri osservano strani bagliori provenienti dal mare, proprio nel punto in cui si trova ancorata l'Agip Abruzzo; si rendono conto che sta accadendo qualcosa di grave. «A me sembrava un incendio», afferma Roger Olivieri. Una luce color rosso arancio «fissa, ma di intensità non costante, sotto il castello di poppa» della petroliera.

Secondo la ricostruzione ufficiale, quell'incendio interessa la petroliera come conseguenza della collisione contro la sua fiancata destra da parte del traghetto Moby Prince. E invece la testimonianza precisa dei due ufficiali di Marina si rivela incompatibile con la versione formulata dalla Capitaneria di porto. *Dapprima* osservano per parecchi minuti l'insorgere di strani bagliori rossi provenenti dal punto in cui è ancorata l'Agip Abruzzo, simili alle fiamme di un incendio, e al progressivo oscuramento della petroliera da parte di una nube biancastra che sembra originata da «getti di acqua e di vapore usati in funzione antincendio»; dopo, ovvero *in un secondo tempo* rispetto all'inizio dell'osservazione di tale fenomeno, osservano entrambi il traghetto Moby Prince, in navigazione proprio davanti ai loro occhi, mentre doppia la diga della Vegliaia accingendosi a dirigersi in rada, per prendere il largo verso Olbia!

Ancora più tardi, avvertono uno schianto e un boato.

Lasciamo la parola a Roger Olivieri: «Siamo usciti dalla palazzina ufficiali verso le 21:30-21:45», ricorda, «per recarci al posteggio auto interno. Dopo pochi minuti, nel rientrare verso la palazzina ufficiali, notavamo alla nostra destra, lato mare, una nave individuabile dalle luci di coperta come una petroliera, sulla quale vi era un fenomeno strano assimilabile a una nebulizzazione biancastra che si sviluppava per l'intera lunghezza della nave all'altezza della coperta. Contestualmente, nella parte poppiera, tra il castello e la coperta, o meglio subito a proravia del castello, si osservava un bagliore rosso arancio di luminosità incostante e così pure di dimensioni. Questo sicuramente non era confondibile con le luci del ponte di coperta che in quel momento erano visibili. Tale fenomeno di bagliori era circoscrivibile fino a circa metà castello della petroliera. La petroliera in quel momento offriva alla nostra vista, per tutta la sua lunghezza, il fianco di dritta. Dopo aver osservato questo fenomeno, assieme al mio collega sono salito nel mio alloggio della palazzina ufficiali, sito al primo piano. Qui ci siamo nuovamente affacciati alla finestra, lato mare, per osservare ancora il fenomeno già descritto, che continuava».

«Ricordo perfettamente che il mare era calmo», continua Olivieri, «non c'era assolutamente vento e la visibilità era ottima, tanto che si potevano vedere altre tre navi alla fonda e le secche della Meloria. Dal momento che abbiamo osservato per la prima volta i bagliori a quando siamo saliti in camera, saranno trascorsi più o meno due minuti. Poco dopo abbiamo visto all'interno della diga della Vegliaia una nave, identificata dalle luci di coperta per un traghetto, che stava uscendo a velocità sostenuta e, dopo aver doppiato la Vegliaia, si dirigeva verso sud».

A questo punto, contestualmente al superamento della diga della Vegliaia da parte del traghetto, accade qualcosa che cattura nuovamente l'attenzione dell'osservatore: «Tutte le luci della petroliera posta a sud sparivano improvvisamente alla nostra vista, a eccezione dei bagliori che invece continuavano. Le luci erano scomparse tutte improvvisamente come se fossero state spente. La sagoma della nave non era più individuabile, però si continuava a vedere il bagliore e si vedevano perfettamente tutte le altre navi». Quello strano *bagliore* poteva essere confuso con le luci dell'impianto d'illuminazione della petroliera? Olivieri non ha dubbi: «Il bagliore rossastro non proveniva da una fonte luminosa di costante intensità».

Ma cosa sta accadendo in rada? «Il fenomeno osservato sulla petroliera, a mio avviso, non era dovuto a nebbia», dice Olivieri. «Infatti non abbiamo visto sparire le luci progressivamente, ma tutte assieme, come se fossero state spente. Inoltre i bagliori rosso arancio in coperta continuavano a essere visibili come prima e nelle adiacenze della petroliera il mare era limpido e visibile».

Un incendio, dunque? «A me sembrava tale», è la valutazione dell'ufficiale, rafforzata dalle parole del collega Paolo Thermes. Tuttavia, entrambi vengono schierati fra i testimoni a sostegno della nebbia da parte della Commissione d'inchiesta sommaria della Capitaneria. La petroliera, aggiunge Olivieri, «era rimasta avvolta completamente dalla nube, si vedevano in quel punto solamente dei bagliori rossi e, a intermittenza, un altro bagliore che cambiava continuamente d'intensità. A quel punto abbiamo pensato a un incendio, tanto da ritenere che la nube bianca potesse essere costituita da getti d'acqua e di vapore usati in funzione antincendio».

«Ho visto il buio, rotto da bagliori che mi hanno dato la netta sensazione di un incendio», conferma Thermes. Dunque la nube non era nebbia per i due ufficiali, bensì la conseguenza dell'opera di spegnimento di un incendio.

Continuando a osservare il fenomeno, i due ufficiali non perdono di vista il Moby Prince: «Abbiamo osservato sfilare il traghetto verso sud fino al nostro traverso, presumo che questo fosse stato più verso costa rispetto alle altre navi alla fonda. Ricordo che quando abbiamo visto sfilare il traghetto, era sempre in corso la partita di calcio perché sentivo il televisore dal piano sottostante. A questo punto, ho accompagnato il Thermes alla porta del mio alloggio e, rimasto solo, mi sono avvicinato nuovamente alla finestra notando ancora il fenomeno già descritto».

Non trascorrono più di cinque minuti, e accade nuovamente qualcosa: «Ho sentito un boato sordo e molto lontano. Immediatamente mi sono riaffacciato alla finestra e ho potuto osservare una colonna di fumo abbastanza estesa in larghezza e in altezza, anzi molto di più in altezza, quasi simile a una fiammata di un lanciafiamme diretta verso l'alto. Questa fiammata, come base poteva essere di oltre 50 metri e di circa 200 metri in altezza. Dopo questa fiammata il fuoco si è immediatamente propagato in larghezza. Confermo di non aver più distinto alcuna sagoma di nave pur vedendo le fiamme non al livello del mare ma a una certa altezza da questo. Non ho visto le luci del traghetto né altri fronti di fuoco. Posso affermare però che le altre navi alla fonda erano perfettamente visibili». Olivieri, rispondendo al magistrato, ribadisce di non aver «visto assolutamente nebbia in mare quella sera». E si dice convinto che nemmeno l'oscuramento repentino della petroliera può essere la causa della collisione: «I bagliori visibili sulla petroliera prima del boato, avrebbero potuto rappresentare un bersaglio visibile anche se le luci erano totalmente spente; anzi, dalla mia posizione, quei bagliori rappresentavano sicuramente un bersaglio, comunque un fatto anomalo in mare».

Sembravano fuochi d'artificio

C'è un'ulteriore, significativa testimonianza che rafforza il racconto dei due ufficiali di Marina. Antonio Bergonzi, avvocato e docente universitario, la sera del 10 aprile, alle 22:10 circa, sta passeggiando sul lungomare in prossimità dei Tre Ponti, in direzione Antignano. A un certo punto, la sua attenzione viene catturata da «due bagliori tipo fiammelle che si intravedevano in mare». Racconta Bergonzi: «Le fiammelle erano parallele, a una distanza di circa dieci-quindici metri fra loro e sovrastavano una sagoma illuminata di un'imbarcazione molto grossa che suppongo fosse la petroliera. Le fiammelle sovrastavano la fila trasversale di illuminazione dell'imbarcazione di una decina di metri. Sembravano simili a degli sfiatatoi di gas. Poco dopo aver notato le due fiammelle, circa tre minuti, ho notato un blackout totale e non ho più visto le luci dell'imbarcazione mentre le altre in rada si potevano vedere ancora benissimo, cosa che posso affermare in quanto istintivamente guardai anche le altre imbarcazioni. Pochi secondi dopo l'oscuramento totale della petroliera, sentii un boato e contemporaneamente vidi svilupparsi delle fiamme molto alte ed estese. Dalla mia posizione posso affermare di aver notato le fiamme sprigionarsi da dietro la sagoma della petroliera. Anzi, dopo le fiamme ho notato che il fumo proveniente da dietro tendeva a coprire la petroliera. Dopo la prima grossa fiammata, ho potuto osservare che l'incendio continuava scoppiettando a brevissimi intervalli, come se fossero fuochi artificiali».

Non sono fuochi d'artificio. Dietro l'enorme sagoma della petroliera sta accadendo qualcosa di grave in cui è coinvolto un traghetto passeggeri, e forse non solo. Conclude Bergonzi: «Posso affermare con certezza che nel periodo in cui sono rimasto a osservare la petroliera in fiamme, poco più di mezz'ora, fra la petroliera stessa e il porto – cioè nello specchio di mare compreso fra il luogo del sinistro e il porto – non ho visto assolutamente altre imbarcazioni in fiamme né fiamme in mare».

Il Moby Prince in fiamme non era visibile, i bagliori e il fuoco provenivano dalla fiancata della petroliera rivolta verso il mare aperto.

Una comunicazione scomparsa dai nastri

Torniamo ancora alla testimonianza di Thermes: appena udito il boato proveniente dalla rada, l'ufficiale si reca presso la sezione velica del porto di Livorno e preleva un apparecchio radio portatile, sintonizzandolo sul canale 16 (quello delle emergenze) per capire cosa stia accadendo. Lo colpisce il contenuto di alcune frasi, durante le comunicazioni tra il comandante della petroliera e i vigili del fuoco: «In un primo tempo il comandante Superina dice di avere un principio di incendio in sala pompe e che ce la poteva fare da solo con i suoi uomini; i vigili del fuoco rispondono chiedendo se dovevano intervenire o meno». Anche nel corso del processo, sollecitato dall'avvocato Giunti, Thermes conferma: «Sì, ricordo questa frase. Sul canale 16 c'era un affollamento notevolissimo, nell'ambito di questo fraseggio c'è stato qualcuno che da terra ha chiesto al comandante che cosa fosse successo con esattezza e che tipo di carico stesse trasportando quella nave e mi ricordo che, nell'immediato prosieguo della conversazione, il comandante aveva parlato di principio d'incendio nella sala pompe della nave».

«Posso farcela da solo con i miei uomini»: messaggio ben diverso, per toni e contenuti, dalle concitate richieste di aiuto lanciate da Superina dopo pochi minuti. Messaggio assolutamente incompatibile con la situazione d'emergenza venutasi a creare a bordo della petroliera dopo lo sfondamento della tanica n. 7 da parte della prua del traghetto passeggeri.

Grande, dunque, è lo sconcerto di fronte alle puntuali testimonianze fornite dai due ufficiali di Marina, ribadite in ogni sede. Ma ancora più grande è la sorpresa dell'ufficiale di complemento Paolo Thermes quando, ascoltando il nastro di Livorno Radio contenente le registrazioni delle comunicazioni di quella sera, scopre che quei dialoghi, quelle frasi ascoltate sul canale 16 VHF tra il comandante dell'Agip Abruzzo e i Vigili del fuoco non ci sono più. Non ne esiste alcuna traccia. Riascoltando il nastro, l'ufficiale riesce tuttavia a individuare i punti esatti dei *buchi* presenti nel nastro consegnato da Livorno Radio agli inquirenti. Non si tratta di sensazioni o di personali suggestioni: l'ufficiale produce formale testimonianza di queste sue certezze davanti al Pm De Franco, incaricato dell'inchiesta, il 1° giugno 1993. E ripete le medesime, gravi parole in Tribunale durante il dibattimento, rispondendo alle domande dell'avvocato Giunti: «Ho avuto modo di ascoltare il nastro di Livorno Radio e secondo me nel nastro stesso non vi è registrato un dialogo che si svolse tra i vigili del fuoco e il comandante Superina, sul canale 16. Tale conversazione si svolse dopo che il comandante ha detto ai vigili del fuoco di avere a bordo iranian light. In un primo tempo il comandante Superina dice di avere un principio di incendio in sala pompe e che ce la poteva fare da solo con i suoi uomini, e i vigili del fuoco rispondono chiedendo se dovevano intervenire o meno».

Anche queste testimonianze, assieme ad altre, risultano in radicale contraddizione con le tesi fondate su nebbia, imperizia, distrazione, tragica fatalità. Potrebbero spingere a battere piste fino a quel momento trascurate o sottovalutate. Sono testimonianze che resistono, difficili da smentire. Ci prova il comandante dell'Agip Abruzzo, querelando per diffamazione il testimone Paolo Thermes, il quale viene assolto «perché il fatto non sussiste»; si tenta anche di screditarne la credibilità, come fa un consulente tecnico della Snam che, al processo, dichiara in aula che i testimoni Thermes e Olivieri «hanno letto troppi libri di Salgari».

Il destino della loro preziosa testimonianza è segnato: finirà, assieme ad altre, sepolta sotto quintali di carte, atti e verbali di udienze, depositata in quella sorta di archivio ombra che segue silenzioso sin dall'inizio questa vicenda. *Archivio T.I.*: Testimonianze Incompatibili.

Il silenzio del comandante

Renato Superina querela, oltre al testimone Paolo Thermes, anche alcuni giornalisti colpevoli a suo avviso di aver ipotizzato che a bordo dell'Agip Abruzzo stesse avvenendo qualcosa di anomalo prima della collisione. Vengono tutti assolti perché il fatto non sussiste.

Sembrano esserci due comandanti Superina: uno si trova a bordo dell'Agip Abruzzo nella fase che segue la collisione fino al salvataggio; il secondo compare a distanza di giorni e fornisce indicazioni che sembrano contraddire il primo.

In ogni caso, il comandante della nave cisterna rivendica la legittimità del suo operato e la propria credibilità; il 10 ottobre '94 il Gip di Livorno accoglie la richiesta di archiviazione avanzata nei suoi confronti dal Pm.

E Superina, in fondo, ha ragione: lui, e non altri, si trovava a bordo dell'Agip Abruzzo. Lui, e non altri, sa esattamente che cos'è accaduto quella notte in rada. Quanto è accaduto, Superina lo ha raccontato alla Capitaneria di porto, la quale ha fornito la prima ricostruzione ufficiale della tragedia sulla quale si sviluppa l'iter processuale.

C'è un problema: dall'aprile '91 al processo di primo grado sono trascorsi diversi anni e nel frattempo nuovi elementi, documenti e testimonianze si sono sovrapposti alla prima ricostruzione dei fatti operata dalla Commissione d'inchiesta sommaria minandone la credibilità su alcuni elementi cruciali: nebbia, punto di fonda, rotta del traghetto, orientamento della prua della petroliera. Vi sono troppi dubbi che vanno chiariti nell'interesse della giustizia e della verità.

Perché non ascoltare direttamente lui, il comandante dell'Agip Abruzzo? Conosce certamente la verità, la sua testimonianza diventa, a questo punto, fondamentale per dissipare quei dubbi e per consolidare antiche certezze che vanno sgretolandosi. Anziché avviare querele per diffamazione contro questo o quel testimone, Superina ha l'occasione di presentarsi al processo – nel quale lui non figura tra i rinviati a giudizio a differenza del giovane terzo ufficiale Valentino Rolla – e di contribuire direttamente a fare chiarezza sui troppi lati oscuri della vicenda.

La grande occasione si materializza nell'aula del Tribunale di Livorno la mattina del 31 gennaio 1996. L'avvocato Giunti cita a testimoniare proprio il comandante Superina. Due giorni prima, il 29 gennaio, i due ex ufficiali Paolo Thermes e Roger Olivieri hanno confermato, parola per parola, quanto da loro già testimoniato in precedenza, compresa quella strana comunicazione scomparsa dal *log* delle registrazioni, in cui Superina comunicava ai vigili del fuoco di essere alle prese con un incendio in sala pompe.

Sono le 10 quando il presidente del collegio giudicante, Germano Lamberti, rivolge le rituali domande iniziali al teste.

Presidente: «Lei è coniugato?».

Teste: «Sì».

Presidente: «Ha figli?».

Teste: «Sì, due».

Presidente: «Ha fatto il militare?».

Teste: «Sì».

Presidente: «Ha precedenti penali?».

Teste: «Negativo».

Presidente: «Ha proprietà immobiliari, case, terreni a lei intestati?».

Teste: «La casa dove abito».

Presidente: «Ha attualmente procedimenti penali in corso?».

Teste: «Negativo».

Presidente: «Lei è stato citato già imputato di reato connesso, quindi ha facoltà di non rispondere. Intende rispondere?».

Teste: «Intendo avvalermi della facoltà di non rispondere».

MOBY PRINCE:
UN CASO ANCORA APERTO

VIII.
AL CENTRO DELL'ENIGMA

Riannodare i fili

A questo punto sarebbe ancora ipotizzabile, pur fra le tante contraddizioni, considerare l'ipotesi del semplice *tragico fatale incidente* come una delle risposte possibili, o meno assurde, tra le tante.

Il fatto è che nella vicenda Moby Prince, più si scava tra documenti e testimonianze alla ricerca di una spiegazione degli eventi, più aumenta la consapevolezza che quanto ci è stato finora raccontato non è la verità, o almeno non è tutta la verità.

Le cose non sono andate come ce le hanno descritte. Perché, se nessuno può negare il fatto che sia avvenuta una collisione a due miglia dalla costa, troppe cose che servirebbero a spiegare il *come* e il *perché* non sono coerenti. Se il Moby Prince non seguiva un'incauta rotta di collisione compiendo pericolose gimcane fra le navi all'ancora; se l'Agip Abruzzo non si trovava nella posizione alla fonda ipotizzata inizialmente; se a bordo del traghetto la vita è durata ore in attesa di soccorsi, tutto questo significa che la vera storia della tragedia è ancora da scrivere. Significa che la famosa *nebbia d'avvezione*, più che a *giustificare* la collisione è servita soprattutto a evitare nuove possibili domande, a prevenire troppi perché, a celare qualcosa di ben più esteso della sagoma di una nave cisterna ancorata nella rada. Significa che esiste qualcosa di più grande, e di più spaventoso, che potrebbe spiegare il *come* e il *perché*.

C'è anche il problema di ricomporre in un unico disegno logico le troppe anomalie e contraddizioni disseminate in questa storia, prima, durante e dopo la tragedia. Chissà, forse il mascheramento elettromagnetico del traghetto, e i continui disturbi agli impianti radio e radar registrati quella sera, erano prodotti da un semplice fenomeno atmosferico. E le manomissioni e le sparizioni di strumenti e attrezzature avvenute a bordo del relitto possono essere stati goffi tentativi del solito scellerato di turno per procurarsi macabri souvenir da esibire agli amici.

Forse tutte le navi senza nome viste allontanarsi rapidamente dal luogo della collisione non erano altro che effetti ottici, frutto della tensione emotiva di numerosi testimoni; e la sparizione di carte processuali, quelle che segnalavano la posizione alla fonda della petroliera, può trovare una spiegazione nel normale disordine di alcuni uffici.

Forse i colloqui avvenuti via radio quella maledetta sera, poi scomparsi dal log delle registrazioni di Livorno Radio, in realtà non sono mai avvenuti. E può essere che i due ufficiali della Marina militare, Paolo Thermes e Roger Olivieri, abbiano davvero letto troppi romanzi di Salgari in gioventù. Nessuno può escludere a priori che la totale mancanza di copertura satellitare sul porto di Livorno la sera del 10 aprile – un porto gremito di navi americane piene di esplosivi e in una situazione d'allarme che imponeva vigilanza militare 24 ore su 24 – possa essere riconducibile a una clamorosa falla dei sistemi di controllo militari: tutti i satelliti a uso civile e militare in orbita attorno alla Terra e tutti gli impianti radar militari dislocati nell'Alto Tirreno erano programmati per rivolgere altrove il loro sguardo, ovunque ma non alla rada di Livorno, che quella sera era più simile a un arsenale bellico che a un normale scalo civile.

Forse la mano ignota che ha ispezionato il body bag con i resti della signora Canu e ha prelevato, tagliato e ricucito il nastro del video girato a bordo dal marito, gettando chissà dove il pezzo di pellicola asportato, lo ha fatto senza rendersi conto di ciò che faceva, spinto dall'ingenua fretta di poter visionare quello straordinario documento. E probabilmente chi ha prelevato i registratori di manovra dal vano eliche KaMeWa del traghetto, ignorava che quegli apparecchi erano gli unici in grado di indicare l'esatta rotta e velocità seguita dal traghetto prima della collisione.

Forse le tracce di esplosivo militare rinvenute a bordo del traghetto sono frutto di un errore, magari un'involontaria contaminazione di provette avvenuta all'interno del laboratorio chimico della Criminalpol.

Certo sono davvero tanti, troppi i fatti anomali che si accavallano. Forse sono solo coincidenze, anche se a memoria d'uomo è difficile ritrovarne in numero così impressionante. Forse sono semplicemente il frutto di errori umani, ingigantiti dalla gravità dell'evento e dal coinvolgimento emotivo in una tragedia di tali dimensioni. Forse ogni coincidenza, ogni strana circostanza analizzata singolarmente ha una spiegazione razionale.

Tuttavia, analizzate tutte insieme, mostrano di procedere in una direzione univoca: contrastare l'accertamento di quanto realmente avvenuto in rada quella maledetta sera.

Ma se davvero la tragica fine dei centoquaranta del Moby Prince può essere compresa solo risolvendo l'enigma che la ingabbia, qual è la soluzione? Quale altra possibile spiegazione esiste, più attendibile o semplicemente meno incredibile, di quella fornita ufficialmente sin dalle prime ore dopo la collisione? E per quale ragione, se davvero esiste una diversa ricostruzione dei fatti ancorata a elementi documentali e testimonianze dirette, non è mai emersa nelle opportune sedi istituzionali? Perché nessuno vi ha mai dato credito, ha mai svolto approfondimenti in merito, cercando ulteriori riscontri o conferme? Perché fino a oggi non è mai emerso nulla di concreto? È davvero pensabile che esista da anni una così vasta e capillare *congiura del silenzio* finalizzata a coprire la verità, una sorta di tacito accordo che lega tutte le persone e le istituzioni coinvolte, in modo più o meno diretto, in questa vicenda?

La risposta è semplice. No. Bando alle paranoie da complotto: non esiste alcuna congiura, perché in realtà diversi importanti elementi sono già emersi. Esistono documenti che mostrano un nuovo scenario nel quale collocare la tragedia: perizie, rapporti, verbali, testimonianze autorevoli e mai smentite, fornite nelle opportune sedi istituzionali, tali da incrinare in modo irreversibile l'ipotesi della tragica fatalità. Gli elementi per approfondire questa vicenda oltre la cortina della nebbia ci sono già tutti, ma si tratta di parti slegate fra loro, pezzi di verità che procedono materialmente e temporalmente in modo separato, senza un ordinamento sistematico e coerente; documenti e verbali che si riferiscono anche a differenti inchieste e segmenti di indagine; testimonianze importanti giunte però fuori tempo massimo, quando ormai la strada era già tracciata e nessuno si è preso la briga di ricominciare da capo.

Insomma, si tratta di andare a scovare nella soffitta della memoria scritta alcuni tasselli perfettamente conservati di un mosaico che non è mai stato completato, perché alla fine è prevalso il profilo minimalista di una ricostruzione meccanica dell'evento, come avviene per gli incidenti stradali, quando si scatta la fotografia del punto di impatto con i veicoli coinvolti in primo piano, lasciando perdere tutto quanto si trova attorno. In questo caso nemmeno la semplice fotografia del tragico incidente è riuscita bene: risulta sfuocata, le ombre non corrispondono, troppi elementi rendono l'immagine informe e incoerente, come se si trattasse di un fotomontaggio.

Un compito utile allora è tentare di riannodare questi fili sparsi, mettere insieme le parti apparentemente incoerenti, ricomporre e completare quel mosaico lasciato incompleto una notte di aprile di tanti anni fa.

Nuovi elementi

Ci sono alcuni importanti nuovi elementi che rafforzano la convinzione che la tragedia del Moby Prince sia un caso ancora aperto, schiudendo nuovi scenari e alimentando nuove domande mai poste prima d'ora.

Primo elemento: la testimonianza di un ufficiale della guardia di finanza in servizio presso il porto di Livorno, Cesare Gentile, che parla esplicitamente di una movimentazione di armi in corso, la sera della tragedia, nelle acque del porto di Livorno. Non si tratta di un'ipotesi o di una confidenza riferitagli da altri: l'ufficiale vede personalmente una grande nave impegnata a scaricare armi ed esplosivi mentre lui, a bordo della sua motovedetta, sta dirigendosi verso il luogo dell'incidente. Nessuno ne aveva mai parlato, perché? E quali navi erano coinvolte nell'operazione?

Secondo elemento: nella primavera del '91, il porto di Livorno è frequentato dalla nave 21 Oktobar II, la nave numero uno della flotta di pescherecci Shifco generosamente donati – con denaro pubblico – dalla cooperazione italiana alla Somalia di Siad Barre. Un peschereccio d'altura di colore bianco. Ufficialmente l'imbarcazione approda a Livorno per essere ricoverata in cantiere, per lavori di riparazione. Però una certa sera, improvvisamente, chiede l'intervento di una delle bettoline che normalmente effettuano rifornimento di carburante alle navi in partenza e, riempiti i serbatoi di nafta – cosa decisamente curiosa per uno scafo ufficialmente destinato a rimanere a secco in officina – abbandona il molo, ricomparendo nel porto la mattina successiva ma in un diverso punto di ormeggio. Tutto questo avviene proprio la sera del 10 aprile '91.

Il timoniere somalo della 21 Oktobar II, licenziato poco dopo l'arrivo della nave a Livorno, parla apertamente di traffici d'armi svolti dal peschereccio. Quali sono gli spostamenti compiuti dalla nave quella sera? Quale missione doveva compiere nelle acque livornesi?

Terzo elemento: il numero reale delle navi militarizzate americane presenti a Livorno. I conti non tornano. Nel '91 il comandante del terminal livornese di Camp Darby comunica alla Capitaneria i nomi delle tre imbarcazioni militarizzate destinate all'ancoraggio nella rada provenienti dalle operazioni militari nel Golfo Persico. In realtà, quella sera, le navi all'ancora cariche di armi provenienti dalla guerra del Golfo erano cinque, non tre. La fonte è autorevole e non passibile di smentita: si tratta dell'Avvocatura militare del governo di Washington. Ma la conferma arriva con dodici anni di ritardo dai fatti. La nave che il tenente Gentile vede movimentare materiale bellico ha un nome: Cape Flattery. Curiosamente, questa è proprio una delle navi che non compaiono nell'elenco fornito nel '91 dal comando di Camp Darby alla Capitaneria livornese; l'altra è la Cape Syros. E cosa può indurre l'Avvocatura militare statunitense a ritenere oggi non più vincolanti le ragioni di segretezza che spinsero, allora, il comando del Leghorn Terminal di Camp Darby a occultarne la presenza?

Un legame comune

Le risposte possibili sono diverse. Una di queste risiede nel fatto che oggi è pubblicamente nota – a differenza che nel '91 – la presenza all'interno della base militare di Camp Darby di materiale bellico contenente DU: Depleted Uranium, l'uranio impoverito. Il DU è stato utilizzato ufficialmente in modo massiccio, per la prima volta, proprio durante la prima guerra del Golfo; le navi militarizzate presenti in rada quella sera a Livorno tornavano proprio da quell'operazione militare, per trasferire il loro carico di materiale bellico inutilizzato a bordo di chiatte che dovevano a loro volta raggiungere i depositi di Camp Darby attraverso il canale Navicelli. Una parte del materiale bellico stivato attualmente all'interno della base di Camp Darby è formato da testate a uranio impoverito, «movimentate dentro e fuori la base con camion e navi sul territorio nazionale»: lo hanno rivelato i parlamentari Paolo Cento e Mauro Bulgarelli, lo ha confermato il colonnello Walton Carroll, responsabile delle basi logistiche dell'esercito statunitense in Europa.

Ma tornando ai tre nuovi elementi prima menzionati, cosa lega fra loro vicende apparentemente così diverse come la testimonianza di un ufficiale della guardia di finanza, la rotta misteriosa di un peschereccio, una precisazione dell'Avvocatura militare statunitense sul numero delle navi ancorate in rada? A ben guardare, queste storie hanno almeno tre punti in comune, di un certo rilievo:

1. riguardano vicende che accadono tutte contemporaneamente nella rada di Livorno la sera del 10 aprile e che non sono mai state approfondite né indagate;

2. i documenti e le testimonianze a esse relative emergono puntualmente a distanza di anni, quando ormai le inchieste amministrative e le indagini sono concluse;

3. si tratta, infine, di eventi che riguardano, in modo specifico, attività di trasporto e di movimentazione di armi nelle acque portuali di Livorno.

Siamo tornati alla lunga lista delle curiose coincidenze? Può darsi. E in ogni caso: cosa c'entra tutto questo con la tragedia del Moby Prince? Che legame può esistere, quale *nesso causale* è individuabile fra una nave militarizzata che scarica armi, i misteriosi movimenti di un peschereccio italo-somalo, un caso di tardiva rettifica della contabilità navale militare americana, e l'avvenuta collisione fra una petroliera e un traghetto passeggeri?

«Nessun legame»: non potrebbe che essere questa la conclusione di chi ritiene, senza scomodare Popper, che le uniche risposte razionalmente accettabili siano quelle confutabili nel concreto, senza alcun innamoramento per ipotesi (o certezze) puramente teoriche e non verificabili. D'accordo, si tratta di eventi che avvengono tutti la stessa sera, nello stesso luogo, e quasi contemporaneamente. E allora? È poco per infarcire teorie, per costruire scenari. Nessun legame, dunque?

Proprio in omaggio al principio di razionalità, questa conclusione oggi non ci convince più. Si è definitivamente dissolta il 24 maggio 2002, il giorno in cui il capitano di vascello della Marina statunitense John T. Oliver, a nome dell'Avvocatura militare statunitense, ha scritto una lettera che, nelle intenzioni, doveva presumibilmente chiudere definitivamente ogni possibile illazione su questa vicenda. E invece quella lettera rappresenta un'autorevole conferma del fatto che la tragedia del Moby Prince è un caso ancora aperto, da indagare a fondo se si vuole capire ciò che è realmente avvenuto. E per evitare che possa ripetersi.

Una risposta rivelatrice

Un branco di piccoli cefali non sarebbe passato inosservato nelle acque del porto di Livorno, la sera del 10 aprile '91.

La base di Camp Darby costituisce il principale deposito logistico del Setaf – *Southern European Task For-*

ce dell'esercito americano. Nei suoi depositi sotterranei sono stoccate armi e munizioni di ogni tipo. La base, com'è noto, rappresenta il perno strategico di un sofisticato sistema di telecomunicazioni radar e satellitari di natura militare.

Camp Darby quella sera ha visto, sentito e registrato tutto perché il porto di Livorno era in stato di allerta, pieno di navi militarizzate inaccessibili alle autorità portuali italiane, sottoposte alla diretta sorveglianza militare statunitense; navi cariche di materiale bellico di proprietà del governo americano. Eppure, sappiamo che né la Capitaneria di porto, né la Commissione d'inchiesta ministeriale – operante a nome e per conto del governo – chiedono alle autorità militari di Camp Darby l'acquisizione di tracciati radar, immagini satellitari e registrazione delle comunicazioni radio. Uniche, solitarie eccezioni, l'appello a suo tempo trasmesso dal Pm incaricato delle prime indagini, Luigi De Franco, che ottenne dieci anni or sono – e in forma esclusivamente verbale – una sbrigativa e sarcastica risposta da parte del comando militare statunitense: «Noi non siamo soliti spiare i Paesi nostri alleati», e le ripetute richieste dell'allora presidente della Regione Toscana e attuale dirigente dei Ds, Vannino Chiti, per ottenere copie dei tracciati radar.

Succede poi un fatto nuovo, undici anni dopo l'evento: un consigliere regionale toscano della Margherita, Erasmo D'Angelis, decide di inoltrare una formale richiesta all'ambasciatore americano in Italia, Thomas Foglietta, per ottenere finalmente quella documentazione, indispensabile per chiarire i fatti.

Poche righe, ma chiare ed efficaci. Si è trattato semplicemente di un tragico, fatale incidente? Bene, scrive D'Angelis: consegnateci per favore le carte necessarie per scrivere la parola fine su questa vicenda, per far riposare in pace quelle centoquaranta vittime innocenti, per evitare sospetti e illazioni, perché dopo dieci anni è arrivato il tempo di «aprire gli archivi e rendere noti i tracciati e le foto satellitari del porto livornese nel momento dell'incidente». Si chiede un semplice aiuto, un normale atto di collaborazione fra Paesi civili, oltre che alleati: una sola immagine o registrazione proveniente dal radar o dal sistema di controllo satellitare, eventualmente filtrata e depurata, per ragioni di sicurezza e opportunità, da ogni altro elemento estraneo alla dinamica della collisione. Solo questo, niente più: sarebbe sufficiente per poter dire finalmente *il caso è chiuso*, le famiglie delle vittime sappiano che non c'è nulla da scoprire, nessun segreto, nessun mistero dietro quella tragedia del mare.

Ci sono momenti in cui un muro di gomma, anche il più elastico e impenetrabile, mostra segni di cedimento. Succede quando, come in questo caso, una richiesta di accesso a informazioni di rilevante interesse pubblico viene formulata in modo tale da costringere l'interlocutore a fornire una risposta. Una qualsiasi, purché razionale e credibile.

Questa la risposta fornita dall'Avvocatura militare degli Stati Uniti: «La base di Camp Darby non è dotata di attrezzatura radar. Il governo americano non aveva alcun motivo di monitorare il porto di Livorno con un sistema di immagini satellitari e non lo stava facendo. Non sono quindi disponibili immagini o registrazioni di alcun tipo». Dunque Camp Darby, ovvero la base logistico-militare statunitense più importante nel Sud Europa e dell'area del Mediterraneo, a differenza del piccolo aeroporto pisano di San Giusto non sarebbe dotata di attrezzatura radar. Nessun monitoraggio, nessuna copertura satellitare, nessuna possibilità di registrare movimenti ed eventuali comunicazioni fra le navi all'ancora e le strutture di controllo del sistema portuale.

Anche per chi sia completamente a digiuno delle più elementari cognizioni dei sistemi di controllo militare e di sicurezza strategica, esistono due possibili interpretazioni di questo documento.

La prima è che siamo noi a sbagliare, a causa di una radicata e perniciosa cultura del sospetto, indirettamente alimentata – lo diciamo a parziale discolpa – dagli ingenti investimenti dedicati dall'apparato militare statunitense alle ricerche nel campo delle telecomunicazioni, dell'elettronica e del monitoraggio satellitare. L'apparato di sicurezza e sorveglianza che fa capo alla base militare di Camp Darby è evidentemente limitato a un certo numero di sentinelle che fanno la ronda lungo il canale Navicelli, pronte a intimare « Altolà, chi va là » se vedono muoversi qualcosa all'ombra dei pini marittimi nella pineta di Tombolo, magari un cinghiale. Per le navi alla fonda di notte, cariche di materiale bellico dell'esercito americano, evidentemente non serve alcun tipo di controllo radar, né radio, né satellitare: bastano le torce, le lampade a olio, qualche barile di pece per illuminare le acque circostanti. E, se non esiste attrezzatura radar, gli elicotteri della base non volano di notte, nemmeno in caso di emergenza: dunque le eventuali emergenze devono avvenire solo di giorno, con la luce solare, preferibilmente in orario d'ufficio.

L'altra possibile spiegazione, razionalmente un po' più credibile, è anche la più difficile e dolorosa per tutti. Perché una simile risposta, quell'ostinato tentativo di tirarsi fuori in qualunque modo da questa vicenda, arrivando addirittura a negare l'evidenza e a sostenere l'insostenibile, rende purtroppo complicato scrivere la parola fine sulla vicenda Moby Prince. Perché ora ci troviamo davvero immersi in un banco di nebbia: quella stessa nebbia che tanti anni fa avrebbe avvolto una petroliera nella rada di Livorno oggi è ancora lì, più fitta che mai e non c'è modo di farla scomparire perché ha ancora troppi segreti da nascondere.

Forse il problema vero è che non si può tecnicamente astrarre la collisione dal *contesto*, i dati registrati e le informazioni relative alla collisione non sono *depurabili* e *circoscrivibili* rispetto a quanto stava accadendo quella sera, a quell'ora, in quel punto del porto. Forse in quelle immagini registrate compaiono altre presenze non eliminabili, altri movimenti, altre operazioni connesse, in qualche modo, alla tragedia del traghetto. Presenze, movimenti e operazioni che devono rimanere sotto traccia, avvolte nella nebbia. Perché qualcuno, un giorno, al di là della vicenda Moby Prince, potrebbe chiedersi cosa ruota attorno al sistema di movimentazione di merci pericolose nell'area del terminal livornese di Camp Darby. Peggio ancora sarebbe negare la concessione di tali documenti ponendo il veto per ragioni di segreto militare o di sicurezza. La scelta di negare l'innegabile può essere stata ritenuta, a un certo punto, il male minore. Sarebbe accaduto lo stesso se le autorità militari avessero dovuto rispondere a una richiesta pervenuta dal Parlamento?

Per tentare di capirne di più non rimane che approfondire i nuovi elementi di cui disponiamo partendo questa volta da un contesto generale più ampio, costituito da atti di inchieste, indagini parlamentari e testimonianze che ruotano attorno a un crocevia di traffici; queste vicende, legate alla lunga catena di strane coincidenze, formano una serie di cerchi concentrici che, gradualmente, ci conducono verso il luogo dove è custodita la chiave dell'enigma Moby Prince.

IX.
IL CONTESTO

Le conclusioni della Commissione sul ciclo dei rifiuti

La Commissione parlamentare d'inchiesta sul ciclo dei rifiuti, presieduta da Massimo Scalia, si è occupata dei traffici di merci pericolose fra Livorno e diversi Paesi del Sud del mondo, fra i quali la Somalia. Attraverso una serie di audizioni da parte dei magistrati più direttamente coinvolti nelle inchieste, è emersa una situazione in cui i soliti attori, cambiati nome e ragione sociale, proseguono imperterriti la lucrosa attività. «Le indagini in corso presso la procura di Asti», scrive la Commissione, «riguardano traffici internazionali di rifiuti pericolosi provenienti dal territorio italiano e destinati alla Somalia, di cui sarebbero promotori, in particolare, alcuni dei soggetti già interessati nel 1992 al cosiddetto "Progetto Urano". Dalle carte acquisite dalla Commissione emerge con chiarezza che i personaggi interessati agli smaltimenti illeciti ricoprono compiti analoghi a quelli che avevano in passato; di particolare interesse l'intermediario che opera in Italia per l'esportazione dei rifiuti in una località somala dove era stata ottenuta una *concessione* dal noto faccendiere italiano di cui si è detto a proposito del Progetto Urano; e il titolare di una ditta che funge da spedizioniere presso il porto di Livorno e risulta essere in stretti rapporti con Faduma Aidid (figlia del generale uomo forte di Mogadiscio), accreditata in Italia negli anni '80 come diplomatica e addetta al consolato somalo di Milano durante il regime di Siad Barre (e recentemente espulsa dal territorio italiano)».

«Tra i viaggi sospetti all'attenzione dell'autorità giudiziaria», continua la relazione finale «c'è quello, nel giugno 1997, di una nave (di proprietà di alcuni degli indagati nel procedimento) in partenza da Livorno con un carico vario, tra cui camion obsoleti, contenitori con macchinari, farmaci e altre merci, con destinazione proprio El Maan (Somalia), dove però non è mai giunta. Alcuni elementi dell'inchiesta lasciano invece ipotizzare che essa trasportava merci pericolose (tra cui rifiuti), alcune provenienti da ditte italiane, con destinazione Dubai. Non mancano documenti relativi a spedizioni di merce da Livorno a Mogadiscio, via El Maan, in cui ricorrono spedizionieri e mittenti che emergono anche negli altri casi di trasporti *sospetti*.

Dai rimorchiatori ai pescherecci della cooperazione italo-somala

La Sec (Società Esercizio Cantieri) di Renzo Pozzo è stata dichiarata fallita dal Tribunale di Lucca il 24 novembre 2000. Il gruppo guidato da Pozzo era un colosso del settore nautico e controllava numerose società: Finsec srl, Camping Tennis Lido srl, Cantieri Navali Oram srl, Lusben Craft srl, Mondomare srl, Factomar srl, Centro Lago srl, Futura srl, Finpai srl, S&R srl, Donegal Group srl. Era inoltre consociato con la società Joining Fishing. Uffici, cantieri e sedi di rappresentanza a Livorno, Viareggio, La Spezia, Roma. La società Sec, fino agli anni '90, si trovava nel pieno dell'attività di produzione navale grazie anche ai generosi finanziamenti ottenuti dal Dipartimento alla cooperazione del ministero degli Esteri per i cosiddetti «aiuti alla Somalia». Infatti, nei cantieri Sec – gli stessi che fabbricano buona parte della flotta di rimorchiatori della ditta Neri, operante nel porto di Livorno, e diverse navi cisterna Agip per conto della Snam – vengono costruite le sei nuove imbarcazioni della flotta di pescherecci di una compagnia di navigazione italo-somala, la Shifco, coinvolta in seguito nelle indagini sul traffico di armi e rifiuti legate anche alla morte dei giornalisti Ilaria Alpi e Miran Hrovatin. Le sei navi della flotta vengono costruite dalla Sec e regalate alla compagnia italo-somala da parte della cooperazione italiana: questo atto di generosità, pagato dal contribuente italiano, presenta un costo totale pari a 130 miliardi di vecchie lire. Alcune foto dell'epoca ritraggono Bettino Craxi sorridente nel porto di Mogadiscio a bordo della 21 Oktobar II, il bianco peschereccio d'altura; accanto a lui, anch'egli sorridente, l'ingegnere somalo Omar Said Mugne.

Mugne è il proprietario della flotta Shifco: è somalo ma ha passaporto italiano. La più grande delle navi, l'unica in grado di affrontare viaggi oceanici, è proprio la 21 Oktobar II, con una portata di 3000 tonnellate di carico. È l'unica delle sei imbarcazioni a essere catalogata dal Registro navale come «nave da trasporto»; le altre cinque sono classificate come pescherecci, anche se in realtà hanno una capacità di 1500 tonnellate, sono lunghe 50 metri e sono anch'esse idonee alla navigazione oceanica.

Nel corso di un'importante audizione davanti alla Commissione parlamentare d'inchiesta sulla cooperazione con i Paesi in via di sviluppo, in data 13 giugno 1995, il Sostituto procuratore di Milano Gemma Gualdi ricostruisce il complesso iter che lega alcune società italiane alla flotta italo-somala Shifco, attraverso i risultati emersi da un'inchiesta partita dall'attività della Camera di commercio italo-somala fondata a Milano nel 1978 da Paolo Pillitteri, cognato di Bettino Craxi: nel

1988 Renzo Pozzo, titolare della Sec, rileva il 35% della società Somitfish, società che gestisce la flotta di pescherecci nata dall'unione delle società Shifco di Omar Mugne e Cooperpesca di Giancarlo Mancinelli; l'8 gennaio 1990, dopo la messa in liquidazione della Somitfish, viene costituita una nuova società, la Shifco Malit frutto di una nuova *joint venture*, questa volta fra la Shifco e una società vicina alle cooperative emiliane, la Giza di Paolo Malavasi, figlio di Ennio.

La gestione dei pescherecci passa dalla Shifco alla Shifco Malit ma, dopo pochi mesi, il deficit accumulato da questa società (circa 2 miliardi di lire) spinge Malavasi a vendere le sue azioni Shifco Malit alla Sec di Renzo Pozzo. La Sec possiede un cantiere anche a Livorno (situato, per un sorta di nemesi toponomastica, proprio in via Mogadiscio) mentre la sede legale e gli uffici finanziari del gruppo si trovano a Roma, per consentire di sbrigare più agevolmente le pratiche negli uffici del ministero. Non il ministero della Marina mercantile, bensì quello degli Esteri, Dipartimento cooperazione, finanziamenti e aiuti per la Somalia. Ed è proprio la Sec a ottenere da Mugne, l'anno seguente (1991), la gestione diretta dei pescherecci della flotta Shifco, in cambio di un compenso equivalente al 5% dei ricavi.

Tutto prosegue con relativa tranquillità, con Mugne presidente di Shifco Malit e la Sec di Pozzo responsabile della gestione dei pescherecci; ma nel corso del 1992 le attività della Sec e i generosi finanziamenti per l'allestimento della flotta Shifco da parte del ministero degli Esteri iniziano a catturare l'attenzione della Procura di Roma. L'inchiesta viene avviata senza che inizialmente vi sia alcun tipo di provvedimento nei confronti della società, ma a Renzo Pozzo arrivano evidentemente segnali di *allarme* e l'8 giugno 1993 Mugne e Pozzo stipulano insieme una revoca di mandato della gestione dei pescherecci alla Sec, che esce di scena rimpiazzata dal gruppo Pia, Prodotti Ittici Alimentari di Vito Panati (titolare della Panapesca) con sede a Gaeta.

Nonostante questo disimpegno, l'inchiesta condotta dal magistrato di Roma, Maria Cordova, prosegue; il Sostituto procuratore, nel dicembre 1994, decide di porre sotto sequestro l'intera documentazione contenuta negli uffici romani della Sec, relativa anche ai finanziamenti elargiti dal ministero degli Esteri per la costruzione dei pescherecci da donare alla Somalia. Ma, proprio pochi giorni dopo il provvedimento di sequestro delle carte, gli uffici della sede romana della società vengono visitati da persone rimaste ignote. La definizione di *ladri* mal si addice ai misteriosi visitatori, i quali rivelano una singolare passione: snobbano beni e oggetti di valore presenti, mostrando invece una curiosa e specifica predilezione per documenti amministrativi e incartamenti privati, specie se custoditi in un armadio sigillato da un Tribunale della Procura della Repubblica.

Armi e rifiuti, Livorno e Somalia: un'informativa della Digos

Ma quali connessioni esistono fra l'area portuale di Livorno, dove avviene il disastro della Moby Prince, gli affari della cooperazione italo-somala e i traffici internazionali di merci pericolose? La risposta arriva da un'informativa della Digos di Udine, datata 21 maggio 1994, che si riferisce a fatti avvenuti negli anni precedenti e che riguardano proprio il porto di Livorno. I nomi delle persone segnalate sono importanti, li ritroveremo in seguito.

«Al porto di Livorno avrebbe fatto scalo per lunghi periodi un peschereccio battente bandiera somala di colore bianco con scritta nera chiamato "Shifco" [...] che sarebbe in realtà stato utilizzato per traffico internazionale di armi. Il capitano sarebbe un tal Mugne, un cittadino somalo di circa cinquant'anni con doppio passaporto italo-somalo, fratello di un ammiraglio delle forze navali somale. [Secondo la fonte] un certo Marocchino di cognome e di nazionalità italiana, che dovrebbe gestire aiuti umanitari in Somalia, collaborerebbe con un certo Garelli Guido inquisito per traffico di armi dalla Procura della Repubblica di Brindisi e con tale Garcia Lopez Jorge Luis. [...] Gli stessi, secondo quanto appreso, disporrebbero di una società aerea di piccole dimensioni con sede a Roma in via Fauro. Dette persone sarebbero a conoscenza dell'illecito traffico e potrebbero essere coinvolte proprio in virtù dell'attività primaria svolta dal Marocchino».

La 21 Oktobar II arriva per la prima volta a Livorno il 15 marzo 1991, dopo aver fatto tappa a Zanzibar, Gibuti, Port Said e, per una decina di giorni, a Gaeta, proprio dove ha sede la Pia di Vito Panati, la società destinata a subentrare di lì a poco alla Sec nella gestione della flotta Shifco.

Livorno-Africa rotta continua

A Livorno, dopo il 20 gennaio 1993, non viene più segnalata la presenza della lunga sagoma bianca affusolata del peschereccio Shifco.

Ma facciamo un altro passo indietro. Gennaio 1991: mentre il Moby Prince è a riposo nel cantiere Navarma di Portoferraio in attesa di riprendere l'attività, e mentre la 21 Oktobar II si appresta a raggiungere lo scalo livornese, approda in Italia – proveniente da Mogadiscio – un personaggio assolutamente sconosciuto alle cronache dell'epoca, metà imprenditore e metà mediatore d'affari fra il governo somalo e le imprese che operano nell'ex colonia italiana. Nella martoriata terra del Corno d'Africa, oltre a diversi affari legati alla cooperazione, questa persona gestisce, tra l'altro, una società di trasporti. Nel 1997, poi, costruirà un proprio piccolo approdo, il porto di El Maan, nei pressi di Mogadiscio e, nel 2000, inaugurerà una nuova compagnia di navigazione per il trasporto merci fra l'Italia e la Somalia, scegliendo proprio Livorno come sede italiana della sua nuova impresa, denominata *Star Somali Line*, attiva lungo la rotta Livorno-Mogadiscio. Questo misterioso personaggio si chiama Giancarlo Marocchino. Il suo nome, qualche anno più tardi, diventerà noto per essere stato fra i primi ad arrivare sul luogo dell'agguato di Mogadiscio dove, nel 1994, vennero uccisi Ilaria Alpi e Miran Hrovatin.

Il porto somalo di El Maan, situato 35 km a nord di Mogadiscio, sarà oggetto di interesse anche da parte della Commissione parlamentare sul ciclo di rifiuti per un'inchiesta riguardante la partenza, nel 1997, di una nave carica di rifiuti destinata proprio al porto somalo. La nave, che non arrivò mai a destinazione, era partita dal porto di Livorno.

La catena continua. Torniamo per un attimo all'informativa della Digos di Udine del 1994, quella relativa ai pescherecci della Shifco che trasportavano armi in Somalia: il documento investigativo riporta alcuni nomi, fra i quali proprio quello di Marocchino. Il futuro proprietario della Star Somali Line compare accanto a quello di un altro misterioso personaggio, che godeva di libero accesso a strutture e ambienti militari considerati inaccessibili; un personaggio, un nome legato a un misterioso progetto, anche questo finalizzato alla cooperazione con i Paesi in via di sviluppo, denominato Progetto Urano: Guido Garelli. Lo ritroveremo in seguito come libero frequentatore di una delle basi militari più inaccessibili e controllate del pianeta. La base americana con sede nella pineta di Tombolo, vicino a Livorno. La base di Camp Darby.

Radar, boe marine e difesa satellitare

La base militare statunitense di Camp Darby, da cinquant'anni la più importante sede logistica dell'esercito americano operante nel Mediterraneo, è il perno di un complesso sistema di telecomunicazioni finalizzato alla sorveglianza e al controllo militare. A poche centinaia di metri, nei pressi dell'abitato di San Piero a Grado, sorge il centro di Ricerca interforze (ex Camen ed ex Cresam) che negli anni '60 ospitava un minireattore nucleare che la Marina militare italiana utilizzava nei suoi studi per realizzare la bomba atomica nazionale; a pochi chilometri sorge il centro Radar di Coltano, fondamentale terminale del sistema di telecomunicazioni militari americane in Europa e nel Medio Oriente.

Il centro Radar di Coltano non rappresenta solo un pezzo di storia delle telecomunicazioni *made in Italy* (la base nacque come centro di trasmissione radiotelegrafico internazionale, inaugurato il 19 novembre 1911 alla presenza del re Vittorio Emanuele III) ma un altro tassello strategico del sistema di controllo militare dell'area mediterranea: non era difficile, specie prima dell'11 settembre 2001, trovare su Internet una serie di bandi per interventi di manutenzione pubblicati dal comando *U.S. Army Information Systems Command Contracting Office*, cioè l'Ufficio contratti del comando del sistema informativo dell'esercito degli Stati Uniti, dal seguente indirizzo: *ATTN ASQH-A, Building 61801, Room 2435, Fort Huachuca, AZ. 85613-5000*. Uno di questi bandi riguardava lavori di installazione e manutenzione di strumentazione relativa al – citiamo letteralmente il testo del bando – *Defense Satellite Communications Systems* (Dscs) *located at Landstuhl and Bad Aibling, Germany, Coltano, Italy, and Menwith, England*. Per operare tali interventi, è indispensabile che il personale selezionato possieda credenziali di accesso *secret* o *top-secret*.

Parliamo dunque del sistema Dscs (la difesa satellitare globale), il cuore dei programmi di sviluppo del sistema di controllo militare che ha due terminali localizzati in territorio italiano: uno a Napoli, l'altro appunto presso il centro Radar di Coltano, a Livorno. Proprio accanto a Camp Darby.

L'area di Livorno è inoltre coperta dai sofisticati sistemi di rilevamento situati nella base radar Nato a Poggio Ballone (Grosseto) sede del 21° Cram, a Poggio Lecceta e a Monte Giogo (Massa Carrara), centro di comunicazioni della Nato.

A Livorno, esattamente presso la sede dell'Accademia navale, non distante dagli uffici della Capitaneria di porto, ha sede Mariteleradar, nodo strategico della rete di difesa sovranazionale, centro di ricerca e di applicazione delle più avanzate tecniche in materia di controllo radar in campo militare e snodo cruciale del sistema di telecomunicazioni della difesa nell'ambito Afcea (*Armed Forces Communications and Electronics Association*).

Alle installazioni di controllo radar e satellitare si aggiungono i sistemi di monitoraggio basati sull'utilizzo di boe marine. L'intera area dell'Alto Tirreno è oggetto di studi e ricerche sperimentali condotte in ambito Nato da parte del centro Saclant, il Comando supremo alleato atlantico con base a La Spezia fin dal 1959 (allora si chiamava Sirimar). Il compito di questa struttura, attualmente composta da oltre quaranta scienziati e circa centotrenta operatori militari, è quello di fornire un supporto tecnico-scientifico alla Nato per quanto concerne le problematiche legate all'ambiente marino.

Ma non si tratta di girare documentari sulle meraviglie del mondo sommerso, come Jacques Cousteau a bordo della leggendaria Calypso: il Saclant dispone di numerose boe marine di diverso tipo dislocate nel Tirreno, dotate di collegamento satellitare Gps a rilevazione elettromagnetica, batitermografiche e sonore, in grado di produrre registrazioni mareografiche e meteo-oceanografiche. La loro nascita e il loro sviluppo sono di natura esclusivamente militare, essendo mirate a localizzare, individuare e identificare eventuali bersagli presenti sopra o sotto la superficie del mare. Alcuni progetti di ricerca coinvolgono anche il Cnr, attraverso l'utilizzazione di boe munite di sensori elettromagnetici, e a partire dalla fine degli anni '80 è iniziata una stretta collaborazione anche con la Nasa e l'Agenzia spaziale italiana, concretizzatasi in numerosi progetti tuttora in corso, come l'Oesee (*Observation on the Earth's Surface of Electromagnetic Emissions*).

In un documento dedicato alla produzione di una nuova generazione di boe marine da parte della Nasa a partire dagli anni '80, due ricercatori, James D. Irish e Walter Paul, evidenziano la sviluppata capacità di catturare immagini attraverso i sensori ottici di cui sono dotate le nuove boe. La sede del Saclant è al numero civico 400 di viale San Bartolomeo; a poca distanza, lungo lo stesso viale, si trova la sede di Mariperman, ovvero la Commissione permanente per gli esperimenti del materiale da guerra della Marina militare italiana, proprio dove un tempo sorgeva il quartier generale della decima Mas.

E Candido chiese a Pangloss

Perché qui e non altrove? Perché proprio a Livorno? È questa, in fondo, la domanda che Candido rivolgerebbe oggi a Pangloss: perché mettersi a trafficare merci e rifiuti pericolosi proprio in questo luogo? Cosa c'entrano questi loschi traffici con Livorno, con il suo porto mediceo affollato di traghetti passeggeri per le isole tirreniche, con le sue industrie chimiche e petrolchimiche, con la sua storica vocazione di porto civile e commerciale?

Soprattutto, incalzerebbe Candido rivolgendosi al suo dotto precettore: perché scegliere un luogo così presidiato militarmente per svolgere traffici di merci pericolose? Perché organizzare simili attività proprio in una zona fra le più controllate del Paese e dell'intero pianeta? È questa la domanda cruciale dalla quale occorre partire, ricordando un significativo passaggio della relazione svolta davanti alla Commissione parlamentare d'inchiesta sulla cooperazione dal Sostituto procuratore milanese Gemma Gualdi: «Cercando di farmi coraggio per ciò che sto per dire, in tutta questa vicenda è ricorrente, timida ma costante nel tempo – secondo le dichiarazioni di molti tra costoro – la presenza di personaggi che apparentemente nulla hanno a che vedere con le trattative commerciali, né con il mondo politico, ma che vengono indicati come esponenti dei servizi segreti. Laddove si vanno a istituire perquisizioni è casualmente presente un certo colonnello, ovvero nelle dichiarazioni degli indagati si fa sempre riferimento a personaggi che risiedono permanentemente presso quella determinata sede e che, autodichiarandosi appartenenti ai servizi segreti, per questo assumono informazioni. In tutte queste vicende vi è la presenza di nominativi di persone indicate come appartenenti ai servizi segreti, di taluni che stazionavano davanti all'ufficio di questo Pubblico ministero».

Il traffico di armi e rifiuti non è un mercato immateriale, se si escludono gli accreditamenti bancari relativi agli enormi proventi economici. Non si svolge esclusivamente via Internet. Non è come una semplice operazione finanziaria attraverso una società *off shore* con sede alle isole Cayman. Commerciare armi e rifiuti significa anche avere a disposizione luoghi e spazi fisici adeguatamente attrezzati, dove la merce viene controllata, stoccata in condizioni di sicurezza, movimentata, imballata; significa utilizzare idonei mezzi di trasporto, via terra e via mare, sui quali la merce viene caricata, trasbordata, stivata e condotta a destinazione finale, dal cliente di turno. Significa avere una rete organizzativa e logistica presente e operante sul territorio. Possibile che tutto questo avvenga tranquillamente a due passi dal cuore della presenza militare statunitense nel Mediterraneo, sfidando uno dei più sofisticati sistemi integrati di *intelligence* militare esistente?

Sperare in una risposta da parte dei diretti interessati potrebbe risultare inutile, perché dalla base non filtra alcun tipo di comunicazione. Può essere utile, allora, capovolgere la questione e ordinare razionalmente altre informazioni, riannodando i fili dei contatti, dei rapporti intercorsi fra Camp Darby e *il mondo esterno* attraverso la lettura di atti e documenti pubblici, di natura non militare, nei quali viene più volte menzionato il nome di questa base militare, lasciandosi guidare dall'antico detto popolare «dimmi chi frequenti e ti dirò chi sei».

Che tipo di *relazioni* sono avvenute, nel corso degli anni, con la base statunitense? Chi ha avuto rapporti diretti e continui con Camp Darby, al di là del personale militare? Quali personaggi, a che titolo e in rappresentanza di quali interessi hanno varcato la soglia della superprotetta base americana, pur non facendo parte del personale civile e militare impiegato? Chi ha avuto libero accesso alle sue strutture e ai suoi arsenali e per quali scopi? Forse è il momento di osservare più da vicino alcune vicende che riguardano questa base militare, sempre seguendo il filo legato ad atti e documenti ufficiali.

X.
CAMP DARBY: STORIA UFFICIALE E NON

Un'area militare strategica

La base di Camp Darby nasce nel 1951, in una zona malfamata della pineta di Tombolo, al confine con la periferia di Livorno: un trattato segreto ancora in vigore, stipulato dall'allora ministro Pacciardi, ha concesso al governo statunitense un'area di circa 8 milioni di metri quadrati situata dove oggi sorge il parco di Migliarino San Rossore. La base costituisce il principale deposito logistico del Setaf (*Southern European Task Force*) dell'esercito americano. Inizialmente erano circa 8000 i militari americani che la presidiavano negli anni '50. Quella cifra si è progressivamente ridotta, sino a raggiungere l'attuale dimensione di alcune centinaia di soldati, ai quali si aggiunge il personale civile e militare italiano (tenuto a prestare giuramento di fedeltà e segretezza nell'interesse del governo degli Stati Uniti, ma al quale resta inibito l'accesso in alcune zone della base).

Per comprendere la rilevanza militare strategica di questo luogo, basti pensare che sono soltanto sei, in tutto il pianeta, le basi americane in grado di garantire una mobilitazione operativa immediata e simultanea di truppe, armi, munizioni ed equipaggiamento: unità da combattimento in assetto completo, in grado di essere inviate in qualunque zona del pianeta in tempi rapidi. Camp Darby è una di queste.

La base viene utilizzata come deposito di stoccaggio di armi di ogni genere, al di fuori di qualunque controllo da parte delle autorità nazionali italiane, ed è uno dei punti di addestramento di corpi speciali come quello dei *Ranger*. Al suo interno sono dislocati diversi elicotteri utilizzati anche per il trasporto di forze speciali, come l'UH 60 Blackhawk.

Era uno degli avamposti contro il blocco sovietico. Oggi Camp Darby mantiene la sua rilevanza strategica per il bacino del Mediterraneo, i Balcani, il Medio Oriente e l'area del Golfo Persico; il governo statunitense ha stanziato ingenti fondi destinati ad ampliare le sue strutture, anziché ridurle.

Il fatto è che questo sito presenta caratteristiche uniche: è accessibile via mare dal porto di Livorno grazie al canale Navicelli, e solo via mare possono giungere imponenti carichi di armi senza i rischi legati alle modalità di trasporto terrestre, via gomma o ferro.

Dopo la vicenda Moby Prince, l'amministrazione militare americana ha avviato un progetto ingegneristico particolarmente costoso per Camp Darby (1,8 milioni di dollari da qui al 2010), destinato ad ampliare la capacità e la profondità del canale Navicelli in modo da garantire l'accesso diretto alla base da parte delle imbarcazioni militarizzate oceaniche, senza dover effettuare trasbordi e movimentazione in zona portuale.

I segreti di Camp Darby

Di Camp Darby si parla e si sa poco o nulla, al di fuori degli ambienti militari, per decenni. Le cose iniziano a cambiare a partire da una data precisa, 20 giugno 1984: Vincenzo Vinciguerra, un terrorista neofascista che sta scontando l'ergastolo come esecutore materiale di vari crimini, inizia a rilasciare spontanee dichiarazioni ai magistrati che indagano sugli anni della *strategia della tensione*. Ricercato dalla polizia, rientra in Italia dopo un periodo trascorso in Spagna – una latitanza breve, perché considera la fuga una pratica incompatibile con una coerente logica rivoluzionaria – e si autoaccusa di uno degli episodi più oscuri dei primi anni '70, la strage di Peteano nella quale morirono tre carabinieri.

L'indagine su questa strage, avviata nel 1982 dalla Procura di Venezia, è affidata a un giovane giudice istruttore, Felice Casson, il quale non si limita a ricercare gli autori materiali dell'attentato, ma indaga anche sulle coperture e i depistaggi di cui quei terroristi hanno potuto godere. Vinciguerra confessa di aver compiuto materialmente la strage ma non si ferma qui: inizia a rivelare il sistema di relazioni, complicità e connivenze all'interno del quale ha operato. Racconta che in Italia, a partire dal dopoguerra, opera una struttura parallela ai servizi di sicurezza che dipende dall'Alleanza atlantica, della quale vertici politici e militari sono perfettamente a conoscenza. Una struttura che vede agire insieme, su diversi livelli e con differenti gradi di coinvolgimento, eversione nera, servizi italiani e stranieri, basi militari americane e ambienti massonici. Indica luoghi, circostante, persone, apparati, istituzioni, strutture segrete. Riannoda fili sparsi e apparentemente slegati, faticosamente inseguiti nel corso di diverse indagini. Vinciguerra, in sostanza, sta parlando di qualcosa che emergerà pubblicamente solo alcuni anni dopo: *Stay behind* e Gladio.

Curiosamente da questo momento, con il successivo sviluppo dei diversi filoni di indagine sullo stragismo, il nome di Camp Darby inizia ad apparire sempre più spesso nei fascicoli di diverse inchieste sugli anni bui della Repubblica italiana.

Pochi mesi dopo, siamo nel settembre 1984, il colonnello Amos Spiazzi, già condannato a cinque anni di galera per la Rosa dei venti e rimesso in libertà, viene arrestato dal giudice di Venezia Felice Casson; l'accusa è di avere riorganizzato campi paramilitari frequentati da neofascisti italiani, assieme all'agente della Cia Stevenson L.H. Anderson e a Marcello Soffiati, uno degli inquisiti per piazza Fontana. Campi paramilitari per neofascisti italiani, fra i quali alcuni indagati per strage.

Situati dove? Nella base militare americana di Camp Darby, vicino Livorno, sede dell'VIII Comando logistico Setaf.

La mappa di Camp Darby in un covo di Ordine Nuovo

Gli avvenimenti del 1984 subiscono una drammatica *escalation*: Domenico Sica dispone l'arresto del generale Pietro Musumeci, ex capo del Sismi, per presunte deviazioni da parte dell'*intelligence* militare italiana.

Puntuali, tornano le bombe e le stragi di innocenti, nel cuore della penisola, proprio in Toscana: esattamente il 23 dicembre 1984, una bomba esplode sul treno 904 Napoli-Milano mentre sta percorrendo i 19 km della galleria appenninica fra Vernio e San Benedetto Val Di Sambro, causando 16 morti e 139 feriti. Sui resti del treno vengono trovate tracce dell'esplosivo usato: T4 di tipo militare. La stessa sostanza rinvenuta sui rottami del DC9 Itavia caduto a Ustica e sui binari della stazione di Bologna nel 1980. La medesima rinvenuta, anni dopo, anche a bordo del relitto del Moby Prince e, poco più tardi, nell'ultima stagione delle stragi, l'estate '93.

Ma le bombe non fermano la ricerca della verità; le inchieste dei giudici Casson e Mastelloni da un lato, e di Guido Salvini dall'altro, iniziano faticosamente a gettare un po' di luce sulla storia reale del nostro Paese degli ultimi decenni. Altri personaggi legati all'eversione cominciano per la prima volta a parlare. I magistrati iniziano a ricomporre un puzzle complicato. Apprendiamo così di una perquisizione operata anni prima dalla Questura di Verona nell'abitazione di Marcello Soffiati, un nome di spicco dell'eversione neofascista operante in Triveneto, implicato nella strage di piazza Fontana, «un militante molto ben inserito nel movimento politico Ordine Nuovo, in ottimi rapporti con i noti Carlo Maria Maggi e Delfo Zorzi».

La casa di Soffiati si rivela un vero e proprio arsenale. Nel corso della perquisizione viene rinvenuto materiale da guerra di vario tipo: bombe a mano, detonatori, proiettili anticarro, oltre a 10 candelotti di esplosivo al plastico. Purtroppo il verbale di perquisizione non fornisce ulteriori indicazioni utili a capire l'esatta provenienza dell'esplosivo. Ma non è solo la quantità e qualità di ordigni bellici rinvenuti nell'abitazione che cattura l'attenzione degli investigatori. Nel corso della perquisizione vengono infatti rinvenute alcune carte; inizialmente sembra trattarsi delle solite *schedature* di persone legate all'estrema sinistra e all'anarchia. No, c'è dell'altro, qualcosa che sorprende gli stessi funzionari della questura: viene rinvenuta una mappa, disegnata, che raffigura un campo militare. Gli accessi, gli edifici, le strade. Non ci vuole molto per identificare il luogo e le strutture a cui fa riferimento la mappa: si tratta della base di Camp Darby, a Livorno. Cosa ci fa questo documento a casa di Soffiati? Perché uno dei leader neofascisti possiede una mappa raffigurante la base, luogo segreto e inaccessibile?

Base responsabile di Gladio in Italia

Non si tratta di un episodio casuale. Franco Panizza, un attivista missino coinvolto in alcuni attentati in terra austriaca, conferma ai giudici che indagano su piazza

Fontana che Camp Darby era luogo abitualmente accessibile e ospitale per i neofascisti di Ordine Nuovo: «Entrambi i Soffiati (i fratelli Marcello e Bruno, *nda*) frequentavano basi della Nato e parlavano più spesso di Camp Darby a Livorno che non della Setaf di Vicenza; entrambi dicevano di frequentare la base di Livorno a fine di propaganda». Soffiati frequentava Camp Darby e lo faceva anche in compagnia di altre persone. Di Giovanni Bandoli, ad esempio, raggiunto il 4 dicembre 1995 da avviso di garanzia assieme a Carlo Digilio e Sergio Minetto per spionaggio politico e militare.

Secondo i magistrati, Bandoli è una figura di rilievo per quanto riguarda il coinvolgimento delle strutture di intelligence nella strategia della tensione: ufficialmente lavorava come impiegato presso le basi americane Setaf di Verona e di Vicenza, e nel tempo libero amava trascorrere intere giornate in quella di Camp Darby in compagnia di terroristi neofascisti. Durante il processo per la strage di piazza Fontana, nell'aula bunker di Milano, Dario Persic, commerciante veronese vicino agli ambienti neofascisti veneti, conferma la frequentazione della base da parte degli ordinovisti, ricordando in modo specifico che «in un'occasione, il Bandoli condusse con sé Soffiati Marcello presso la base Setaf di Livorno a Camp Darby». E non si trattò di una fugace visita di cortesia: «I due», puntualizza Persic, «si trattennero lì per circa tre giorni».

Il nome di Camp Darby torna a galla anche nelle parole di Matteo Lecs, un massone indagato per la strage di Bologna in stretti rapporti con Philip Guarino, massone coinvolto nell'affare Sindona; le sue dichiarazioni, relative ad avvenimenti dei primi anni '80, vengono riprese in Parlamento: «Lecs viene inquisito per la vicenda della strage di Bologna, nell'ambito di un filone che non è stato sviluppato dai magistrati e che riguardava le riunioni tenute a Livorno. A queste riunioni partecipava un ufficiale della base americana di Camp Darby e vi si discutevano le operazioni che Gelli e la P2 conducevano in quel periodo».

Gladio, P2, Camp Darby: le indagini avviate e una serie di successive rivelazioni approfondiscono ulteriormente la natura e gli obiettivi di questo intreccio. Mark Wyatt, ex agente Cia attivo in Italia dall'immediato dopoguerra, oggi è un tranquillo pensionato ottantaduenne che vive a Georgetown. La sua casa è un piccolo museo privato della Guerra Fredda, appeso al muro del suo studio c'è anche uno stemma dei carabinieri regalatogli dal generale De Lorenzo. Dopo aver chiarito all'intervistatore che «vi sono segreti che terrò sempre per me», l'ex agente racconta senza tanti giri di parole che «la scelta di creare una rete di resistenza in vista di una possibile invasione sovietica dell'Europa occidentale fu degli Stati Uniti».

«Iniziammo Stay behind con scandinavi e Benelux», continua Wyatt, «perché a Washington si sospettava dell'Italia ex fascista. Quando il ministro Mario Scelba lo seppe dall'Olanda andò su tutte le furie, si impose, nacque Gladio e l'Italia fece un lavoro eccellente. In tutt'Europa non è esistito gruppo di gladiatori più efficienti, determinati e affidabili di quelli italiani. Avevamo a disposizione molti ex fascisti che volevano andare negli Stati Uniti ma la legge ce lo impediva, alcuni di loro entrarono dentro Gladio. Il Sifar ci diede un grande aiuto, i generali De Lorenzo e Allavena primi fra tutti. I campi di addestramento, con tanto di bunker, erano in Sardegna e la nostra base responsabile era quella di Camp Darby, vicino a Livorno».

Dunque quella base svolge un ruolo preciso, strategico, nella storia della rete Stay behind attivata nel nostro Paese: quello di *base responsabile* e snodo di collegamento locale tra la struttura sovranazionale Stay behind e la sua forma organizzativa segreta locale, Gladio.

Stabilizzare e destabilizzare. Due volti della stessa medaglia, ufficialmente giustificati dal medesimo fine, quello per il quale Mark Wyatt ha speso metà della sua vita nel nostro Paese: « combattere il comunismo ». Ma non si tratta di novità assolute, perché già nel '91 il magistrato veneziano Casson ha in mano le carte che dimostrano il ruolo e il peso di Camp Darby nell'organizzazione di una rete clandestina di uomini, armi ed esplosivi. Questo magistrato arriva in Toscana, a Livorno, a pochi passi dalla base di Camp Darby, nel tentativo di saperne di più. Tentativo vano: i cancelli di Camp Darby rimangono chiusi per lui. Sono i primi giorni d'aprile dell'anno 1991. Ecco com'è andata.

Un muro di silenzio

Pochi giorni prima della strage del Moby Prince, mentre nel mare di Ustica iniziano le operazioni di recupero dei resti del DC9 Itavia, il giudice Felice Casson si trova in Toscana, a Livorno, davanti al cancello della base statunitense di Camp Darby. Non si tratta di una visita di piacere né di un itinerario turistico *off road*: le carte che il giudice veneziano ha sequestrato alcuni mesi prima negli archivi del Sismi hanno infatti rivelato l'esistenza di almeno 139 *nasco*, veri e propri arsenali a disposizione dei gladiatori. Casson, che sta lavorando sul filone di indagine nato dall'inchiesta sulla strage di Peteano, è convinto che buona parte dei nasco ancora segreti siano localizzati in Toscana; ma non si tratta solo di questo. Dalle carte rinvenute dal magistrato veneziano negli archivi dei servizi segreti militari, emerge che lo snodo fondamentale della rete clandestina Gladio/Stay behind, assieme alla nota base sarda di Capo Marrargiu, è costituito proprio dalla base americana di Camp Darby. Dieci anni prima delle rivelazioni dell'agente della Cia Wyatt, Casson indaga sul ruolo strategico occupato dalla base americana di Camp Darby nell'organizzazione di una rete clandestina formata da uomini, armi, esplosivi e supporti logistici.

Il sopralluogo di Casson costituisce un momento significativo delle indagini sui misteri d'Italia. Ma, come riportano le cronache, un magistrato della Repubblica italiana, a differenza di militanti ordinovisti, non riesce ad avere facile accesso alla base militare americana. «Gladio: si *scava* anche a Camp Darby. Vi sarebbe stato nascosto l'arsenale della struttura segreta. Nessun commento dalla base USA»: questa l'eloquente titolazione scelta dal quotidiano *La Nazione* che dedica un servizio all'argomento. E prosegue: «Camp Darby è di nuovo nel mirino del giudice Casson. All'interno della base americana di Tombolo sarebbe infatti rimasto nascosto una parte del materiale bellico a uso e consumo di Gladio prima che questo venisse occultato in una serie di nasco in terra toscana, ancora tutti da scoprire. La rivelazione è contenuta in un documento che risale al 1973 e che il magistrato ha sequestrato nel corso del suo blitz alla sede del Sismi. E un nuovo blitz il giudice veneziano lo ha compiuto due giorni fa, setacciando la Toscana alla ricerca dei depositi di armi provenienti da Camp Darby».

Continua *La Nazione*: «Il ruolo non secondario della base americana nell'operazione Gladio era già venuto alla luce qualche tempo fa, quando due neofascisti, il veneto Marcello Soffiati e il lucchese Marco Affatigato, avrebbero ammesso di aver partecipato a un corso di addestramento alle armi e alle tecniche investigative all'interno di Camp Darby. Allora dalla base di Tombolo piovvero le smentite. Il colonnello Willard Bud Droke, da due anni e mezzo comandante del presidio americano, non si fece mai trovare, ma attraverso il suo portavoce fece sapere che la storia dei *gladiatori* all'interno della base era un'illazione: "Non abbiamo neanche un poligono di tiro. Gli stessi militari americani devono usufruire delle strutture dell'esercito italiano". Comunque il colonnello Droke aveva concesso la sua disponibilità a testimoniare davanti al magistrato, purché venissero attivati i necessari canali diplomatici. In realtà il massimo esponente militare di Camp Darby non è mai entrato nell'ufficio del giudice veneziano. È stato invece Casson ad avvicinarsi alla zona sospetta, anche se motivi diplomatici devono aver sconsigliato un sopralluogo nella base americana. Il magistrato, però, ha trascorso la giornata di mercoledì in Valdelsa e anche nella campagna intorno a Rapolano, sotto la stretta sorveglianza della Digos. Quale sia stato lo scopo della sua missione resta ufficialmente un segreto, ma non è difficile immaginare che fosse alla ricerca di alcuni dei nasco in cui sarebbero ancora sepolte le armi di Gladio, quelle in un primo tempo occultate a Camp Darby. Dalla base americana questa volta non escono commenti. Il colonnello e il suo portavoce sono introvabili mentre la federazione locale del Pds parla di eventuali violazioni del trattato con cui Stati Uniti e Italia istituirono nel 1951 la base di Camp Darby».

Un momento importante, dicevamo, l'arrivo del Pm veneziano a Camp Darby. Più che per i risultati investigativi acquisiti, per le significative difficoltà che iniziano pesantemente a contrapporsi al normale svolgimento delle indagini. L'intreccio fra eversione nera, massoneria, strutture deviate dello Stato sembra costituire un naturale guscio protettivo per Camp Darby e i suoi segreti; un involucro che sembra perfettamente in grado di resistere alle insidie del tempo e degli avvicendamenti politici. Il giudice Casson si muove nella campagna toscana «sotto la stretta sorveglianza della Digos» dopo aver scoperto nuovi documenti su Gladio negli archivi del Sismi; ma, mentre gli stessi archivi vengono manomessi da mani ignote, Casson inizia a trovarsi di fronte al solito muro di gomma. Riguardo agli ostacoli a indagare sui «misteri di Camp Darby», un autorevole collega di Casson, Domenico Gallo, dichiara in un'intervista: «Anche in questo caso l'autorità giudiziaria italiana ha avuto difficoltà a portare avanti le indagini perché gli ufficiali statunitensi si sono rifiutati di farsi interrogare dai giudici Casson e Mastelloni. Non si capisce bene perché dobbiamo continuare a sopportare queste limitazioni di sovranità. Oltretutto queste basi sono tutte regolate da accordi bilaterali segreti mentre in un Paese come la Turchia, certamente di minor statura internazionale rispetto all'Italia, questi accordi sono pubblicati addirittura sulla *Gazzetta ufficiale*. In Italia invece restano top secret, e anche questo è scandaloso».

Se di fronte alla gravità di quanto emerge dalle indagini di Casson, i vertici di Camp Darby possono permettersi di tacere o, al più, replicare con raggelante umorismo («Non abbiamo un poligono di tiro, dobbiamo usufruire delle strutture dell'esercito italiano»), il problema assume effettivamente il rilievo istituzionale menzionato da Domenico Gallo tanto che pure in sede parlamentare – dove viene affermato il legame fra il ruolo svolto da Camp Darby e gli attentati stragisti ai treni – viene evidenziato «lo stato di sovranità limitata in cui l'Italia è costretta in tutti questi anni in cui le basi statunitensi e Nato sono proliferate come funghi su tutta la penisola, con accordi tutti rigorosamente segreti e anche in deroga agli articoli 80 e 87 della Costituzione repubblicana [...] per un incredibile riflesso servile, governo e forze politiche italiane ogni volta che si parlava – e si parla – di basi americane e Nato hanno preferito alzare uno scudo ideologico che tutto ha coperto, dai voli radenti nel Nord Italia, ai terroristi neri che si addestravano a far saltare i binari nella base di

Camp Darby in Toscana, alle fughe radioattive dei sommergibili atomici nell'isola della Maddalena in Sardegna».

Alla base americana arriva, o tenta di arrivare, anche il giudice Mastelloni, che indaga sulla vicenda Argo 16. E puntuale, come sempre, inizia a ergersi la robusta barriera protettiva del silenzio attorno ai suoi segreti, come annota Alfio Nicotra: «Il giudice Mastelloni, indagando sulla scomparsa dell'Argo 16 (aereo in dotazione a Gladio fatto saltare in aria dal Mossad), scoprì che ad Aviano e Camp Darby erano stoccate ogive nucleari: il governo si affrettò a opporre il segreto di Stato mentre il comandante statunitense della base toscana rifiutò di ricevere il magistrato veneto».

Niente di nuovo: il muro di segretezza e di omertà che circonda la base non viene minimamente scalfito; intanto, sul fronte politico interno, gli effetti del lavoro di Casson producono un vero e proprio terremoto che tocca i vertici delle istituzioni. Il giudice convoca a testimoniare il presidente della Repubblica, Francesco Cossiga, che rifiuta di rispondere alle domande del magistrato e difende pubblicamente la legittimità di Gladio. Il ministro della Difesa, Virginio Rognoni, annuncia lo scioglimento ufficiale dell'organizzazione Gladio, mentre la Commissione stragi riceve una relazione da parte del presidente del Consiglio, Giulio Andreotti, con allegato un elenco di gladiatori fornito dal Sismi. È il mese di marzo 1991: il presidente Cossiga annuncia che «è finito il tempo della farsa ed è iniziato il tempo della tragedia».

La crisi politico-istituzionale subisce una rapida accelerazione, tanto da portare alle dimissioni, di lì a poco, del sesto e penultimo governo Andreotti, il 29 marzo 1991. È un delicato passaggio della storia repubblicana contrassegnato da strategie che, secondo un tragico e rituale copione, usano sangue e tritolo come strumenti di comunicazione. Il 4 gennaio 1991, a Bologna, nel quartiere del Pilastro, la cosiddetta banda della Uno bianca uccide tre carabinieri; l'azione viene rivendicata dalla Falange Armata e per la strage viene usato, come in altre azioni rivendicate dalla medesima organizzazione, un mitra Beretta SC 70. Una strage di carabinieri: proprio come la strage di Peteano di vent'anni prima, di cui sta per celebrarsi il processo.

Il 9 aprile 1991 viene rinvenuta una bomba in via Triboniano a Roma, davanti alla sede della Corte di Cassazione, il Palazzaccio sul Lungotevere che ospita, oltre alla Cassazione, numerosi uffici giudiziari. Si tratta di un atto palesemente dimostrativo e intimidatorio – l'ordigno è composto da una pentola a pressione contenente mezzo chilo di polvere da cava, con una miccia corta ma senza detonatore – e viene rivendicato dal Movimento Rivoluzionario, organizzazione di estrema destra che nel 1982 aveva rivendicato lo strangolamento in prigione di Ermanno Buzzi (accusato per la strage di Brescia) da parte dei terroristi neri Concutelli e Tuti. Una settimana prima era toccato alla redazione dell'*Avanti*: anche qui un *attentato a metà*, un ordigno sul pianerottolo, un tubo di ferro contenente quasi mezzo chilo di tritolo, fatto trovare e rivendicato dai Nuclei comunisti di guerriglia.

Sempre nella primavera '91, presso la Corte d'Assise d'Appello di Venezia, inizia quella che viene definita, dopo le assoluzioni per la strage di Bologna e l'Italicus del 4 aprile '91, «l'ultima finestra aperta sulle stragi»: si tratta del processo sull'attentato di Peteano, per il quale hanno a lungo lavorato i giudici Casson e Mastelloni. Gli esecutori della strage sono già stati individuati: si tratta degli ordinovisti Vincenzo Vinciguerra e Carlo Cicuttini. L'importanza del processo è in realtà di più vasta portata, perché si interseca con le indagini su Gladio: infatti, dopo la condanna all'ergastolo dei responsabili materiali, ora sono alla sbarra nomi illustri dell'Arma dei carabinieri: si tratta del generale comandante la Legione di Udine, Dino Mingarelli (che ha avuto un ruolo all'interno di Gladio), del colonnello Antonino Chirico e del maresciallo Giuseppe Napoli.

La data d'inizio di questo importante dibattimento è fissata per la mattina dell'11 aprile 1991: ma quel giorno l'attenzione dei principali giornali italiani sarà concentrata su altre vicende: l'incendio quasi contemporaneo di due petroliere nel Tirreno e la strage a bordo di un traghetto a Livorno.

Una rete ancora operativa?

Al di là dei processi, delle indagini e delle considerazioni di natura geopolitica, su Camp Darby rimangono alcune fondamentali questioni irrisolte, che non riguardano il passato ma il nostro presente e il futuro. Chi aveva fornito ai terroristi coinvolti nelle stragi le necessarie credenziali per accedere all'invalicabile base americana di Camp Darby? Chi garantiva per loro? Fino a quali livelli istituzionali era coinvolto l'apparato militare e di intelligence? Chi verificava le operazioni di movimentazione di armi *convenzionali* e *non* che avvenivano nella base militare toscana?

E ancora: quali e quante persone reclutate sul territorio svolgevano tali operazioni? Come veniva scelta e selezionata questa manovalanza? Chi controllava la destinazione finale e l'utilizzo del materiale bellico? In che modo – e a chi – venivano pagati i proventi di questo traffico clandestino di armi? Chi ne erano i *mediatori commerciali*? Quali erano i referenti del personale operativo presente nell'area toscana impiegato per tali traffici? Che fine ha fatto il materiale impiegato dalla rete Stay behind/Gladio dopo il suo scioglimento ufficiale? Quali erano e dove erano dislocate le strutture di supporto logistico esterne alla base, per le operazioni di movimentazione di materiali e persone?

In sostanza: quale tipo di interesse esiste a mantenere ancora oggi, a distanza di decenni, un impenetrabile muro di silenzio su quanto gravita attorno alla base di Camp Darby?

Rimanendo senza risposta, queste domande rendono plausibile un ultimo e più grave interrogativo: se ancora adesso le vicende e le attività *non convenzionali* che riguardano la base americana sono coperte da una tale coltre di segretezza e di omertà, quali garanzie abbiamo che la *rete* un tempo esistente sia stata effettivamente chiusa e smantellata? Chi può escludere, in sostanza, che traffici di merci pericolose avvengano utilizzando ancora canali protetti, con l'appoggio di vecchi e nuovi apparati di copertura rimasti sostanzialmente integri e quindi ancora in grado di operare sotto traccia? Un apparato in grado di agire ancora, non più per arginare il *pericolo rosso* ma per altre finalità e differenti obiettivi. Quali?

Libero accesso a mister Progetto Urano

Esistono elementi che affrancano questo genere di domande dal mero e un po' avvilente esercizio di vuota dietrologia; tracce e testimonianze che conducono fino ai nostri giorni, perché troviamo una pagina recente, nel libro cifrato dei misteri di Camp Darby, che occorre studiare con attenzione per tentare di dare una risposta ai precedenti interrogativi. In questa pagina è raffigurato un uomo di mezza età: non è un militare americano né italiano, non fa parte del personale civile di servizio presso la base; non sembra avere alcun tipo di legame con la struttura militare americana; non è un fornitore di materiali, non è un istruttore, non è nemmeno un tecnico addetto ai servizi. Eppure quest'uomo riesce ad accedere con estrema facilità alla base, come uno di casa: viene accolto senza alcun tipo di controllo, tratta direttamente con il personale militare, addirittura non ha bisogno di esibire alcun tipo di lasciapassare per accedere a Camp Darby. Per Casson e Mastelloni Camp Darby è *off limits*, devono stare a distanza... Lui no: entra liberamente, quando e come vuole. Chi è questa persona? Per quali motivi vi si reca regolarmente? Per quali missioni?

Queste curiosità nascono dal tipo di attività che il misterioso frequentatore di Camp Darby svolge abitualmente, in un settore particolarmente delicato: progetti di commercio e cooperazione con i Paesi del Sud del mondo. Un progetto, in particolare, attira la nostra attenzione: si tratta di un piano di interventi per la spedizione di materiale destinato in un primo momento in alcuni Paesi sahariani e successivamente, per sopravvenuti problemi, indirizzato verso il Corno d'Africa, precisamente in Somalia.

L'uomo che ha libero accesso a Camp Darby è uno degli artefici di questo progetto. Un filantropo? Non esattamente. Il progetto non si occupa di aiuti sanitari o forniture di derrate alimentari: prevede la raccolta, lo stoccaggio e la spedizione in Africa di rifiuti e scorie nucleari. Merci pericolose. Pezzi di territorio africano da trasformare in mortali pattumiere, in cambio della fornitura di armi per massacrarsi, armi che nessuna delle fazioni in lotta in quei Paesi è in grado di pagare. Un doppio affare, per chi fornisce armi e nel contempo smaltisce scorie nucleari; una doppia condanna, per il *cliente* finale. L'operazione ha un nome sinistramente evocativo: Progetto Urano. L'organizzatore di quest'operazione si chiama Guido Garelli. Il suo nome compare, come abbiamo detto, accanto a quello di Giancarlo Marocchino, nell'informativa della Digos di Udine del 1994. È proprio lui, Garelli, il misterioso personaggio che, dopo la manovalanza di Gladio e Ordine Nuovo, ha libero accesso a Camp Darby[7].

Armi e rifiuti pericolosi, un crocevia dei traffici

«Possibilità di sviluppo del Progetto Urano, per la parte già nota, nel Corno d'Africa, e con questo supporto si procederà a destinare un consistente lotto di aiuti in derrate alimentari e altri generi di conforto destinato alle popolazioni stremate che sono disperse nella regione. Il coordinamento di tale intervento sarà di esclusiva competenza del console Scaglione, e la logistica sarà coordinata dal signor Marocchino. Nairobi, 26 giugno 1992. Firmato: Giancarlo Marocchino, Ezio Scaglione, Guido Garelli».

In apparenza, sembrerebbe una normale lettera d'intenti fra due uomini d'affari (Marocchino e Garelli) e un console onorario della Somalia (Scaglione), interessati a sviluppare un determinato progetto legato all'organiz-

[7] Agli atti dell'inchiesta della Procura della Repubblica di Asti c'è un interrogatorio svoltosi il 7 giugno 1999 nel corso del quale Roberto Ruppen, coinvolto anch'esso nel Progetto Urano, afferma: «Ebbi modo di incontrare Guido Garelli diverse volte a Milano, quando si presentava come ufficiale di collegamento dell'Amministrazione territoriale del Sahara. So per certo, perché visto da me, che il Guido Garelli si recava presso il centro dell'Aeronautica militare del Nord Italia, in piazza Novelli a Milano, per eseguire le comunicazioni di servizio, così pure come al Comando generale della guardia di finanza di Roma. [...] Ricordo che io accompagnai il Garelli Guido presso la base Nato di Livorno e lo stesso venne ricevuto senza nessun tipo di controllo e nessun lasciapassare, e dal suo comportamento mi sembrava persona conosciuta e avvezza a trattare in certi ambienti militari, sia americani che italiani. Lui non mi disse mai che faceva parte dei servizi segreti italiani, ma il suo modo di comportarsi e di operare lo facevano supporre» (B. Carazzolo - A. Chiara - L. Scalettari, *Ilaria Alpi. Un omicidio al crocevia dei traffici*, Baldini&Castoldi, Milano 2002).

zazione di aiuti umanitari da destinare alle «stremate popolazioni» dell'ex colonia africana ormai al collasso, in piena guerra civile. Ma di quale progetto si tratta?

Lo chiarisce un funzionario della cooperazione italiana, Franco Oliva, l'8 marzo 1995, davanti alla Commissione parlamentare d'inchiesta sulla cooperazione: «Prima del 1990 in Somalia ho conosciuto il noto Guido Garelli, famoso perché citato nei documenti dei magistrati del Tribunale di Alessandria che stavano indagando sulla cosiddetta Operazione Urano 1 per lo scarico di scorie nucleari nel Sahara. L'operazione venne spostata nel Corno d'Africa e divenne Urano 2. Il Garelli, che all'epoca era sicuro di essere coperto da una certa impunità (ma in quel momento tutti erano convinti di godere di una certa impunità in Somalia, e non nascondevano assolutamente nulla) raccontava apertamente di essere in quel Paese per piazzare una nave di scorie nucleari. Sosteneva che il suo tramite con le autorità somale era Marocchino». Guido Garelli non riesce a concludere l'operazione: sulle sue tracce scatta l'inchiesta della Procura di Brindisi e viene arrestato. Ma l'operazione viene comunque portata a termine, come racconta ai giornalisti di *Famiglia Cristiana* uno dei suoi protagonisti, Gianpiero Sebri: «Urano fu pianificato a lungo. Prevedeva l'invio di ingenti quantità di rifiuti in un immenso cratere naturale che si trova nel Sahara spagnolo. Si trattava di rifiuti di aziende e delle amministrazioni militari degli Stati Uniti. Ma non si arrivava mai all'accordo. Perciò fu chiamato in causa un altissimo esponente del Sisde, che io vidi per la prima volta in una riunione a Lugano, in Svizzera. L'incontro decisivo avvenne a Parigi. Vi parteciparono due rappresentanti del Regno del Marocco, due del Fronte del Polisario, noi e un uomo del Sisde. Gli accordi furono raggiunti. Di lì a poco furono firmati i contratti a Lugano. Partì la prima nave e iniziò a scaricare. Poi andò tutto a monte:

i marocchini si resero conto che il Fronte del Polisario stava per ottenere in cambio cospicue partite di armi, tali da renderlo pericoloso. Tra l'altro, proprio in quel periodo, Guido Garelli fu arrestato a Brindisi. La nave proseguì per la Somalia, dove vuotò il resto del carico. Là avevamo un'organizzazione già pronta a gestire lo smaltimento: c'era Giancarlo Marocchino, un uomo di Spada. In tutti i Paesi dove l'organizzazione opera c'è un *logista* che gestisce in loco le operazioni».

Guido Garelli è attualmente detenuto nel carcere piemontese di Ivrea (dove sta scontando una pena per truffa e ricettazione). Il 24 marzo 1999 scrive una lettera a *Famiglia Cristiana*, il settimanale che più di tutti segue, con approfondite inchieste giornalistiche e importanti *scoop*, le vicende della cooperazione e i misteri legati all'omicidio Alpi-Hrovatin. Scrive Garelli: «Ilaria Alpi aveva delle informazioni buone, forse molto buone. Ritengo che abbia avuto qualcuno che le ha dato la possibilità di vedere copie di rapporti. Bisognerebbe sentire con quali accordi si è giunti a concedere l'uso di parti di territorio somalo, etiopico ed eritreo per interrare rifiuti. [...] Ilaria Alpi ha toccato il segreto più gelosamente custodito in Somalia, lo scarico di rifiuti pagato con soldi e armi da non meno di vent'anni. La regia di tutto questo è appannaggio dei servizi d'informazione coinvolti in quello che è sicuramente il business più redditizio del momento. Non mi riferisco solo al Sismi e al Sisde; vi sono anche gli organismi omologhi dei Paesi che hanno *usato* vari Stati dell'Africa per smaltire porcherie».

Che tipo di servizi era in grado di offrire il signor Guido Garelli, esperto in trasporti e traffico di scorie nucleari e rifiuti, ai responsabili della base logistica di Camp Darby?

Il bisogno di trovare una risposta a queste domande nasce anche dalla lettura di un'ulteriore nota informativa trasmessa dalla Digos di Udine il 24 maggio 1994, nella quale, a proposito dell'uccisione in Somalia della giornalista Ilaria Alpi e del cineoperatore Miran Hrovatin, viene riferito quanto segue: «Il duplice omicidio sarebbe avvenuto in quanto i due avrebbero filmato nel porto di Bosaso (Somalia) la presenza di una nave, proveniente o in partenza per l'Italia, di quelle solitamente utilizzate per il trasporto degli aiuti umanitari, il cui carico sarebbe invece stato costituito di armi e munizioni».

XI.
ACCADDE QUELLA SERA

Una questione irrisolta

Un'enorme lapide con i nomi delle centoquaranta vittime è murata all'ingresso del porto: osservandola, ricorda vagamente quella della strage alla stazione di Bologna ma l'elenco è più lungo. È rivolta verso il mare, rimane un po' nascosta dagli sguardi della città. Chi entra nell'area portuale se la lascia alle spalle, poco dopo varcato l'ingresso.

La tragedia del Moby Prince è una pagina di storia recente che fa ancora male, una storia che molti preferirebbero vedere sepolta per sempre. E invece, forse anche per questo, il fantasma del traghetto è sempre lì, continua a vagare nella silenziosa apparente quiete notturna del porto.

Nella pagina web dell'Autorità portuale di Livorno compare questo messaggio: «Si segnala che a Livorno è in funzione già da diversi anni il sistema Pac (*Port Approach Control*) installato in Italia, che garantisce la sicurezza della navigazione e la salvaguardia ambientale all'interno e in prossimità dei bacini portuali. La distribuzione delle diverse tipologie di traffico è stata resa omogenea, in modo da consentire quanto più possibile un'uniformità di attività nelle varie zone portuali soprattutto per evitare commistioni di traffico».

Il sistema Pac è basato sul monitoraggio mediante strumentazione radio-radar degli obiettivi in movimento nell'area di mare interessata; a questo va aggiunto il Vts, ovvero un sistema di segnalazione satellitare nazionale integrato. «Questi due strumenti affiancheranno il sistema di segnalazione di navi che trasportano merci pericolose e che vengono seguite passo, passo dagli uomini della Capitaneria». Tali sistemi sono divenuti operativi, nell'ambito portuale livornese, dopo la tragedia del Moby Prince.

Il messaggio indiretto è chiaro: quanto avvenuto la sera del 10 aprile '91 ha a che fare con il precedente inadeguato sistema di controllo della navigazione. E se la colpa è stata del sistema, significa che nessuno ha avuto colpe specifiche, nessuno è responsabile di quei centoquaranta morti a bordo di un traghetto nella rada portuale. Si è trattato di un incidente.

Ma è proprio così? Davvero il sistema di controllo della navigazione nelle acque portuali di Livorno – uno dei porti civili e commerciali italiani più importanti – era così carente all'epoca?

In realtà quel porto, nell'aprile 1991, era uno dei luoghi più controllati, monitorati e presidiati d'Italia: sede di una stazione costiera IPL Livorno Radio, dotata di un impianto di ricetrasmissione senza pari in Italia; controllato dall'avvisatore marittimo; presidiato dalla Capitaneria di porto, oltre che dal servizio di vigilanza della Marina nei punti di avvistamento dislocati nei punti strategici dell'area portuale, affacciati sulla rada. Il servizio di sorveglianza militare funzionava, in quel periodo post guerra del Golfo, 24 ore su 24. E, al di sopra di tutto questo, la presenza degli apparati militari radio-radar-satellitari legati alla base di Camp Darby: un sistema di controllo invisibile, discreto, totale. Eppure, nonostante questo, centoquaranta persone sono rimaste intrappolate in un traghetto in fiamme fino al giorno seguente.

Allora, se un simile sistema incrociato di controllo dei movimenti delle navi in ambito portuale non è riuscito a evitare la tragedia, la domanda vera è un'altra: siamo davvero sicuri che quanto è accaduto nella rada di Livorno quella sera non potrebbe più ripetersi in futuro? La risposta è legata a sua volta a una serie di quesiti di livello superiore. Qual era la reale situazione delle navi alla fonda nelle acque portuali? Quante e quali navi erano in movimento nella rada livornese al momento della collisione? Cosa stavano trasportando e movimentando? Per conto di chi? L'identità di queste navi è stata accertata?

In breve: cosa stava accadendo in rada quella sera?

Navi americane: i conti non tornano

Esiste un documento ufficiale, allegato agli atti del processo, proveniente dal *Department of the Army, Military Traffic Management Command, Terminal Battalion Italy*, firmato dal comandante del Leghorn Terminal, il tenente colonnello Jan Harpole. Si tratta della comunicazione relativa all'arrivo, al porto di Livorno, nel marzo '91, di navi provenienti dal Golfo Persico, teatro delle operazioni militari contro l'Iraq. L'operazione Desert Storm si è da poco conclusa e il materiale bellico inutilizzato deve essere stoccato nei depositi della base di Camp Darby.

Scrive Harpole: «Si notifica che le sottoelencate navi trasportano materiale di proprietà del governo degli Stati Uniti d'America destinato alla base Usa/Nato di Camp Darby, Tombolo Pisa», e a conclusione della breve comunicazione, l'allora responsabile del traffico logistico di Camp Darby aggiunge una significativa nota finale «a chi di competenza»: «Le navi sono sotto il diretto controllo del Dipartimento della Difesa Usa (Militarizzate), pertanto esenti da qualsiasi tassa o visita di controllo a bordo».

Undici anni dopo, il giorno 24 maggio 2002, John T. Oliver, capitano di vascello della Marina statunitense e capoufficio responsabile dell'Avvocatura militare statunitense, scrive al presidente del gruppo Margherita-Democratici presso il Consiglio regionale della Toscana, il giornalista Erasmo D'Angelis, che un mese prima aveva inviato all'ambasciatore americano in Italia, Thomas Foglietta, una formale richiesta di collaborazione al governo statunitense per fare chiarezza sul disastro del Moby Prince. Rispondendo a D'Angelis, il capitano Oliver fornisce una interessante versione, diversa e molto più sfumata, sul ruolo e lo status giuridico di quelle navi, declassate al rango di semplici vettori per conto terzi: «Come saprà», scrive infatti Oliver, «non vi erano navi della Marina militare degli Stati Uniti nel porto di Livorno la notte dell'incidente»; quelle presenti, secondo il responsabile dell'Avvocatura militare di Washington, erano semplicemente «navi merci noleggiate dal Comando trasporti militari degli Stati Uniti».

Ma quante erano realmente le navi cariche di materiale bellico e cosa trasportavano?

Erano tre, secondo il rapporto stilato nel 1991 dal tenente colonnello Harpole, comandante del Terminal trasporti militari Usa a Livorno: Cape Breton (battente bandiera americana), Efdim Junior (bandiera greca) e Gallant II (bandiera panamense). Tre mercantili militarizzati, tre navi cariche di armi.

Risposta sbagliata. Erano cinque, secondo l'Avvocatura militare americana. Una clamorosa *precisazione* che arriva undici anni dopo, come dire una distanza temporale *di sicurezza* dagli avvenimenti del 10 aprile '91. Il capitano Oliver scrive infatti: «Erano cinque (e non tre) navi merci noleggiate dal Comando trasporti militari Usa», senza fornirne però i nomi identificativi delle due *navi fantasma*. Possibile che un dato di tale rilevanza risultasse ignoto nel 1991 al colonnello Harpole?

Identità e missione delle navi dimenticate

Qual è la loro identità? Leggendo i verbali di alcune importanti testimonianze al processo Moby Prince, e scorrendo l'elenco delle imbarcazioni della Marina mercantile americana utilizzate per l'operazione Desert Storm scopriamo i nomi dei due cargo all'ancora a Livorno la sera del 10 aprile 1991, inclusi anch'essi nell'elenco delle navi utilizzate per le operazioni militari della prima guerra del Golfo (ma assenti dall'elenco consegnato alle autorità portuali dal comando di Camp Darby): si tratta della Cape Syros e della Cape Flattery. Una sesta nave militarizzata, la Cape Farewell, si trovava anch'essa a Livorno, ma ormeggiata all'interno del porto.

La Cape Syros, bandiera cipriota, 14.800 tonnellate di stazza, figura affiancata a Gallant II ed Efdim Junior nell'elenco delle imbarcazioni tipo *breakbulk* e *multipurpose* inviate nel Golfo Persico a sostegno delle operazioni belliche: stessa categoria, stesso tipo di imbarcazioni, analoga destinazione di impiego sul teatro delle operazioni, secondo quanto comunicato dalla *United States Merchant Marine* (non è specificato il tipo di materiale trasportato): davvero inspiegabile la dimenticanza della sua segnalazione da parte dell'allora comandante di Camp Darby alla Capitaneria di Livorno.

La seconda nave dimenticata, la Cape Flattery, fa parte invece della flotta di riserva a disposizione dell'amministrazione militare statunitense per operazioni di trasporto carburante, cibo e mezzi corazzati sul fronte di guerra. Quella sera la Cape Flattery è ancorata nella zona nord del porto. Un tenente della guardia di finanza, Cesare Gentile, navigando in rada per raggiungere il luogo della collisione, transita non lontano e osserva, accanto a questa nave, alcune imbarcazioni. È in corso una movimentazione di materiali in rada, proprio in quel momento. Ma la Cape Flattery non sta trasferendo cibo né carburante: sta trasbordando casse di materiale bellico.

Una testimonianza rimossa

Il primo mezzo a salpare e a dirigersi, pochi minuti dopo le 22:30, verso l'Agip Abruzzo è la motovedetta V 5808 della guardia di finanza. A bordo si trovano quattro persone: il brigadiere Giuseppe Leonardo, il motorista Mauro Dessi, il radarista Antonio Conti e un esperto ufficiale, il tenente Cesare Gentile. Gentile non era di servizio, quella sera. Intorno alle 22:30 riceve a casa, poco distante dal porto, la telefonata del maresciallo Vanini dalla sala operativa: «C'è l'Agip Abruzzo in fiamme, una petroliera in fiamme nel porto». Gentile e il suo equipaggio escono alla cieca, senza conoscere con esattezza la localizzazione, la dinamica e la dimensione del disastro. Alle 22:55 il tenente Gentile, giunto ormai in prossimità del punto di fonda delle navi in rada, individua cinque razzi rossi sopra la sagoma di una petroliera e capisce che *quella* è l'Agip Abruzzo. Alle 23 l'equipaggio raggiunge la nave cisterna in fiamme, a due miglia e mezzo per 205° dal faro della diga portuale della Vegliaia.

Nelle comunicazioni radio fra soccorritori e Capitaneria, il nome della guardia di finanza ricorre spesso. Alle 9:25 del giorno dopo, la motovedetta della Finanza recupera il corpo del marinaio Esposito: galleggia accanto a un residuo di scialuppa, in mezzo a detriti e chiazze di petrolio, le scarpe perfettamente allacciate ai piedi. Il tenente Gentile ricorda che quel giorno, per la prima volta in vita sua, vomitò.

Nonostante quest'attiva presenza sul luogo dei soccorsi, la guardia di finanza scompare dall'elenco dei testimoni fino al 15 maggio 1996 quando, cinque anni dopo i fatti, nell'aula del Tribunale di Livorno dove si svolge il processo Moby Prince, compare per la prima volta – chiamato a testimoniare dall'avvocato di parte civile Giunti – un ufficiale della guardia di finanza in servizio presso la stazione navale di Livorno all'epoca dei fatti: proprio lui, l'ex tenente – ora capitano – Cesare Gentile.

La testimonianza è una novità assoluta. Nessuno l'aveva mai convocato né ascoltato prima d'allora. Non la Capitaneria, al tempo dell'inchiesta sommaria. Né la Commissione d'inchiesta ministeriale, incaricata di approfondire il lavoro di ricerca sulle cause e la dinamica del tragico evento. Eppure Gentile era stato fra i primi ad accorrere in rada e vi era rimasto fino al mattino seguente.

Con tono pacato e sicuro, l'ufficiale ricostruisce un quadro di avvenimenti e di situazioni che ribaltano quello attorno al quale l'intero processo, fino a quel momento, era stato costruito. Con la sua testimonianza, la *nebbia* del 10 aprile 1991 inizia a dissiparsi e il quadro che ne scaturisce è sconvolgente. «Alle 22:35 lasciamo gli ormeggi», inizia così la sua testimonianza, «e cinque minuti dopo usciamo dalla Vegliaia, l'imboccatura sud del porto di Livorno. C'era una giornata chiarissima e ho constatato la posizione delle navi in rada. In quel momento c'era bellissimo tempo, il mare calmissimo e una visibilità meravigliosa. L'unica cosa che dall'imboccatura di porto non si riusciva a vedere era il fuoco: l'ho visto solo ed esclusivamente quando mi sono avvicinato alla petroliera. Uscendo dall'imboccatura sud del porto la prima cosa che abbiamo constatato era la provenienza del vento: la leggera brezza in mare veniva da sud, da scirocco e le prue delle navi che c'erano alla fonda erano tutte rivolte per 180° a sud, ma non quella dell'Agip Abruzzo. Quando siamo arrivati l'abbiamo trovata, anziché a 180°, per 270° dall'Accademia, verso la Capraia, tra Gorgona e Capraia per intenderci».

Serata bellissima, visibilità meravigliosa. Stupiti, il Pubblico ministero e l'avvocato di parte civile Bassano chiedono di intervenire: alle loro domande, il capitano Gentile risponde ripetendo che quella sera, uscendo dal porto, non c'era nebbia, al punto che né lui né i suoi uomini avevano avuto bisogno del lancio dei razzi per vedere la petroliera, perché, ricorda Gentile, «l'Agip Abruzzo si vedeva, si vedeva normale come tutti. Si vedeva il fumo del fumaiolo di poppa dell'Agip Abruzzo. Bastava orientarsi sul fumaiolo e ci si arrivava comunque, tanto è vero che il punto di fuoco non si è mai visto, però un punto di ricerca poteva essere quel fumaiolo, perché le altre navi non emettevano nessun fumo. C'era una chiarezza impressionante, il mare calmissimo e senza nebbia». Gentile ricorda che la visibilità inizia a diminuire, a causa dell'incendio, solo «verso le 23-23:15. Non c'era nebbia ma c'era foschia, perché bruciando il prodotto in mare della petroliera è venuta fuori foschia. Non nebbia, ma foschia», tiene a precisare, in un'aula di Tribunale ammutolita.

Il Pm, l'avvocato Bassano e il presidente del Collegio si guardano. Non è certo questa la prima e unica testimonianza, nel corso del processo, che contrasta con la tesi della presenza di «fitta nebbia» al momento dell'incidente; ma questa è senza dubbio fra le più attendibili, precise, circostanziate, chiare, senza incertezze. E autorevole.

L'avvocato Bassano interviene: «Vi siete mossi alle 22:55 dalla diga della Vegliaia?».

Gentile: «Sì».

Bassano: «Navigavate a vista?».

Gentile: «Sissignore».

Bassano: «Senza radar? Senza incontrare né fumo né nebbia?».

Gentile: «Nel modo più assoluto, nessun fumo, nessuna nebbia. C'era una chiarezza impressionante, il mare calmissimo e senza nebbia».

Decide a questo punto di intervenire direttamente il presidente del Collegio giudicante, Germano Lamberti: «Lei, come uomo di mare, come si spiega che molti mezzi usciti si sono trovati immersi in zone di scarsissima visibilità? Come spiega questo con il fatto che lei invece ha avuto notevole visibilità?».

Risponde Gentile: «Quando siamo usciti all'imboccatura di porto c'era chiarezza bellissima, giornata proprio serena. Questo risulta anche agli atti dell'altra imbarcazione che è uscita alle 22:30, nel cui giornale di chiesuola risulta anche la visibilità in mare. Dopo le 23:10, la sala operativa mi aveva chiesto se avevo bisogno di altre unità e io ho detto che non c'era necessità di far uscire altre unità navali perché c'era la foschia, sotto la petroliera. Può darsi che gli altri mezzi di soccorso siano usciti anche un quarto d'ora, dieci minuti dopo di noi. Perché la prima barca che è uscita in quel momento, penso, eravamo noi, con il rimorchiatore Tito Neri VII, perché soltanto quelle due barche si sono incrociate».

Il Tribunale decide di ascoltare come testimoni gli altri membri degli equipaggi delle motovedette della guardia di finanza comandate da Gentile, la sera del 10 aprile.

Tutti confermano, producendo copia dei registri di bordo, quanto affermato dall'ufficiale.

Durante la collisione, una nave americana...

Ma Gentile non si limita a parlare delle condizioni generali di visibilità e di navigazione rilevate la sera dell'incidente: con precisione, come se stesse compilando una relazione, descrive tutto ciò che ha visto quella sera, fornendo un quadro su ciò che stava accadendo nella rada di Livorno: la posizione delle diverse navi, la direzione delle imbarcazioni alla fonda e alcune operazioni di movimentazione di materiale bellico nelle acque livornesi, in corso proprio quella sera.

Seguiamo la testimonianza dell'ufficiale. Sono circa le 22:40, la motovedetta V 5808 con a bordo il tenente Gentile è appena uscita dall'imboccatura sud del porto e si sta dirigendo verso la zona in cui è ancorata la cisterna Agip in fiamme. La limpidezza della serata e la perfetta visibilità consentono di individuare le navi alla fonda e di registrare qualunque movimento. Durante il percorso, l'ufficiale scruta attentamente la situazione in rada e osserva tutte le navi presenti, ne rileva la direzione di orientamento delle prue, ne identifica la tipologia. In attesa di comunicazioni dal comando, annota con precisione ogni particolare, per orientarsi e capire come muoversi. È il suo mestiere.

A un certo punto l'avvocato Giunti gli chiede se, al momento di mollare gli ormeggi, conoscesse l'esatto punto di fonda della petroliera. La risposta dell'ufficiale è, come al solito, secca e puntuale: « No, signore. Alle 22:40 sono uscito dall'imboccatura sud del porto di Livorno. C'era una giornata chiarissima e ho constatato la posizione delle varie navi in rada. Ho visto a nord che c'era una barca che imbarcava le armi ».

Di nuovo in aula cala il silenzio, ancor più pesante, rotto da un crescente brusio da parte del pubblico presente. Che nella rada di Livorno, quella sera, fossero presenti navi militarizzate americane cariche di armi ed esplosivi, era un fatto noto. Ma fino alla testimonianza del capitano Gentile nessuno aveva mai riferito che stessero avvenendo operazioni illegali, perché tali risultano le attività di movimentazione di armi e merci pericolose di notte, in una zona non consentita, in un'area interessata dalle rotte dei traghetti e in prossimità dei punti di ormeggio delle navi.

Gentile prosegue la sua deposizione rispondendo alle domande dell'avvocato che lo ha portato a testimoniare al processo.

Riprende Giunti: «Quando lei esce dall'imboccatura del porto, ha detto che ha potuto esaminare tutte le navi che erano in rada».

Gentile: «Sul lato dritto, per 235° c'erano alla fonda quattro navi, mentre a nord c'era una nave grossa illuminata che era quella che stava facendo il carico delle armi. Questo lo ricordo con precisione».

Giunti, consapevole della gravità di quanto sta emergendo, insiste: «Quello che volevo sapere era se le condizioni climatiche in quel momento permettevano una visione non dico ottima, ma sufficiente».

Gentile: «In quel momento c'era bellissimo tempo, il mare calmissimo e una visibilità meravigliosa».

Giunti: «Tanto che lei poteva riconoscere...».

Gentile: «Ho evidenziato, sissignore. Ho evidenziato anche il fanalino rosso di qua, e la nave americana che si trovava verso il Calambrone con tutte le luci accese».

A questo punto interviene anche il presidente Lamberti: «Le navi che lei ha scorto, quante ne aveva sulla dritta e quante sulla sinistra?».

Gentile: «Avevo una petroliera sul lato sinistro a circa 700-800 metri dall'Accademia navale. Poi c'era la petroliera messa in questa posizione. Sull'altro raggio c'erano altre quattro navi fra cui c'era anche una nave, forse di munizioni; mentre all'imboccatura nord proprio all'altezza del Calambrone c'era illuminata la nave americana che stava caricando le munizioni».

È in corso un'operazione di trasporto e di movimentazione di materiale bellico nella rada di Livorno, la sera della tragedia, in prossimità di altre navi militarizzate e petroliere alla fonda, in una situazione generale di massima allerta per il rischio attentati. A pochi minuti dall'avvenuta collisione fra il traghetto della Navarma e la petroliera della Snam – questo dice in sostanza Gentile – c'è una nave nei pressi del luogo del disastro che non salpa l'ancora, non si allontana, non presta soccorso e nemmeno chiede alla Capitaneria di intervenire: si tratta di una nave intenta a movimentare materiale bellico.

Qual è la nave oggetto di tali traffici? Da dove proviene e dove è diretto questo armamento? Perché tutto avviene in violazione delle normali procedure, che prevedono lo svolgimento di tali operazioni rigorosamente nelle ore diurne in prossimità del canale Navicelli (direttamente comunicante con la base di Camp Darby), lontano dunque dalle rotte della navigazione civile? Di queste operazioni era stata informata la Capitaneria di Livorno, o altra autorità militare italiana?

Ad alcune di queste domande le risposte arrivano incrociando le testimonianze verbalizzate nel corso di varie altre udienze. Il 5 giugno 1996 si procede all'esame dell'imputato Angelo Cedro, capitano di vascello della Capitaneria di porto. Rispondendo in aula alle domande del Pm Cardi su quanto avvenne in sala operativa la sera del disastro, Cedro ricorda: «Prendo in mano la situazione giornaliera del porto, che è la strisciata fatta dal nostromo. Allora vedo che ci sono queste due-tre navi, due navi cariche di esplosivi, oltre il Cape Flattery che stava operando su, in alto, a nord nella zona di Calambrone, e vedo che c'è anche l'Agip Abruzzo. Allora chiedo conferma a un sottufficiale che credo fosse il sergente Melis, adesso non ricordo, e dico: "Ma queste sono ormeggiate a sud?", perché di solito le navi rosse si mettono nella zona sud del porto».

Dunque, la misteriosa nave americana che la sera del disastro imbarcava armi e munizioni, in zona proibita e con procedure non conformi alle regole di sicurezza, ha un nome: Cape Flattery. Si tratta di un cargo classificato dal Registro navale americano, a partire dal 1987, come componente delle forze ausiliarie delle *U.S. Navy Ship Battle Forces*. Ma il nome di questa nave, come abbiamo visto, non compariva nell'elenco delle navi militarizzate americane comunicato dal comandante del Terminal logistico di Camp Darby alla Capitaneria nel marzo '91.

Cinque anni di ritardo

Possibile che un ufficiale della guardia di finanza, a conoscenza di fatti così rilevanti che riguardano un'importante inchiesta in corso, indugi per cinque lunghi anni nel più totale silenzio? Perché non contatta prima gli inquirenti? Perché non si presenta subito per riferire quanto vide? Le sorprese non sono finite.

Il presidente del Collegio, Lamberti, ripete queste ineludibili domande a Gentile: «Cerchi di spiegarmi, noi qui da mesi ormai ci sentiamo dire – almeno da gran parte delle persone escusse – che "usciamo dall'imboccatura immersi in nebbia o fumo". Anzi, ci hanno detto, almeno un paio di testi, che persino il radar era reso inattivo da questa massa bianca, e lei invece, uscendo e addirittura trattenendosi all'imboccatura, proprio in quell'ora, aveva una visione chiarissima di tutte le navi, non solo, compresa l'Agip Abruzzo».

Gentile: «Sissignore!».

Presidente: «Ma lei durante l'istruttoria è mai stato sentito?».

Gentile: «Mai da nessuno».

Presidente: «È stato sentito dai periti?».

Gentile: «Da nessuno».

Presidente: «Siete stati sentiti dalla Capitaneria di porto durante l'inchiesta?».

Gentile: «Nel modo più assoluto, da nessuno. La prima volta che vengo sentito è questa».

Presidente: «Né inchiesta sommaria, né inchiesta formale?».

Gentile: «Nessuno. Mai!».

Presidente: «Mi riferisco a quella che impropriamente viene chiamata "relazione ministeriale", inchiesta formale, quella che segue...».

Gentile: «Mai da nessuno».

Un attimo di silenzio, poi l'ufficiale della guardia di finanza aggiunge la sorpresa finale: «C'è una documentazione che è stata trasmessa dal Comando gruppo di Livorno il giorno 11 alla Procura. Da allora né io, né i componenti dell'equipaggio, né altri siamo stati sentiti».

L'aula a questo punto è letteralmente ammutolita. Tutti osservano il capitano Gentile mentre estrae con calma dalla sua borsa gli appunti e le copie della documentazione inviata cinque anni prima dal suo comando al Procuratore generale di Livorno poche ore dopo la tragedia. La lettera di trasmissione della documentazione risulta regolarmente vidimata e protocollata dalla cancelleria della Procura livornese e riporta l'elenco degli atti trasmessi, comprendenti le tre relazioni di servizio redatte da chi era al comando delle motovedette, i tre registri di chiesuola e l'estratto giornaliero della sala operativa: una documentazione completa, ampia e dettagliata, che riporta la descrizione puntuale di quanto visto e accertato nella rada di Livorno dalle 22:35 del 10 aprile 1991 fino al giorno seguente. Un documento prezioso inspiegabilmente ignorato per cinque lunghi anni.

Mentre tanti, troppi, importanti testimoni in aula si trincerano dietro i «non ricordo», «è passato troppo tempo», spesso contraddicendosi clamorosamente rispetto a quanto dichiarato in precedenza, il capitano Gentile ricorda, riferisce e documenta esattamente ciò che ha visto quella sera. Quella sua coraggiosa testimonianza non è mai stata smentita né contestata in sede processuale. È stata semplicemente dimenticata, anzi peggio: è come se non fosse mai avvenuta, sepolta in alcune righe dattiloscritte sotto migliaia di pagine di verbali di udienze.

Sepolta come molte, troppe altre cose che riguardano questa vicenda.

Con le navi dal Golfo arriva un peschereccio bianco

Facciamo un passo indietro al momento dell'arrivo in porto dei mezzi militarizzati, carichi di materiale bellico dell'esercito statunitense. È il 15 marzo 1991. Quello stesso giorno, l'agente locale della compagnia assicurativa Lloyd's di Londra registra, in contemporanea con l'ancoraggio di numerose navi cariche di materiale bellico, l'arrivo della *ammiraglia* della flotta di pescherecci italo-somala Shifco, la 21 Oktobar II.

Un'altra coincidenza? Forse. Eppure da un'attenta lettura dei fatti emergono altri elementi particolarmente interessanti.

L'elenco fornito dai Lloyd's, recuperato da Maurizio Torrealta nella sua ricostruzione documentale sull'omicidio di Ilaria Alpi, è interessante perché non si limita a registrare la data d'ingresso e di uscita della nave nel solo porto di Livorno: gli agenti della compagnia londinese registrano la presenza della nave presso ogni scalo, segnalando a catena i movimenti e le tappe della navigazione, in modo da poter ricostruire le rotte seguite.

La registrazione delle date d'entrata e uscita dal porto consentono di verificare la durata della permanenza del peschereccio presso un determinato scalo. E a questo proposito emerge un altro elemento interessante.

Lunghe permanenze in porto

Quello di Livorno è un porto verso il quale la 21 Oktobar II mostra un'attrazione particolare: quando vi approda, fatica ad allontanarsene. Mentre la permanenza presso altri approdi, regolarmente registrata dai Lloyd's, si limita normalmente a pochi giorni di sosta, lo stazionamento della nave ammiraglia della Shifco nelle acque livornesi si prolunga per diverse settimane, talvolta anche per mesi. A volte, per giustificare la prolungata permanenza in porto, viene segnalata dal comando della nave la necessità di effettuare *riparazioni* a bordo del peschereccio; eppure i dati riportati dai registri assicurativi Lloyd's mostrano inequivocabilmente che, con o senza *riparazioni*, la durata della permanenza della 21 Oktobar II si mantiene invariabilmente nell'ordine delle diverse settimane. Più a lungo, sempre e comunque, rispetto a qualunque altro porto.

La 21 Oktobar II giunge a Livorno il 15 marzo 1991, dopo aver fatto tappa a Zanzibar, Gibuti, Port Said e, per una decina di giorni, a Gaeta dove ha sede la Pia di Vito Panati, la società destinata a subentrare di lì a poco alla Sec nella gestione della flotta Shifco. Acque pescose, acque intensamente trafficate. Scopo e ragione sociale della compagnia italo-somala Shifco è, almeno formalmente, la commercializzazione di prodotti ittici: la 21 Oktobar II e le altre navi sorelle pescano nelle ricche acque somale e trasportano il loro carico alimentare nei porti mediterranei e italiani, fra i quali Livorno. Quello della primavera 1991 è il primo scalo livornese compiuto dalla 21 Oktobar II e si prolunga per circa due mesi e mezzo, dal 15 marzo al 29 maggio 1991. Un periodo di stazionamento particolarmente lungo; stimando in circa quindici giorni il tempo normalmente impiegato per effettuare le ordinarie operazioni di scarico e pulizia della stiva, possiamo ragionevolmente dedurre che agli inizi del mese di aprile '91 la 21 Oktobar II fosse ormai pronta per ripartire alla volta della Somalia.

Eppure, dopo le operazioni di scarico e pulizia la nave non riparte. Ufficialmente per riparazioni, ma a bordo c'è tensione, nervosismo. Al punto che, un giorno, accade un episodio strano, qualcosa di grave per ragioni apparentemente inspiegabili. Il 23 marzo '91, una settimana dopo l'arrivo a Livorno, Mohamed Samatar viene licenziato in tronco dalla Shifco.

Un provvedimento grave, soprattutto considerando che non si tratta di un marinaio qualunque: Samatar è il timoniere della 21 Oktobar II, il pilota più valido ed esperto a bordo, quello con maggiore esperienza di guida lungo le rotte abitualmente percorse dal peschereccio. La versione ufficiale successivamente fornita da Omar Mugne, il proprietario della compagnia italo-somala, per giustificare tale provvedimento, sembra banalizzare l'evento: «Ha minacciato con un coltello il comandante della nave, Nicola Mandekich».

Brutta storia, che non lascia tracce. Finché un giorno il timoniere licenziato viene contattato da un giornalista Rai e inizia a parlare...

«Scaricavamo pesce, caricavamo armi»

Nel 1994 il giornalista Maurizio Torrealta, attraverso alcuni somali residenti in Italia, riesce a contattare l'ex timoniere della 21 Oktobar II nella zona della stazione Termini di Roma. Samatar è noto ai suoi connazionali con il soprannome di *Forchetto* per via dei denti davanti separati uno dall'altro, simili alle punte di una forchetta. Il suo racconto si riferisce a fatti avvenuti fino alla primavera '91, cioè fino al momento del suo sbarco in seguito a un suo atto di ribellione nei confronti del comandante della nave, avvenuto a Livorno pochi giorni prima della tragedia del Moby Prince. Ecco alcune frasi dell'intervista:

Torrealta: «Tu eri imbarcato su una nave, come si chiamava?».

Samatar: «La nave si chiamava 21 Ottobre II».

Torrealta: «Cosa facevi su quella nave?».

Samatar: «Facevo il timoniere».

Torrealta: «Quella nave portava pesce in Italia, ma dall'Italia negli altri posti cosa portava?».

Samatar: «Portava altra merce, come armi».

Torrealta: «Chi hai incontrato sulla nave?».

Samatar: «Malavasi il padrone, Mancinelli il suo vice, e Mugne l'amministratore».

Torrealta: «Dove sei sbarcato?».

Samatar: «A Livorno».

Torrealta: «Racconteresti questa storia anche ai magistrati?».

Samatar: «Sì».

Dopo quest'intervista, l'ex timoniere viene interrogato nell'ambito dell'inchiesta sulla cooperazione alla quale lavorava il sostituto procuratore Vittorio Paraggio. Di Samatar, così come dell'inchiesta sui traffici italo-somali, si perdono le tracce a partire dalla fine degli anni '90.

Samatar non è l'unico a parlare di pericolosi traffici che coinvolgono, proprio nella primavera del '91, la compagnia Shifco. Nel giugno '96 il sostituto procuratore Giuseppe Pititto, titolare dell'inchiesta sull'omicidio Alpi-Hrovatin, si trova negli uffici dell'ambasciata italiana nello Yemen per interrogare il sultano di Bosaso, Abdullahy Mussa Bogor. Nel corso di un'intervista al Tg3, il sultano aveva esplicitamente parlato di traffici legati alla cooperazione italo-somala dei quali si era interessata la giornalista italiana. Ecco un brano del verbale d'interrogatorio: «Verso il marzo-aprile '91, la fazione a cui apparteneva Mugne ha occupato militarmente la città di Chisimaio e i nostri miliziani usciti dalla città vinti, ci hanno informato che da una delle navi della Shifco stavano sbarcando materiale militare. I miliziani lo dissero a me personalmente e ad altri che da una delle navi della Shifco stavano sbarcando materiale militare. Il giorno dopo noi del comitato di difesa chiedemmo ulteriori informazioni alla stessa radio con cui ci era stata comunicata la notizia il giorno prima. Ci fu risposto che la nave stava ancora scaricando del combustibile. In tale occasione noi domandammo nuovamente se la nave da cui era stato sbarcato il materiale militare e da cui si stava scaricando il combustibile fosse una nave della Shifco, e ci fu confermato che si trattava appunto di una nave di tale società... qui si è trattato di rifornire di armi e di carburanti per i mezzi logistici delle truppe per una guerra che è durata più di due anni e che si è conclusa con la conquista di 3/4 della Somalia da parte delle truppe delle fazioni cui apparteneva Mugne e a rifornire di armi e di carburanti per una tale guerra conclusasi vittoriosamente, poteva essere solo uno che avesse continue risorse».

Ma torniamo ora a occuparci della questione centrale: cosa fa la 21 Oktobar II nel porto di Livorno, dal 15 marzo al 29 maggio '91? Quali operazioni compie? Quali manovre svolge? Dove si trova esattamente, la sera del 10 aprile?

Sul piano generale, al di là della testimonianza diretta di Samatar, la già menzionata informativa della Digos di Udine fornisce, a posteriori, una credibile fonte documentale per inquadrare la *mission* della flotta di pescherecci italo-somala.

Ma, nel dettaglio, come ricostruire i movimenti effettivi della 21 Oktobar II a Livorno?

La motivazione della prolungata permanenza viene classificata sotto la voce « lavori di riparazione », ai quali l'imbarcazione sarebbe stata sottoposta – secondo quanto comunicato dalla società Shifco – prima di riprendere il mare verso la Somalia toccando i porti di Marsaxlokk, Suez e Aden.

Bene: considerando inverosimile l'eventualità che la 21 Oktobar II sia stata trasferita in cantiere, per i lavori di riparazione, a pieno carico, cioè con le stive ancora colme di prodotti ittici, è ragionevole ritenere che le operazioni di alaggio e ricovero in officina nautica siano avvenute successivamente a quelle di scarico e lavaggio delle stive: dunque, la nave sarebbe dovuta entrare in cantiere per riparazioni a partire dai primi giorni di aprile '91. In questo modo, ogni tassello sembrerebbe rientrare al suo posto: quindici giorni per eseguire con molta calma le ordinarie operazioni di svuotamento delle stive e di manutenzione delle celle refrigerate, poi circa due mesi (dai primi di aprile al 29 maggio) in cantiere per una serie di lavori di riparazione.

E invece non è così, i conti ancora una volta non tornano. Avviene qualcosa che contraddice questa ricostruzione.

Qualcosa che accade alcuni giorni dopo: esattamente il 10 aprile 1991.

La 21 Oktobar II fa rifornimento

È la sera della tragedia. Alle 23:41, sul nastro di Livorno Radio rimangono impresse queste voci: «Avvisatore, avvisatore da costiero!». Risponde l'avvisatore: «Chi chiama l'avvisatore?». «Il Costiero. Buona sera, si voleva sapere notizie del Giglio». Avvisatore: «Il Giglio è al Mare Sereno in porto». Costiero: «Va bene, grazie». Fine della comunicazione.

Da poco più di un'ora due navi bruciano nella rada di Livorno e il comandante di una delle due, la petroliera Agip Abruzzo, ha parlato di una «bettolina in fiamme». La Giglio era stata l'ultima bettolina a muoversi in rada quella sera: infatti, il registro dell'avvisatore segnala che alle 20:05 la Giglio ha abbandonato la rada (dove aveva effettuato rifornimento di carburante all'Agip Napoli) per recarsi in porto all'attracco n. 59, Deposito franco. No, non è la Giglio la *bettolina fantasma*. La Giglio è tranquillamente in porto. Sono altre le navi fantasma che si muovono in rada quella sera.

Ma perché la Giglio si trova all'ormeggio n. 59? Non si tratta della stazione deposito della compagnia D'Alesio, la bettolina si reca lì evidentemente per compiere qualche operazione. Quale nave si trova attraccata in quel punto? Nessuna, in base al registro dell'avvisatore. Poco distante, all'ormeggio n. 60 si trova la Mare Sereno: è il nome della nave indicata via radio dall'avvisatore per comunicare la posizione della Giglio in porto. Ma la Giglio non sta facendo rifornimento a quella nave: questo risulta dal registro dell'avvisatore marittimo ed è confermato dalla testimonianza del pilota di porto, Federico Sgherri, che vede la bettolina ferma, come in attesa.

Ripercorriamo in sequenza il registro dell'avvisatore e i ricordi del pilota di porto. Alle 17:10 del 9 aprile la Giglio si trova all'ormeggio n. 23 Sogeter, esattamente dov'è ormeggiata la nave statunitense Margareth Lykes, e qui rimane per svolgere operazioni di rifornimento carburante (*bunkeraggio*) fino alle 23:18. Poi esce in rada e vi rimane fino alle 2:45 del giorno seguente, 10 aprile, quando torna in porto attraccando al punto n. 24 Sintemar, dove non c'è alcuna nave in attesa. Alle 9:05 del mattino del 10 aprile, lascia l'ormeggio n. 24 Sintemar, per recarsi all'ormeggio 29 sede della compagnia D'Alesio. La Giglio rimane qui fino alle 17:40, quando esce in rada per fare bunkeraggio all'Agip Napoli. Vi rimane sicuramente fino alle 20:05, perché a quell'ora un suo nuovo passaggio viene registrato dall'avvisatore: la Giglio si reca all'ormeggio n. 59 (Deposito franco) e qui rimane fino alle 00:50 dell'11 aprile. Questo è il luogo dove Sgherri, fra le 21 e le 21:45 circa, la osserva ferma e inattiva.

Durante il processo, l'avvocato Filastò chiede chiarimenti in proposito a Federico Sgherri: « Questa bettolina era ormeggiata accanto a qualche nave? ». Sgherri: « No, era alla banchina, affiancata alla banchina ». Filastò: « Non stava facendo bunkeraggio a una nave in porto? ». Sgherri: « No, probabilmente era in attesa di fare... dico probabilmente, era in attesa, non vorrei... ». Filastò: « Quindi non era affiancata a nessuna nave in particolare? ». Sgherri: « No, assolutamente ».

Nel corso di una successiva intervista[8] il pilota di porto ricorda un altro particolare: una comunicazione diretta da parte del comandante della Giglio (ma questa comunicazione non compare nel log delle registrazioni di Livorno Radio) il quale, per acquietare i soccorritori alla ricerca della fantomatica bettolina indicata da Superina, afferma: « Tranquilli, noi della Giglio non c'entriamo niente, siamo qui in porto per il bunkeraggio alla 21 Oktobar II ». Operazione assolutamente legittima, essendo la Giglio un'imbarcazione dedicata proprio al rifornimento delle navi. E dal registro dell'avvisatore marittimo risulta che già il 9 aprile la Giglio si era recata presso l'attracco di piazzale Zara, situato esattamente accanto al molo Magnale non operativo. Proprio quello dove si trovava ormeggiata la 21 Oktobar II.

Che movimenti compie la 21 Oktobar II?

Ma perché la 21 Oktobar II avrebbe effettuato rifornimento di carburante? Non era destinata a rimanere

[8] Programma di Rai2 *La storia siamo noi.*

ferma per riparazioni? Le normali procedure di sicurezza, oltre che di buon senso, impongono che un'imbarcazione ricoverata in banchina per lunghi interventi di riparazione non effettui il pieno di carburante. Di norma, una nave riempie i propri serbatoi di carburante se e quando deve navigare, non certo per rimanere chiusa in officina.

Ma è davvero così? Davvero la 21 Oktobar II, entrata nel porto di Livorno quasi un mese prima, si trovava ancora in condizioni non operative la sera del 10 aprile '91? E se invece il rifornimento di carburante presuppone, come logica vorrebbe, la necessità da parte del peschereccio italo-somalo di effettuare manovre nell'area portuale, quali eventuali tracce sono rimaste di questi movimenti?

Riprendiamo il registro dell'avvisatore marittimo. La parte che a noi interessa riguarda la *Situazione ormeggi*, e precisamente la localizzazione delle imbarcazioni presenti nella zona non operativa dell'area portuale denominata calata del Magnale. Qui sono presenti due sole imbarcazioni: il peschereccio 21 Oktobar II e la *tank-ship* Maria Laura. Due imbarcazioni molto diverse, impossibile confonderle: il primo è un peschereccio bianco lungo circa 70 metri, la seconda è un'enorme nave cisterna, 232 metri di lunghezza, bandiera delle Bahamas, dal nome gentile e dalla reputazione dubbia, denunciata da Greenpeace e da altre organizzazioni ambientaliste per traffici di rifiuti tossici.

A ben guardare, a parte le navi militarizzate cariche di materiale bellico, quella sera vi sono diverse presenze un po' inquietanti; oltre a quelle menzionate, in rada è ancorata anche la Hesperus, una gasiera costruita nel 1973 e recentemente demolita in India, una delle *navi tossiche* accusate da Greenpeace per aver operato in violazione della Convenzione di Basilea.

Ritorniamo al molo Magnale non operativo. Il molo

si trova in corrispondenza di piazzale Zara, dove sorgono alcune abitazioni di servizio del personale della Marina. In uno di questi appartamenti, al pian terreno abitano i coniugi Pietro La Fata e Susanna Bonomi. Lui è un ufficiale della Capitaneria di porto, sua moglie diventa testimone al processo Moby Prince per un fatto apparentemente secondario ma che ora, combinando insieme i vari pezzi del puzzle fin qui raccolti, assume ben altro rilievo. Quella sera, come di consuetudine, la signora Bonomi tira giù le serrande delle finestre affacciate sul molo Magnale non operativo. Sono le 21:30. Come sempre, dà un'occhiata alla banchina prima di chiudere, e vede movimenti e situazioni che si ripetono quotidianamente. Niente di particolare. C'è poco da notare, all'infuori delle navi: la loro presenza, i loro movimenti e i loro suoni scandiscono i ritmi della giornata di chi abita nel porto.

La mattina dell'11 aprile però, quando riapre le finestre, intorno alle 9, si rende conto che qualcosa è avvenuto, qualcosa che merita di essere segnalato dopo aver appreso quanto è avvenuto in rada la sera prima: affiancata al molo Magnale adesso c'è un'imbarcazione che la sera prima non c'era. Susanna Bonomi ne è sicura: aveva visto l'area sgombra prima di tirare giù le serrande, ora invece in quel preciso punto del molo Magnale c'è una barca, circa 70-80 metri di lunghezza. Arrivata quando? Da dove? Dal registro dell'avvisatore marittimo non risultano movimenti quel giorno, in quel punto. La signora Bonomi viene ascoltata dalla polizia il giorno 6 maggio 1992 e, in udienza processuale, il 5 giugno 1996. È molto tesa, sembra spaventata, però conferma tutto, a partire dalla certezza che non vi fosse alcuna nave attraccata alla banchina: «Io tiravo giù la serranda e non c'era niente perché vedevo, stavo di fronte alla banchina e non c'erano navi. La mattina feci l'operazione inversa. La mattina c'era una nave».

Nessun movimento è registrato dall'avvisatore presso il molo Magnale. Ed esiste una sola nave lunga 70-80 metri ufficialmente ormeggiata per settimane in quel punto: la 21 Oktobar II. Impossibile confonderla con la Maria Laura: l'enorme nave cisterna si trova attraccata in un punto più distante ed è lunga più del triplo del peschereccio. Dalla testimonianza della signora Bonomi, se ne dovrebbe dedurre che qualcosa avrebbe spinto la 21 Oktobar II ad assentarsi dal proprio punto di ormeggio in un periodo compreso fra le 21:30 del 10 aprile e le 9 del mattino seguente, quando il relitto fumante del Moby Prince viene trainato dai rimorchiatori verso la darsena Petroli.

Disporre del giornale di bordo della 21 Oktobar II aiuterebbe molto a capire il ruolo e la missione effettivamente svolta dal peschereccio della Shifco nelle acque livornesi quella sera. Aiuterebbe a fare chiarezza, per evitare di rimanere intrappolati nelle inevitabili suggestioni alimentate dalle testimonianze di chi, durante il processo per il disastro del Moby Prince, ricorda la presenza di un peschereccio bianco, un peschereccio d'altura in difficoltà e in rapida fuga dal luogo in cui è da poco avvenuta la disastrosa collisione.

Una nave illumina la petroliera, ma non è il Moby!

Una conferma indiretta del fatto che quella sera le acque della rada livornese, in prossimità del luogo della sciagura, fossero particolarmente frequentate da mezzi nautici rimasti ignoti, arriva direttamente dall'inchiesta condotta dalla Commissione ministeriale. Vi è un breve capitolo della relazione ministeriale, intitolato «Proiettori del Moby Prince», interamente dedicato alla testimonianza resa dal terzo ufficiale dell'Agip

Abruzzo in servizio di guardia, Valentino Rolla, il quale ricorda di aver avvistato sul lato dritto della petroliera, negli attimi precedenti la collisione, le luci di due proiettori «appartenenti a un mezzo non identificato».

In realtà, il mezzo in questione era già stato prontamente identificato nelle indagini dell'inchiesta sommaria svolta dalla Capitaneria: si trattava proprio del Moby Prince, il traghetto passeggeri della Navarma. Da quel momento in poi in nessuna sede, nemmeno nel corso del processo, era mai stata messa in dubbio questa certezza: l'appartenenza dei due fasci di luce al traghetto. La Commissione governativa ha il compito di verificare e integrare le risultanze dell'inchiesta svolta dalla Capitaneria. Ecco le sue conclusioni in proposito: «Da un sopralluogo effettuato da membri di questa Commissione, appositamente delegati, risulta che non vi era a bordo del traghetto alcuna installazione per i predetti proiettori, mancando ogni traccia dei fori di fissaggio, che avrebbero dovuto trovarsi agli angoli del tetto della timoneria, nella posizione in cui essi vengono solitamente sistemati. Ciò porterebbe a escludere l'ipotesi dell'abbagliamento del personale di guardia, ma lascia ignota l'origine delle luci viste dal sig. Rolla».

Delle due, l'una: o le luci appartenevano effettivamente a un altro natante avviato per qualche ragione in rotta di collisione contro l'Agip Abruzzo; oppure quei fasci di luce osservati dalla petroliera provenivano da proiettori collocati su un'imbarcazione non direttamente coinvolta nella dinamica di collisione ma comunque presente, per qualche motivo, sul luogo del disastro. A quale imbarcazione appartenessero, e per quale ragione tale imbarcazione si trovasse lì, è argomento che non sembra di competenza dei commissari ministeriali, né di altri. Ma a chi compete cercare di risolvere l'enigma?

Felice Manganiello, ufficiale della Capitaneria di porto di Livorno, la sera del 10 aprile si imbarca sul rimorchiatore Tito Neri II. Manganiello riferisce un episodio singolare: una seconda collisione sfiorata di poco, fra il suo rimorchiatore e un peschereccio, proprio all'imboccatura della diga della Vegliaia, dove l'aria era già impregnata di fumo e la visibilità molto scarsa. Ecco la sua testimonianza. «Sull'imboccatura ci superò la motovedetta 250 e ci passò proprio sotto la prua anche un peschereccio, per miracolo non ci fu un'altra collisione! Ce lo siamo trovato sotto la prua, proprio ci è passato sotto la prua a nemmeno cinque metri!».

Interviene l'avvocato Giunti: «Avete dovuto quindi compiere una manovra d'emergenza?».

Manganiello: «No, perché...».

Avvocato: «È stata una fatalità quindi che non vi siete...».

Manganiello: «Sì».

Avvocato: «Si ricorda il nome del peschereccio?».

Manganiello: «No».

Avvocato: «Non lo individuaste?».

Manganiello: «Non si vedeva nemmeno».

Avvocato: «Non si vedeva perché il peschereccio...».

Manganiello: «Non si vedeva il nome».

Avvocato: «Ma le luci del peschereccio erano ben visibili?».

Manganiello: «L'abbiamo visto quando proprio ci è passato sotto prua, ci ha incrociato, perché il peschereccio era basso, insomma, abbiamo visto solo le luci del peschereccio di sopra».

A bordo dell'imbarcazione si trovava anche Tito Neri, uno dei titolari dell'omonima società di rimorchiatori, il quale rammenta che «sull'imboccatura del porto ci è passato un peschereccio davanti alla prora, a 10 metri non di più, ci era comparso all'improvviso da questa scarsissima visibilità, una grossa barriera di fumo. Era un peschereccio di colore bianco, non ricordo altro».

Un peschereccio in fiamme

Quella disgraziata sera c'era forse in corso una battuta di pesca nel punto di fonda della petroliera, dove convergono diverse imbarcazioni non identificate, a poca distanza da navi cariche d'armi ed esplosivi? Difficile da credere, anche perché normalmente i pescherecci non trasportano materiali pericolosamente infiammabili. E invece quella tragica sera un testimone d'eccezione osserva un peschereccio in fiamme solcare le acque della rada, rischiando anche la collisione con la petroliera. Un peschereccio d'altura, per la precisione.

Il testimone d'eccezione si chiama Marco Pompilio, ingegnere, direttore di macchina della nave cisterna Agip Abruzzo. A bordo della petroliera, Pompilio si trova nella saletta tv degli ufficiali assieme al comandante Superina; improvvisamente, avverte una «grossa vibrazione non usuale» della nave e osserva, attraverso uno degli oblò, un «grande bagliore».

Su ordine del comandante, scende immediatamente in sala macchine mettendo in funzione il motore principale. Poi risale in plancia. Sono trascorsi circa venti minuti dal momento in cui era stata avvertita la «grossa vibrazione». Più precisamente «un'esplosione»: così la definisce il capomacchine. «Venti minuti dopo l'esplosione», continua Pompilio, «mentre mi trovavo sul ponte di comando scorgevo, per pochissimi secondi, verso dritta, a una distanza di 70-100 metri, un'imbarcazione da me ritenuta un peschereccio d'altura, avvolta dalle fiamme che si dirigeva verso centro nave».

Possibile che un professionista del mare confonda un peschereccio con un traghetto passeggeri? La forma, struttura e dimensioni dei due tipi di imbarcazione sono radicalmente differenti; mediamente, un grande peschereccio d'altura può arrivare a misurare circa 60-70 metri di lunghezza. Il traghetto passeggeri Moby Prince era lungo più del doppio.

L'ingegner Pompilio è convinto di quanto ha visto e lo ripete, nei due anni successivi, senza mostrare ripensamenti: «Ricordo di aver visto provenire perpendicolarmente alla nostra dritta un'imbarcazione in fiamme che al momento avevo ritenuto trattarsi di un grosso peschereccio d'altura, a una distanza di circa cento metri».

Un peschereccio d'altura in rotta di collisione... Un peschereccio ha una manovrabilità molto maggiore rispetto a un grande traghetto passeggeri: Pompilio ricorda infatti la repentina modifica di rotta effettuata dall'imbarcazione a poche decine di metri di distanza, per evitare la collisione con la petroliera: «La nave non ci ha urtato, presumo che ci abbia "scapolato" (evitato di un soffio, *nda*). A quel punto si vedeva che la nave era un'imbarcazione grande, un peschereccio d'altura». Pompilio vuole fugare ogni dubbio: «Escludo di aver dichiarato alla Commissione d'inchiesta ministeriale di aver visto il Moby Prince incastrato nell'Agip Abruzzo; quello che ho visto è quello che ho raccontato poc'anzi».

Lunga e inspiegabile assenza

C'è un'altra significativa anomalia, oltre a quelle già segnalate, che emerge analizzando le rotte seguite dalla 21 Oktobar II attraverso la lettura dei registri navali: fra la prima sosta effettuata dalla nave ammiraglia Shifco a

Livorno nella primavera '91 e quelle successive, vi è un intervallo di tempo di oltre un anno. Un periodo lunghissimo. L'allestimento della flotta di pescherecci italo-somala nasce per commerciare prodotti ittici fra i due Paesi: attività, questa, particolarmente difficile da realizzare se il fornitore si presenta dal cliente solo una volta all'anno.

Sta di fatto che, abbandonato il porto di Livorno a fine maggio 1991, la nave ammiraglia della Shifco si mantiene accuratamente alla larga dalle acque livornesi per i successivi 14 mesi. Un anno e due mesi senza compiere più alcuna consegna di *prodotti ittici* ai propri clienti e principali partner commerciali: una strategia di marketing che non ha riscontri su scala planetaria. Ma seguiamo con ordine quello che i registri Lloyd's rivelano sui movimenti e forse, indirettamente, anche sulla reale attività della 21 Oktobar II.

Il primo scalo livornese del peschereccio si prolunga per ben oltre due mesi, dal 15 marzo al 29 maggio '91, data in cui la 21 Oktobar II riparte per la Somalia toccando i porti di Marsaxlokk, Suez e Aden. Dopo quella data, torna nuovamente a Livorno, sempre secondo quanto annotato dagli agenti dei Lloyd's di Londra, nei seguenti periodi: 15 luglio-19 agosto '92; 25 settembre-10 ottobre '92; 19 dicembre '92-20 gennaio '93. Scali sempre di lunga durata, quindi, che non hanno riscontro altrove. E, soprattutto, scali intervallati da non più di due mesi di distanza l'uno dall'altro. Resta quel vuoto, quell'assenza di quattordici mesi successivi allo scalo della primavera '91, durante i quali evita accuratamente le acque livornesi, optando invece per tortuosi peripli che prevedono ripetuti scali – per citare alcuni nomi – a Gibuti, Beirut, Gedda, Aqaba, Aden, Sharjah: luoghi notoriamente interessati dalle rotte del commercio di altre merci, più che dal mercato delle sogliole surgelate.

Una chiatta vicino alla petroliera

Numerose navi senza identità vengono individuate e segnalate dai soccorritori sul luogo della tragedia. Valter Mattei è l'ormeggiatore che, salpando subito dopo l'allarme a bordo di una piccola barca senza strumenti di navigazione, individua per primo il Moby Prince in fiamme e mette in salvo il mozzo Alessio Bertrand. Mattei ha una memoria precisa degli avvenimenti che lo hanno coinvolto direttamente; ricorda in particolare un episodio, un fatto apparentemente incomprensibile e decide di rivelarlo all'ispettore Grosselle, al termine di un colloquio avvenuto nei locali della Questura livornese il 10 febbraio 1993.

Ricorda di aver visto qualcosa, un particolare importante, poco dopo aver superato la diga portuale della Vegliaia per raggiungere la petroliera in fiamme. «Io e il mio collega Mauro Valli», dice Mattei, «dopo aver sentito via radio la notizia dell'incendio dell'Agip Abruzzo, ci siamo recati con la nostra imbarcazione a sud della Vegliaia in direzione della petroliera». I due continuano ad avvicinarsi alla zona di mare dove i bagliori si vedono in maniera più intensa e a un certo punto, poco prima di arrivare sul luogo, Mattei nota qualcosa di strano: un'imbarcazione dalla forma particolare, ferma sulle acque della rada, illuminata di rosso, non distante dal punto dov'è avvenuta la collisione e dove, di lì a poco, i due ormeggiatori – dopo aver raggiunto la petroliera – avvisteranno il Moby Prince in fiamme alla deriva.

Non si tratta della petroliera, e neppure del Moby Prince. Mattei ne è sicuro: quella strana imbarcazione ferma, visibile perché completamente illuminata di rosso, ha forma e dimensioni troppo particolari per essere confusa con altre: si tratta di una piccola imbarcazione da trasporto, una bettolina o una chiatta: «Dopo circa cinque, dieci minuti che eravamo usciti dalla Vegliaia», ricorda infatti Mattei, «abbiamo scorto in lontananza un'imbarcazione, che sembrava quasi una chiatta poiché era molto bassa, tutta illuminata di rosso. Non posso dire se si trattasse di incendio, non c'era nemmeno fumo e mi sembrava che fosse ferma. Certamente tale imbarcazione non era l'Agip Abruzzo poiché l'illuminazione che emanava era troppo intensa lungo tutto lo scafo. Questa imbarcazione si trovava spostata sulla nostra destra e sempre a sud. In quel momento non si vedeva però l'Agip Abruzzo». Mattei rimane colpito dall'illuminazione intensa, anomala, che avvolge interamente quell'imbarcazione, al punto da non riuscire a precisare se poteva trattarsi di un incendio.

Un gran numero di navi si allontana

Non è Teresa l'unico natante sconosciuto che si allontana rapidamente dalla rada subito dopo la collisione. Vi sono altre presenze, altre navi, che a un certo punto, quasi simultaneamente, effettuano una manovra centrifuga rispetto al punto in cui è avvenuto il tragico speronamento. Questa manovra viene osservata da alcuni testimoni e, fatto importante, captata anche da alcuni radar: non quelli delle imbarcazioni di soccorso presenti sul posto – che, come detto, vanno inspiegabilmente fuori uso all'approssimarsi del punto di fonda dell'Agip Abruzzo – bensì quelli, ben più potenti, installati a bordo di navi all'ancora in altre zone portuali.

Leggendo l'estratto del giornale nautico compilato dal comandante della motonave Efdim Junior, Petros Kostis, apprendiamo che le misteriose navi in fuga dal luogo della collisione erano in numero tale da impedire addirittura una serie di manovre precauzionali, da parte delle imbarcazioni regolarmente alla fonda, per allontanarsi dall'incendio della petroliera.

Alle 22:30, in piena emergenza post-collisione, il comandante Kostis dispone l'avviamento delle macchine, come di norma. Ma decide di non allontanarsi dalla zona: per un'ora non si muove dal punto di fonda. Scelta calcolata? No, obbligata.

Leggiamo quanto scrive il comandante Kostis, alle 23:30 del 10 aprile: «Decidevo di rimanere all'ancora a causa del gran numero di navi in movimento che si allontanavano dalla nave in fiamme e al gran numero di imbarcazioni che prendevano parte alle operazioni di ricerca e salvataggio con visibilità zero».

Nella zona dov'è avvenuta la collisione vi è un folto assembramento. Ma non tutte le navi si trovano lì per il medesimo motivo: alcune accorrono sul posto, altre invece fuggono dalla rada. Navigano rapide. Probabilmente i loro radar non sono andati in tilt come quelli dei soccorritori. Hanno visto, sanno cosa occorre fare: allontanarsi al più presto dalla zona.

Bettoline in fuga

Un'imbarcazione completamente illuminata di rosso, stranamente ferma, accanto al luogo della collisione, mentre stanno sopraggiungendo motovedette della guardia di finanza e della Capitaneria di porto... Valter Mattei non può saperlo, ma esattamente un mese dopo aver ricostruito, con la sua puntuale testimonianza, quella particolare situazione osservata in rada, si presenta negli uffici di polizia giudiziaria un corrispondente locale del quotidiano *L'Unità*, Paolo Malventi, dipendente del Comune di Livorno: desidera parlare urgentemente con il magistrato che sta indagando sul disastro perché ha una storia da raccontare. Una brutta storia, popolata di anonime imbarcazioni e di personaggi dediti a oscuri traffici, disposti a tutto in cambio di denaro.

Quella di Paolo Malventi non è una semplice segnalazione confidenziale: le sue dichiarazioni, verbalizzate dai carabinieri il giorno 10 aprile 1993, vengono ripetute il giorno seguente davanti al magistrato Luigi De Franco. Il giornalista riferisce a verbale al magistrato «di aver avuto colloqui e contatti con dei marittimi che avrebbero assistito alla tragedia verificatasi la sera del 10 aprile '91 nella rada di Livorno. Riferiva che i predetti marittimi, di cui non voleva fare nomi, in cambio di una (ingente) somma di denaro – a suo dire quantificabile in 200 milioni circa – sarebbero stati disposti a verbalizzare quelle dichiarazioni». Il solito club di galantuomini disposti ad aiutare chi sta indagando sulla strage di centoquaranta innocenti per una modica tariffa. E fin qui niente di nuovo, il verbale potrebbe anche concludersi qui e la vicenda essere archiviata come uno dei tanti squallidi tentativi di sciacallaggio.

Invece non è così, perché la parte più interessante arriva subito dopo e riguarda ciò che il corrispondente dell'*Unità* è riuscito a farsi raccontare dai marittimi, prima di congedarsi da loro: «I marittimi in questione, qualche momento prima della collisione, erano intenti a una non meglio precisata operazione con la nave cisterna e, per qualche motivo sorto all'uopo (molto verosimilmente un incendio) si stavano allontanando da questa quando sarebbe avvenuta la collisione. I marittimi erano a bordo di una bettolina». Malventi riferisce anche di «una conversazione radio tra due bettoline, avvenuta quella fatidica sera, ove una delle due, dichiaratasi con il nome di Colonnello, consigliava l'altra di rimanere ferma dov'era se nella via del rientro avesse scorto delle motovedette delle forze dell'ordine».

I marinai protagonisti di questa vicenda non sono mai stati identificati.

Chi spegne il Moby Prince?

«Una delle tante disgrazie di quella sera è stata anche la propagazione demoniaca e abnorme del VHF... Per qualsiasi persona che ha dimestichezza con le comunicazioni radio, c'era una propagazione che era demoniaca... Quella notte di normale non c'era niente. Niente c'è stato di normale quella notte... È stato un qualche cosa che è la prima volta nella storia della Marina che succede!». Le parole pronunciate da un tecnico della Snam nel corso del processo rendono bene la difficoltà di considerare *normale* quanto accaduto quella sera. Le stazioni radio dell'Alto Tirreno sembrano un grande condominio popolare, dove tutti sentono tutto di tutti. Solo Livorno non riesce a captare la sequenza del segnale di may day lanciato dal Moby Prince alle 22:25'32". «Moby Prince! Moby Prince! May day! Siamo in collisione! Prendiamo fuoco!», la richiesta di aiuto viene ripetuta tre volte consecutivamente, secondo quanto prevedono le convenzioni internazionali per le chiamate di soccorso. Niente da fare: qualcosa *soffoca* e rende debolissimo il segnale lanciato dal traghetto, sebbene a poca distanza dalla costa.

Eppure a Livorno era operativo uno dei più efficienti impianti della rete radiocostiera gestita dal ministero delle Poste, la stazione denominata IPL Livorno Radio controllata da Iar Roma Radio. Il may day del Moby Prince non viene percepito dal militare di leva che svolge servizio di guardia ascoltando le comunicazioni sul canale 16 VHF in Capitaneria; non viene sentito dalle navi presenti in rada, anch'esse sintonizzate sul canale d'emergenza; non viene sentito dagli operatori della stazione costiera Livorno Radio del ministero delle Poste che hanno, per legge, l'obbligo di ascolto sul canale 16.

Non riesce a farsene una ragione Mario Ferretti, per quarant'anni alle dipendenze dello Stato come progettista, collaudatore e direttore dei lavori di vari impianti di telecomunicazione, sia telegrafici che radioelettrici, appartenenti alle Poste. L'ultimo incarico ricoperto, prima di andare in pensione – dieci giorni prima della sciagura – è stata la direzione dell'ufficio radio della stazione di Livorno. Quella è una sua creatura, l'ultima di una lunga carriera, della quale va giustamente orgoglioso. Racconta: «Livorno Radio era costituita come prototipo per gli impianti radioelettrici e di sicurezza della navigazione, unica in Italia. Gli impianti VHF sono installati in tre punti, esattamente: Castellaccio, stazione ricevente in via delle Pianacce e in Gorgona. In Gorgona per quale motivo? Non per allargare la competenza territoriale della stazione, ma principalmente per evitare le zone nere che non potevano essere raggiunte dagli impianti a terra».

Ma quella sera c'è una zona nera dove i normali strumenti di navigazione e di comunicazione vanno fuori uso, e il Moby Prince vi finisce, suo malgrado, proprio in mezzo.

Mascheramento elettromagnetico: le ipotesi dei periti del Pm

Dino Ceccantini ed Enzo Dalle Mese sono i periti nominati dal Pm che si occupano di accertare il funzionamento degli impianti di radiocomunicazione presenti a Livorno il 10 aprile '91. Il professor Enzo Dalle Mese è lo stesso esperto che nel maggio dell'anno precedente, al processo per la strage di Ustica, aveva presentato una perizia d'ufficio sui tracciati radar che, nello scenario aereo relativo al volo del DC9 Itavia, presupponeva la presenza di tre caccia militari. Uno scenario di guerra.

Ma torniamo al processo Moby Prince. Primo punto fermo: nessun guasto o malfunzionamento viene rilevato, sotto il profilo tecnico, presso gli apparati di radiocomunicazione presenti a bordo del traghetto. Tutto regolare. Anche la stazione radio della Capitaneria di porto è a posto, stesso discorso vale per la stazione costiera IPL Livorno Radio del ministero delle Poste e Telecomunicazioni; tutto era regolarmente in funzione.

Come spiegare allora il buio che cala sulle trasmissioni radio del traghetto pochi minuti prima e dopo la collisione?

Risponde uno dei tecnici incaricati dal Pubblico ministero, Enzo Dalle Mese: «Le cause che abbiamo preso in considerazione sono: effetti di mascheramento elettromagnetico, perdita di efficienza dell'antenna, calo della tensione di alimentazione, calo della potenza del portante per guasti al trasmettitore e calo della potenza di modulazione». Fatta questa premessa, lo stesso perito ammette di non credere all'eventualità di un calo di potenza e di alimentazione come causa dello strano black-out dell'impianto radio del traghetto, per una ragione molto semplice: «Sulla nave era presente il sistema di generazione e di alimentazione globale della nave. Se questo si fosse guastato, sarebbe entrato in funzione un sistema di emergenza che avrebbe garantito l'alimentazione della stazione radio».

A meno che, per ragioni ignote, sia intervenuto qualcosa a provocare un blocco totale di ogni sistema di alimentazione energetica a bordo del traghetto. Ma cosa? «Per poter avere un calo di comunicazione con questi effetti», riprende Dalle Mese, «il sistema di alimentazione generale della nave dovrebbe essere andato fuori uso... Si sarebbero abbassate tutte le lampade, tutti i sistemi elettrici di bordo avrebbero funzionato in maniera non regolare. Dovrebbe essere entrato in funzione automaticamente il sistema di emergenza, il quale si doveva a sua volta guastare per produrre una tensione di alimentazione al di sotto di quella nominale». L'ipotesi di avarie a catena nel sistema di alimentazione o di guasti tecnici non convince i periti: «Noi riteniamo che questa sequenza di circostanze sia estremamente improbabile e quindi, pur avendo considerato la possibilità nella perizia, l'abbiamo considerata a bassa probabilità».

Ennia Tomasin è stata marconista a bordo del Moby Prince per sei lunghi anni, fino all'autunno '90. Viene ascoltata al processo. Ricorda tutto di quell'esperienza: i colleghi, le situazioni a bordo, la pignoleria del comandante Chessa che rimaneva sul ponte di comando finché non veniva superata l'ultima nave ancorata in porto.

Ricorda soprattutto una cosa: mai, durante la sua esperienza professionale, le era capitato un fenomeno di *mascheramento* come quello che copre le comunicazioni del traghetto all'interno della rada... «È normale che se c'è una nave magari più vicina al porto, più potente, possa coprirmi, ma è questione di pochi secondi». Pochi secondi; invece il Moby Prince viene completamente oscurato a lungo. Interviene l'avvocato Filastò: «Le è mai capitato di essere sentita male da Livorno Radio nell'immediatezza dell'uscita dal porto, a distanza di un paio di miglia dalla costa?». Tomasin: «No, non è mai successo».

Nel corso di un'udienza, l'avvocato Bassano rivolge una domanda risolutiva ai periti del Pm: possibile che l'enorme mole metallica della petroliera abbia provocato un effetto mascheramento alle comunicazioni radio dal traghetto? Risponde Dalle Mese, ed è una risposta che non lascia incertezze: «Quest'ipotesi era venuta fuori perché, proprio all'inizio, vedendo la geometria dell'incidente, era venuto il dubbio che, siccome il Moby Prince era passato vicino ad altre navi, non solo l'Agip Abruzzo, potesse essere nato un fenomeno di mascheramento di questo tipo. Successivamente abbiamo pensato che la cosa non fosse possibile, anche da un punto di vista teorico. Però, per non lasciare nulla al caso, abbiamo comunque successivamente fatto delle esperienze per non scartare un'ipotesi soltanto sulla base di un calcolo matematico. Questa sperimentazione l'abbiamo fatta insieme con il maresciallo Ceccantini e proprio con l'Agip Abruzzo: abbiamo fatto esperienze di trasmissione fra il sottoscritto e il Ceccantini che stava alla Capitaneria, con delle radioline portatili VHF a potenza ridotta, e le abbiamo fatte in ogni circostanza. Siamo andati all'Agip Abruzzo, abbiamo fatto trasmissioni da dietro l'Agip Abruzzo – quindi in completo mascheramento – alla Capitaneria; le abbiamo fatte anche da locali all'interno dell'Agip Abruzzo. Il risultato è stato che questo mascheramento in effetti non si verifica».

Come se non bastasse, ipotizzando che dopo la collisione le comunicazioni dal traghetto potessero provenire da locali molto interni, da profondità remote della struttura dello scafo per meglio difendersi dalle fiamme, i periti hanno effettuato analogo esperimento a bordo della petroliera, chiudendosi all'interno di locali molto interni e provando a comunicare via radio con la solita radiolina portatile a potenza ridotta, ripetendo la prova in diverse situazioni di intensità di traffico nelle comunicazioni nautiche via radio. Il risultato conclusivo viene illustrato da Dalle Mese: «Abbiamo scartato quest'ipotesi perché non ha avuto un supporto né teorico, né pratico». La voce trasmessa dal ventre della petroliera, pur *schermata* da numerose paratie metalliche, si udiva perfettamente in Capitaneria, a differenza di quanto avvenuto quella sera.

Dalle Mese non lo dice, ma l'esito di questi esperimenti mette in discussione l'unica ipotesi che gli stessi periti avevano tenuto in piedi come plausibile, ovvero il malfunzionamento del microfono dell'apparato trasmittente. Perché la perizia successivamente effettuata sul nastro registrato di IPL Livorno Radio dimostra che dal Moby Prince le comunicazioni sono avvenute utilizzando almeno due distinti apparati di trasmissione (dopo la collisione, la stazione radio risulta seriamente danneggiata): il mascheramento agisce su entrambi gli apparecchi, indipendentemente dalla qualità dei rispettivi impianti microfonici. Fino a un certo punto della navigazione, le trasmissioni radio dal traghetto erano buone, regolari. Allora, se si escludono guasti meccanici, cosa può aver provocato da quel momento in avanti il mascheramento del traghetto?

Arriva the passenger ship: iniziano i problemi

Rimangono due ipotesi sul tavolo: mascheramento elettromagnetico e malfunzionamento delle antenne. Non necessariamente incompatibili fra loro. La prima, se si escludono improvvisi cali di tensione o guasti tecnici, presuppone l'esistenza di un'azione di disturbo di natura esterna in grado di compromettere il regolare funzionamento di apparecchiature elettroniche, radio e radar. Si parla di *jamming* quando vi è un'interferenza – la cui fonte di emissione può essere una nave, un sommergibile o un velivolo, un elicottero per esempio – attraverso la quale vengono inviati falsi segnali in modo da rendere i sistemi di comando, controllo e comunicazione totalmente o parzialmente inefficaci.

Questo può avvenire, nel concreto, attraverso l'emissione di radiofrequenza con potenza adeguata in grado di inibire la ricezione dei segnali in una determinata area.

Diverso è il mascheramento, o *deception* di cui si occupano ad esempio anche le relazioni peritali del processo per la strage di Ustica: si tratta di un'operazione di inganno elettronico, attraverso la quale un mezzo si maschera in modo da sembrare un'altra cosa, per non allarmare il radarista.

Nessuno è in grado oggi di affermare con certezza cosa ha provocato il mascheramento delle comunicazioni radio Moby Prince, né il simultaneo accecamento dei radar di bordo installati sulle imbarcazioni dei soccorritori, né il famoso cono d'ombra sulle registrazioni radar di Poggio Lecceta. Vi è tuttavia una sequenza cronologica nelle comunicazioni catturate dalla stazione IPL Livorno Radio che merita attenzione.

Il Moby Prince sta tranquillamente navigando da circa venti minuti: ora si trova in rada e si appresta a superare le navi militarizzate alla fonda e le petroliere Agip Napoli e Agip Abruzzo; ha già effettuato alcune comunicazioni via radio, tutto funziona regolarmente, sia in ricezione che in trasmissione, come provano le registrazioni e come testimonia il pilota di porto presente in plancia fino a pochi minuti prima. Alle 22:20'10" viene registrata una comunicazione radio proveniente da una nave non identificata, ma sicuramente presente nella zona secondo quanto rilevato dalla stazione costiera: «The passenger ship! The passenger ship!».

«La nave passeggeri, la nave passeggeri!», ripete una voce ignota. L'unica nave passeggeri che naviga in quel momento è il Moby Prince. La perizia Fonit Cetra esclude che questa chiamata provenga da uno degli impianti radio presenti a bordo del traghetto. Qualcuno, in lingua inglese, cerca di mettersi in contatto con il traghetto? Se così fosse, perché non comunica il proprio nome? No, non è un tentativo di contatto con il traghetto, infatti dal Moby Prince non arriva alcuna risposta. Sembra piuttosto che qualcuno, in rada, stia segnalando ad altri, per qualche ragione, il sopraggiungere imprevisto di un traghetto passeggeri. Perché?

Domande e dubbi di fronte ai quali abbiamo una sola certezza: da quel momento in avanti, dopo quella strana comunicazione molto simile a un avvertimento le comunicazioni dal Moby Prince risultano sempre più deboli, sovrastate dalle comunicazioni di altre navi fino all'estremo, flebile e soffocato may day ripetuto più volte.

Le antenne tranciate

Non è normale che il may day lanciato da una nave in rada, a poche migliaia di metri dalla costa, non venga sentito da nessuno. A dire il vero, non è nemmeno normale che una nave passeggeri navighi con le antenne radio tranciate. Perché anche questo emerge nel corso del processo. Qualcosa, un evento traumatico difficilmente riconducibile alla collisione, provoca la rottura di alcune sovrastrutture della plancia comandi del traghetto, fra cui le antenne. Il fuoco, spiegano gli stessi periti, investe queste strutture flessibili quando si trovano già a terra. Come per le tracce di esplosivo militare, la presenza delle antenne tranciate a bordo del Moby Prince rimane un fatto processualmente accertato ma al quale non viene trovata spiegazione.

Interviene su questo punto, durante il processo, l'avvocato Giunti: «Questo calo di tensione che si riscontra a un certo punto nelle comunicazioni del Moby Prince potrebbe derivare da questo? Un'antenna rotta può determinare un calo di potenza?». «Potrebbe anche», replica Ceccantini, «Abbiamo fatto anche degli esperimenti. Siamo andati a bordo del Moby Prince, abbiamo portato una radio ricetrasmittente, era un Saylor, uguale a quella del Moby Prince, e abbiamo fatto degli esperimenti da lì con Livorno Radio... Abbiamo provato a staccare il filo dell'antenna, abbiamo fatto delle prove».

Con quale risultato? Come era la qualità di queste comunicazioni, rispetto a quelle effettuate dal Moby Prince durante la fase di oscuramento e il may day?

«Non è stato facile stabilirlo», conclude Ceccantini, «però, insomma, più o meno era quella». «Se un inconveniente ci dev'essere stato», interviene Dalle Mese, «dev'essere accaduto in quei pochi secondi che sono intercorsi fra l'ultima chiamata fatta dal Moby Prince in maniera chiara e intelligibile e la prima, diciamo, molto bassa».

Non si hanno notizie di analoghi disturbi rilevati, quella sera, in altre aree adiacenti la zona di Livorno o in altre parti del Tirreno. Dai documenti e dalle testimonianze raccolte, emerge un dato rilevante: i problemi agli apparati di controllo e di comunicazione, quella sera, hanno una localizzazione precisa – la rada di Livorno – e una durata compresa tra la fase della collisione (ore 22:30 circa) e l'arrivo sul posto delle imbarcazioni di soccorso (poco dopo le 23). C'è gran movimento in mare dopo la collisione: barche che arrivano per prestare soccorso, barche che fuggono via rapidamente.

Persino il radar dell'avvisatore marittimo, acceso alle 22:30 circa, inizia a individuare i bersagli sul monitor solo mezz'ora dopo, passate le 23. Chissà, forse ci troviamo di fronte a un caso, più unico che raro, di simultanea avaria di diversi apparati di telecomunicazione e di monitoraggio, tutti impazziti a una certa ora in un preciso punto della costa tirrenica; l'ennesima strana coincidenza... Oppure, quella sera, c'era qualcosa che effettivamente disturbava, interferendo attivamente prima sul regolare segnale delle comunicazioni radiofoniche e poi, almeno tra le 22 e le 23 circa, anche sul normale controllo via radar di una determinata zona della rada, proprio quella in cui avviene la collisione. Qualcosa in grado di camuffarsi per risultare invisibile ai radar civili e militari.

Ad esempio, un elicottero. Proprio come quello che sorvola la rada in fiamme e poi, alle 23 circa, abbandona la zona per fare ritorno alla base.

Quell'elicottero senza targa

Come ogni sera Marcella Bini sta preparandosi per uscire a fare due passi portando a spasso il cane. Moglie di un noto avvocato livornese, abita in un'elegante palazzina con vista sul mare. Improvvisamente la sua attenzione viene richiamata dalle voci delle due figlie: dalle finestre stanno osservando strane luci provenienti dal mare. Marcella Bini le raggiunge in salotto: «Sembravano lampi, ma una cosa un po' strana, proprio bagliori rossi», racconta, «Siccome ero vestita e stavo uscendo, dissi "Si va a vedere" e le mie figliole mi seguirono tutte e due». Sono circa le 22:25 del 10 aprile. Ricordiamo le indicazioni orarie, molto precise, di queste testimonianze. Sono fondamentali.

Raggiunto rapidamente uno dei migliori luoghi di osservazione della rada, una terrazza affacciata sul lungomare, Marcella Bini e le sue figlie vedono qualcosa di cui, nelle successive ricostruzioni ufficiali fornite dalle autorità, non si troverà mai alcuna traccia.

Si tratta di un elicottero.

Le donne osservano nitidamente un elicottero volteggiare proprio sopra la zona di mare dove compaiono i bagliori rossi – il punto dov'è appena avvenuta collisione fra il Moby Prince e l'Agip Abruzzo – per poi dileguarsi e scomparire verso nord, nella stessa direzione dove si trova al base di Camp Darby e, più oltre, l'aeroporto militare di Pisa.

Ma non è così. Il fatto davvero strano emerge solo in seguito, nei giorni, nei mesi e negli anni successivi alla tragedia. Con l'incalzare delle polemiche sull'efficacia e la tempestività dei soccorsi, le cronache riferiscono che non è stato possibile far decollare alcun elicottero per ragioni di tempo, né dalla base di Lumi, né da Pisa né da altrove; e poi, spiegano le autorità, un intervento aereo sarebbe comunque servito a ben poco, data la dinamica del disastro. È a questo punto che scatta qualcosa nella mente di Marcella Bini: quella presenza, quel particolare apparentemente privo di significato, torna a riemergere sempre più spesso e, da elemento marginale e quasi dimenticato, assume un'importanza sempre maggiore, con il passare del tempo. C'era un elicottero sul luogo della tragedia, visibile già pochi minuti dopo l'inizio di quegli strani «lampi e bagliori rossi» provenienti dal mare: Marcella Bini e sua figlia Giulia lo ricordano perfettamente, ne sono sicure.

Ma allora perché tutti negano la presenza di elicotteri, quella sera? La signora Bini ne discute in famiglia per valutare il da farsi; forse è opportuno parlarne con il magistrato che si occupa dell'inchiesta. Le titubanze sono evidenti e comprensibili, inutile negarlo, e non è questione di senso civico. Sono trascorsi ormai quasi due anni dalla tragedia del Moby Prince: se si trattasse di un episodio così privo di significato, perché la presenza di quell'elicottero sul luogo del disastro viene così ostinatamente negata? Per quale ragione si dovrebbe tenere nascosta? Qual è il problema? Forse non era un mezzo di soccorso: e allora cos'era? Possibile che nessun altro abbia visto?

No, non è possibile: Marcella Bini e Giulia Campi ricordano che quella sera sul lungomare, accanto a loro, c'erano altre persone; due di queste, scese da un'autovettura e accorse sul bordo della spalletta per osservare quanto accadeva, erano facilmente riconoscibili come militari, paracadutisti per la precisione. Ma nessuno di loro si è mai fatto vivo con gli inquirenti. Perché? I timori originati da questi dubbi si dissolvono in pochi minuti, il tempo di ricevere una telefonata. È una mattina di marzo del 1993 quando squilla il telefono di casa Campi: dalla redazione di un quotidiano locale, un giornalista chiede di poter fissare un appuntamento per intervistare Marcella Bini; chissà come e da chi, ha avuto notizia che ha qualcosa di molto interessante da raccontare... Marcella Bini decide che è arrivato il momento di deporre davanti al magistrato titolare dell'inchiesta, il Pm Luigi De Franco, fornendo la sua testimonianza prima che la notizia appaia sui giornali.

L'impressione è che fosse già lì

Tre anni dopo, il 26 gennaio 1996, inizia il racconto di Marcella Bini assieme a sua figlia Giulia nell'aula del Tribunale di Livorno: «Da casa nostra ad arrivare sul mare, alla spalletta dove ci fermammo, ci possono essere cinque minuti, saranno cento metri, un pezzettino di via Del Parco che si immette sul viale Italia. Arrivati a quel punto lì, contrariamente al solito non c'era anima viva. Si videro dei ragazzi, scesero dalla macchina e di corsa si portarono verso la spalletta, noi si fece altrettanto, ci si avviò davanti alla rotonda che si chiama La Punta, a fianco dei Bagni Lido. Era tutto chiarissimo, chiaro l'orizzonte, era una serata meravigliosa, si vedevano tutte le navi in rada accese e si vedeva questo punto strano. Mia figlia disse: "È la Gorgona" perché si stagliava verso l'orizzonte questa sagoma nera, poi si capì che era la sagoma della nave avvolta da una nube. Le navi in rada suonavano tutte quel suono lugubre e strano, ci si rese conto che forse era successo qualcosa di serio».

Marcella Bini interrompe il racconto. Ha un attimo di esitazione. «Poi?», la incalza il Pubblico ministero, Carlo Cardi.

«Poi», riprende la signora Bini, «sempre stando lì, io ho visto un elicottero. Non saprei dire se veniva da sinistra o da destra, perché nel momento in cui uno guarda si rende conto».

Pm Cardi: «Poteva essere anche un aereo o era sicuramente un elicottero?».

Bini: «Così basso era un po' impossibile. Era un'immagine non ferma, ma per dire era vicino alla nave. Io non ho esperienza, ma qualche elicottero l'ho visto. Sono certa di aver visto questo elicottero». «Un elicottero di normali dimensioni e che aveva le luci», aveva puntualizzato tre anni prima la signora Bini davanti al Pm De Franco.

Insiste anche un avvocato di parte civile, Bassano: «Lei identificò visivamente in quell'oggetto che aveva questo moto circolare un elicottero, o presunse che fosse un elicottero? Cioè, lo vedeva?».

Bini, senza esitazioni: «Io ho visto un elicottero».

Avv. Bassano: «Ha visto la sagoma di un aereo con le pale che giravano che individuò per un elicottero?».

Bini: «Sì».

Riprende il Pm Cardi: «E che manovre ha fatto questo elicottero?».

Bini: «Era come se girasse sopra, perché nella parte dove c'era la luce delle fiamme o questo bagliore rosato, si vedeva bene».

La figlia di Marcella Bini, Giulia Campi, ricorda che proprio la vista dell'elicottero spinse lei e la madre a rinunciare a dare l'allarme per quanto stava avvenendo in rada: «Mentre eravamo lì ci siamo chieste se altri sapevano di quello che stava succedendo e infatti ci è venuto in mente di andare ad avvertire qualcuno, però mentre eravamo lì abbiamo visto apparire quello che io sono sicura sia un elicottero». E, ai microfoni della Rai: «Appena abbiamo visto l'elicottero abbiamo detto: "Bene, qualcuno se n'è accorto". Il primo pensiero è stato di dire: "I soccorsi sono arrivati"». L'elicottero non arrivava da terra, ricorda Giulia Campi: «È come se fosse apparso all'improvviso sopra le fiamme, infatti l'impressione che ho avuto è che venisse da dietro, sì dal largo».

Sulla direzione assunta dall'elicottero al momento di scomparire definitivamente dalla loro vista, madre e figlia non hanno dubbi. Marcella Bini: «Potrei dire che andava verso nord, nel senso che alla mia vista è scomparso in questa direzione». «Io non l'ho visto arrivare», ricorda Giulia Campi, «la mia impressione è che forse era già lì e girando dietro le fiamme ha fatto un altro giro e poi si è allontanato verso la città. Ci avrà messo trenta secondi per sparire dalla mia vista. Ricordo bene che ho seguito che andava verso nord, però poi non si vedeva più».

Anche un guardiamarina e l'avvisatore vedono l'elicottero

È il 27 aprile 1993 quando Massimo Vernace convocato presso la Questura di Livorno dichiara quanto visto due anni prima, il 10 aprile '91, mentre svolgeva servizio di guardia e di vigilanza del mare sulla garitta posta sul lato sud dell'Accademia: «... Mi sembra che dopo circa mezz'ora dalla collisione sia passato un elicottero». Vernace viene convocato in udienza presso il Tribunale, proprio lo stesso giorno in cui testimoniano le signore Bini e Campi. L'avvocato Giunti chiede a Vernace di chiarire se ricorda di aver effettivamente visto un velivolo, mentre osservava i bagliori e le fiamme in rada.

«Un po' dopo, sì», risponde Vernace.

«Dopo quanto», chiede l'avvocato Giunti.

«Penso una mezz'oretta», precisa il testimone.

Vernace chiarisce di non aver individuato alcun velivolo fermo sopra l'Agip Abruzzo in fiamme, ma di aver visto transitare un elicottero circa mezz'ora dopo la collisione. È lo stesso elicottero che le signore Bini e Campi vedono allontanarsi, dal luogo della collisione verso Livorno (dunque verso la zona dell'Accademia, dove Massimo Vernace sta svolgendo servizio di guardia): gli orari delle diverse testimonianze coincidono. Ma esiste un'ulteriore conferma circa la presenza di un elicottero in rada, mai resa pubblica prima, che si incastra perfettamente con i ricordi di questi testimoni. Quella dell'avvisatore marittimo: «Mi era sfuggito di parlarne col dott. De Franco, però è vero, siccome non riguardava me direttamente pensavo che qualcun altro ne parlasse, però sopra, qua sopra (la postazione di avvisatore marittimo, *nda*) a un certo orario, attorno alle 23, adesso non so che tipo di elicottero fosse, però si sentiva il rombo, qui è una struttura che vibra molto, e c'era... tant'è vero che anche mia moglie se lo ricordava e parlandone tra di noi, lei tra le 23-23:15 ha sentito questo elicottero».

Parla il generale Camporini

Il 10 maggio 1996, alle 9:45 in punto, l'udienza del processo Moby Prince numero 66/95 si apre con la deposizione di un teste particolarmente rilevante: il generale dell'Aeronautica militare italiana Vincenzo Camporini, fino a un anno prima responsabile del Reparto Piani e Operazioni dello Stato Maggiore dell'Aeronautica. «Il servizio di allarme dell'Aeronautica militare è un servizio istituito per intervenire in caso di incidente aereo, ma è chiaramente a disposizione del Paese per qualsiasi altra emergenza». Dopo tale premessa, il generale Camporini illustra la situazione al momento del disastro. «[Il servizio] viene regolato secondo dei turni per le varie basi che sono interessate. In pratica o si fa l'orario diurno, oppure si fa orario in funzione dell'attività di volo dei reparti interessati. Se un reparto di volo ha un'attività addestrativa che finisce alle dieci di sera, il soccorso può essere allertato fino a quell'ora. In particolare nella notte fra il 10 e l'11 aprile 1991, erano in servizio di allarme un elicottero AB 112 di Linate e uno HH3F basato a Ciampino. Nella giornata era stato in allarme, questo però dalle 6 di Greenwich alle 19:40 di Greenwich, un altro AB 212 sulla base di Istriana. Il servizio viene attuato chiaramente sotto il controllo del Centro operativo dell'Aeronautica militare competente che riceve la richiesta di allarme e interviene di conseguenza».

Dunque, nella notte fra il 10 e l'11 aprile erano a disposizione due elicotteri dell'Aeronautica militare per operazioni di soccorso, a Linate e a Ciampino. «Il servizio di allarme», prosegue Camporini, «è basato sulla prontezza di 30 minuti, nel senso che entro 30 minuti dalla ricezione dell'allarme l'elicottero deve essere pronto a decollare, dopo di che bisogna computare il tempo di volo. Se consideriamo queste due basi, se consideriamo il luogo dov'è avvenuto l'incidente, teniamo conto di una rotta diretta con condizioni meteorologiche buone, favorevoli, possiamo dire che, minuto più minuto meno, abbiamo 110 minuti per intervenire da Linate, 130 da Istriana e 90 da Ciampino». Interviene il giudice Lamberti: «Da Livorno non arrivò nessuna richiesta, quella sera, al vostro centro?».

Camporini: «Ci fu, più che una richiesta di intervento, una notifica di incidente. Intorno alle ore zero zulu».

Lamberti: «Tradotto in italiano?».

Camporini: «Intorno alle 2 di notte».

Camporini taglia corto, escludendo che l'elicottero appartenesse alle Forze armate italiane: «Luni è una base dove non ci sono reparti dell'Aeronautica. Posso dire che esisteva un AB 212 a Grosseto che però non era in stato di allarme, quindi la sua possibilità d'intervento in questi casi è di 120 minuti. A Pisa non ce n'erano. Il nostro schieramento di soccorso nella zona dell'Italia centrale a quell'epoca era: un elicottero a Trapani, uno a Rimini, uno a Brindisi, Ciampino, Linate, Villafranca, Grosseto, Grazzanise, Istriana, Amendola, Decimomannu, ed è tutto». E per essere più chiaro, precisa le modalità di intervento di mezzi di soccorso dell'aviazione militare: «Esiste tutta una catena di comando e controllo molto articolata... in sostanza, chiunque abbia notizia istituzionale di un incidente può chiedere l'intervento di un mezzo di soccorso. Questo intervento viene chiesto al *Rest Coordination Center*, (Rcc). Ne abbiamo due in Italia, uno a Monteverde e uno a Martinafranca, che sono responsabili rispettivamente per l'area nord e per l'area sud del Paese e in funzione della disponibilità degli allarmi l'Rcc fa intervenire i mezzi disponibili».

Nessun elicottero di soccorso volava sul porto

Dopo la notifica dell'incidente, non venne attivato alcun coordinamento di soccorso aereo: «Purtroppo eravamo di notte e l'attività di volo notturno con elicotteri è praticata normalmente dall'Aeronautica militare», riprende Camporini, «mentre gli altri corpi dello Stato sono abbastanza indietro in questo tipo di addestramento. So per certo che altri corpi dello Stato hanno una capacità di volo notturna ridotta o nulla rispetto a quella che abbiamo noi... Il volo basico si svolge a vista, ma oltre a questo c'è il volo strumentale, il volo notturno, che richiede un'ulteriore fase addestrativa. Fasi addestrative che sono lunghe, complesse e ovviamente piuttosto onerose».

L'ingegner Mauro Marchini, ispettore regionale dei vigili del fuoco, rispondendo al Pm che chiedeva se all'epoca dei fatti i vigili del fuoco disponessero di velivoli di ricognizione o di soccorso aereo abilitati al volo notturno, ammette senza riserve: «No, a tutt'oggi non abbiamo velivoli abilitati al volo notturno e poi il volo notturno si fa da posto a posto e non in zona di operazioni». L'arrivo in zona operativa del primo elicottero dei vigili del fuoco, un AB 206, proveniente da Genova, è datato 11 aprile 1991, ore 6:30. No, non era un mezzo di soccorso quello osservato volteggiare sulla rada di Livorno da diversi testimoni.

L'ufficiale della Capitaneria di porto Angelo Cedro, presente al processo in veste di imputato, esibisce il Piano di Soccorso portuale vigente nel '91, nel quale sono elencati gli elicotteri esistenti nella giurisdizione a disposizione per eventuali operazioni di soccorso. «Sono elicotteri della polizia e dei carabinieri», documenta Cedro, leggendo il documento ufficiale, «e sono sette esistenti nella giurisdizione, con nota che dice testualmente: "Impiegabili in ore diurne". Questo è il piano che il personale di servizio di guardia si è trovato in mano quella sera».

E la Marina militare? Anch'essa dispone di elicotteri, specializzati anche in interventi di recupero uomini in mare; alcuni di questi mezzi erano localizzati nella vicina Stazione Elicotteri della Marina militare (Maristaeli) di Luni, presso Sarzana, non lontano da Livorno...

A questi interrogativi risponde Antonio Melli, capo della Sezione Aerea del Dipartimento militare marittimo dell'Alto Tirreno, con base a La Spezia. Alla Marina non giunsero richieste di soccorso da Livorno la notte fra il 10 e l'11 aprile '91. E ricorda: «Allora il limite di decollo, il limite massimo di tempo di decollo di un elicottero era determinato in un'ora, a cui si doveva aggiungere il tempo tecnico di trasferimento dalla base di Luni alle acque antistanti Livorno».

Le operazioni di approntamento per il volo sono diverse, spiega Melli. Occorre anzitutto allertare i piloti, i cui alloggi distano circa 500 metri dalla pista di decollo e il personale tecnico di controllo e di assistenza alle operazioni di decollo. Una volta giunti sul posto, piloti e tecnici avviano una serie di procedure e di controlli necessari per la messa in moto, il rullaggio e il decollo. Nel migliore dei casi, occorrono almeno 25 minuti per completare queste operazioni e far decollare l'elicottero. Ne occorrono altrettanti per raggiungere Livorno: «Essendo 40 miglia (la distanza fra Luni e Livorno, *nda*) è presumibile un tempo intorno ai 25 minuti circa, oltre al tempo di approntamento dell'elicottero.

Elicottero militare prima della collisione

Non è possibile stabilire con certezza da quanto tempo il velivolo si trovasse sopra il luogo della collisione, perché nessuno ha notato il suo arrivo. Però la puntuale coincidenza dei tempi, degli spostamenti e dei movimenti osservati dai diversi testimoni, consente comunque una ricostruzione cronologica essenziale per capirne di più. «Verso le 22:40-22:45 è comparso un elicottero di normali dimensioni e che aveva le luci»: questa la testimonianza di Marcella Bini al Pm De Franco.

Ora: l'avvisatore marittimo fissa con puntualità cronometrica il momento in cui viene dato l'allarme via radio: sono le 22:31 del 10 aprile. L'elicottero senza nome viene individuato mentre sorvola la zona dell'Agip Abruzzo in fiamme in un arco di tempo compreso fra i 9 e i 14 minuti successivi a quella segnalazione di allarme via radio. Questo significa che qualunque fosse l'origine del velivolo, tecnicamente nessun elicottero, neppure se localizzato nelle basi militari più prossime a Livorno – in servizio di allarme permanente – avrebbe potuto decollare e raggiungere la rada di Livorno in un orario compreso fra le 22:35 e le 22:45 in un tempo compreso fra i 9 e i 14 minuti. Dopo l'allarme lanciato via radio, l'elicottero senza nome avrebbe al massimo potuto avviare le operazioni di controllo necessarie per prepararsi al decollo.

Non resta che una conclusione: quell'elicottero non aveva raggiunto la rada livornese successivamente all'allarme per l'incendio in mare, ma si trovava già lì prima della collisione. Era presente sul posto, stava sorvolando la rada, una zona di mare interna al porto, piena di navi militarizzate stivate di armi.

Da dove arrivava? Per compiere quale missione? Per conto di chi?

L'informativa della Questura sugli elicotteri di Camp Darby

Pochi giorni dopo le testimonianze di Marcella Bini e Giulia Campi davanti al Pm De Franco, l'ispettore Giampietro Grosselle si reca presso l'aeroporto militare di Pisa San Giusto per accertare se, la sera del 10 aprile '91, qualche elicottero di qualunque nazionalità avesse chiesto l'autorizzazione ad alzarsi in volo o fosse già in volo. La risposta da parte delle autorità militari pisane arriva il 5 aprile 1993: il comandante dell'aeroporto, generale Valtero Pomponi, comunica all'ispettore che nessun elicottero quella sera aveva richiesto il permesso di alzarsi in volo.

Chiedere alle autorità militari pisane se un elicottero di «qualunque nazionalità» avesse chiesto l'autorizzazione ad alzarsi in volo, equivale implicitamente a domandare: «dalla base statunitense di Camp Darby è decollato un elicottero la sera del 10 aprile '91?».

La risposta fornita dal generale Pomponi sembrerebbe escludere tale eventualità. In realtà, scopriamo che non è così.

Ecco il testo nella nota informativa, di straordinario interesse: «Nel corso del colloquio, a precisa domanda, il generale riferiva che anche gli elicotteri di Camp Darby, se si alzavano in volo, avrebbero dovuto comunicarlo. Riferiva inoltre che a bordo dei velivoli in argomento sarebbe installato un congegno per l'identificazione della sigla attraverso il radar. Questo però funzionerebbe solo se attivato dal pilota ma, nel caso il pilota non voglia farsi identificare, può facilmente escludere tale congegno. Il velivolo, pur non identificato con la sigla, sarebbe però visibile sui tracciati radar. Per questi ultimi, il generale Pomponi riferiva che presso l'aeroporto militare di Pisa San Giusto non esisterebbero registrazioni, in quanto la stazione radar sarebbe priva di registratore magnetico».

Il messaggio è chiaro e non occorre la macchina di Turing per decodificarlo: gli elicotteri di Camp Darby possono tranquillamente volare di notte senza che la loro rotta possa essere identificata dal radar, semplicemente non attivando il *transponder* installato a bordo, l'unico strumento pensato proprio per individuare in tempo reale, sul *plotter* di un radar, la presenza di un velivolo e per identificarne la natura. Nel caso di operazioni militari coperte, è evidente che tale strumento non viene mai attivato dal pilota.

E quello che vola sulla rada di Livorno la sera della tragedia non è un elicottero civile: è un mezzo dotato delle apparecchiature tecniche indispensabili per effettuare voli notturni, fornito di sistemi di registrazione dei dati di volo (*flight data recorder*) e di comunicazione fra i piloti (*cockpit voice recorder*) che devono rimanere segreti. Il pilota può identificare agevolmente i bersagli situati nella rada di Livorno perché l'elicottero è dotato di dispositivi all'infrarosso, generalmente noti come *Forward Looking Infra-Red* (Flir), concepiti nell'intento di trasformare la notte in giorno, restituendo all'occhio umano la sua efficacia anche in presenza di bassissimi livelli di luminosità ambientale.

Si tratta di un elicottero militare, operativo in qualunque condizione di visibilità e non sta svolgendo un volo di esercitazione notturna: ha una missione da compiere, una missione che deve rimanere segreta, per questo tiene spento il transponder. Nessun radar non gradito deve identificare la sua presenza in quel punto, quella sera, a quell'ora.

Non vedo, non sento, non parlo

L'esistenza di un impianto radar in una base militare dove decollano e atterrano velivoli non costituisce un segreto militare, non può costituire un'informazione riservata di natura strategica. Costituisce, per così dire, un fatto normale, una dotazione di base in mancanza della quale non si può materialmente operare. Un po' come il volante per un'automobile. L'acronimo radar sta per *Radio Detection And Ranging*, cioè rivelazione e misura della distanza con onde radio, letteralmente radio rivelazione e posizionamento.

L'invenzione di questo prezioso strumento è stata depositata il 27 novembre 1934, presso l'ufficio brevetti di Washington DC, con il numero 1.981.884: da allora – specie in seguito all'ultimo conflitto mondiale – è entrato progressivamente in dotazione presso le unità e le basi militari esistenti in ogni angolo del pianeta. Al di là degli impieghi di natura militare, in campo aeronautico il radar serve a garantire sicurezza negli spazi aerei e terrestri dove operano velivoli: aerei o elicotteri. Non se ne può fare a meno, insomma, anche perché garantisce la manovrabilità e l'operatività in ogni condizione di visibilità.

Non esistono motivi per dubitare delle parole del generale Valtero Pomponi, attuale comandante delle scuole di Guidonia e già membro dello Stato Maggiore dell'Aeronautica militare, né dell'ispettore Grosselle della Questura di Livorno: la base militare americana di Camp Darby dispone, oggi come nel 1991, di elicotteri militari in assetto operativo. Questo significa che esiste una centrale di controllo – il luogo dove vengono coordinati gli spostamenti e i voli degli elicotteri – dotata di impianto radar, come da circa sessant'anni a questa parte avviene in qualunque base militare che disponga di mezzi aerei.

Rimane allora la domanda di fondo: per quale motivo l'Avvocatura militare americana, sollecitata a dare informazioni su quanto accaduto in rada la sera del 10 aprile '91, anziché fornirle, nega che Camp Darby disponga di strumentazione radar?

XII.
LA DIFFICILE RICERCA DELLA VERITÀ

Storia di un'inchiesta mai nata

«Si va radicando la giusta convinzione che traffici clandestini di armi siano consumati, a disprezzo di prezzi inauditi anche in termini di vite umane, addirittura nei nostri porti. Il fenomeno impone, in particolare, l'attenta rivisitazione del ruolo della Nato nei nostri mari, spesse volte utilizzata per coprire veri e propri mercati clandestini di armamenti, fonti di corruzione diffusa e di eversione della stessa politica estera italiana... In realtà, la tragedia del Moby Prince, al di là dell'immane angoscia provocata in tante famiglie, al di là dell'esito delle investigazioni propriamente giudiziarie (le quali – per la natura stessa dell'intervento del giudice – non possono estendere la loro attenzione a problematiche e a profili di responsabilità non strettamente penali o civili o al massimo amministrative) è rimasta sostanzialmente inesplorata soprattutto dal punto di vista delle ragioni vere che hanno indotto le autorità competenti a tenere un comportamento a dir poco reticente dinanzi ai giudici. In sostanza, quello che è mancato – nell'indagine giudiziaria – è l'approfondimento di un'ipotesi ragionevolmente e insistentemente prospettata: l'involontario e malaugurato coinvolgimento del Moby Prince in manovre clandestine (ma non ignote alle autorità) di commercio di armi nel porto di Livorno, la notte del 10 aprile 1991. Si tratta, dunque e a questo punto, di rivisitare gli accadimenti nella più ampia prospettiva dell'individuazione delle vere cause del disastro e, soprattutto, delle vere ragioni di un sistematico lavoro di depistaggio da parte di soggetti ben individuati... In sostanza la tragedia del Moby Prince può legittimamente essere vista come l'obiettivo coinvolgimento del traghetto in un intreccio clandestino di "presenze", la sera del 10 aprile 1991, di navi a dir poco sospette nel porto di Livorno... Il comportamento stesso delle autorità per moltissimi versi reticente, il monumentale rifiuto di soccorso anche dopo ore dal sinistro in contrapposizione a una premurosa assistenza offerta all'Agip Abruzzo spingono con ragione a ritenere che, pena accreditare l'ipotesi di un atto di follia collettiva, il sinistro *dovette* essere tenuto segreto per il tempo necessario a farne disperdere le cause visibili. E si tratterebbe, come si capisce, di ipotesi criminale e propriamente eversiva».

Traffico d'armi, sistematici depistaggi, rifiuto di soccorrere il Moby Prince

Le parole, a volte, pesano come pietre. Soprattutto se accompagnano una formale richiesta di istituire una Commissione parlamentare d'inchiesta sottoscritta da decine di deputati. Il Moby Prince coinvolto in operazioni clandestine di commercio d'armi nel porto di Livorno; autorità che sono al corrente ma non intervengono e che, dopo la tragedia, addirittura *rifiutano di soccorrere* il traghetto per farne disperdere le cause visibili; sistematico lavoro di depistaggio allo scopo di impedire la reale ricostruzione degli eventi; ipotesi di condotte criminali ed eversive da parte di apparati dello Stato... Ci sarebbero tutti gli ingredienti per avviare un nuovo capitolo dei misteri d'Italia, lungo un delicato crinale dove è possibile imbattersi in fondate realtà documentali e, talvolta, anche in creative suggestioni senza fondamento. La cosa davvero singolare è che, nonostante la gravità delle motivazioni addotte dai numerosi deputati firmatari, quella Commissione parlamentare d'inchiesta non è mai nata. Per quale motivo? Mancanza delle necessarie condizioni politiche? Ostacoli e interessi di natura sovranazionale? L'immancabile complotto?

Queste e molte altre sono le possibili risposte. Senza trascurare un'ultima domanda, che può aiutarci a capire meglio il tutto: in che modo e con quali obiettivi è stata formulata la richiesta di istituire quella Commissione parlamentare?

Commissione sul traffico d'armi

Concluso in modo definitivo l'iter processuale, esiste ormai un solo strumento attraverso il quale tentare di illuminare con brandelli di verità gli angoli bui di questa vicenda, per consentire di iniziare a dare una spiegazione alla sterminata serie di strane coincidenze e di inspiegabili contraddizioni che l'accompagnano: l'istituzione di una Commissione d'inchiesta parlamentare.

Una strada difficile e tortuosa, iniziata tra il 1995 e il 1996, a cavallo fra la XII e la XIII legislatura (governi Dini e Prodi), quando una proposta d'inchiesta parlamentare sulla tragedia di Livorno viene presentata per ben tre volte su iniziativa di deputati di diversi schieramenti. Tra i nomi più noti: Bonsanti, Adornato, Buontempo, Bindi, Pisapia e altri.

Leggendo il titolo della proposta, in realtà, l'obiettivo finale del lavoro d'inchiesta parlamentare risulta ben più complesso e ambizioso della sola vicenda Moby Prince: «Istituzione di una Commissione parlamentare d'inchiesta su traffici internazionali di armi e di armamenti nei porti e nei mari italiani, con particolare riferimento al disastro della nave Moby Prince, all'uccisione dei giornalisti Ilaria Alpi e Miran Hrovatin e all'affondamento del motopeschereccio Francesco Padre».

Una Commissione parlamentare d'inchiesta sui traffici d'armi nei porti e nei mari italiani, dove hanno sede diverse basi delle forze militari nazionali, Nato e Usa: un lodevole e condivisibile tentativo di assalto al cielo, o qualcosa di simile. Erano mesi, quelli a cavallo fra il 1995 e il 1996, durante i quali alcune importanti inchieste avviate da diverse Procure della Repubblica, unitamente ad alcuni gravi fatti di cronaca, iniziavano a svelare in modo importante una serie di inquietanti connessioni nel torbido mondo dei traffici illegali di armi (e rifiuti); un mercato che prolifera soprattutto in prossimità di scenari di guerra, e il Mediterraneo dagli anni '90 in poi rimane purtroppo una delle zone più sensibili sotto questo aspetto. È questa la ragione per cui i parlamentari proponenti ritenevano che vi fosse «l'indilazionabile necessità di affrontare organicamente e con gli strumenti propri di una Commissione parlamentare d'inchiesta l'intero problema del mercato illecito delle armi nei nostri porti e nei nostri mari».

La medesima proposta di inchiesta parlamentare viene reiterata in altre due occasioni nel corso della successiva legislatura. Stesso testo propositivo, analogo gran numero di autorevoli firmatari accomunati dal nobile proposito, identico risultato finale: nulla di fatto.

Sembra non abbia giovato molto alla ricerca della verità la scelta di proporre in un unico contenitore vicende legate a diversi filoni d'indagine, diverse inchieste e differenti percorsi processuali. E, nel caso specifico del Moby Prince, che non fosse opportuno sovrapporre elementi di turbativa politica sul processo allora in corso presso il Tribunale di Livorno, rimanendo quella giudiziaria la principale strada per l'accertamento della verità.

Una successiva iniziativa parlamentare

Il processo di primo grado del Moby Prince si conclude nella notte fra il 31 ottobre e il 1° novembre 1997, quando il presidente del collegio giudicante Germano Lamberti legge, in un'aula del Tribunale di Livorno carica di tensione, la sentenza di assoluzione per tutti gli imputati.

Pochi giorni dopo vengono depositate, in rapida successione, due nuove proposte d'inchiesta parlamentare. La prima, presentata il 6 novembre 1997 su iniziativa dei deputati Massidda, Aleffi, Cuccu, Cicu, Marras, Giuliano e Del Barone, molto stringata, parte dalla sentenza di assoluzione proponendo come obiettivo generale della Commissione quello di « accertare la dinamica dell'episodio e tutte le concause che hanno determinato la sciagura, nonché di individuare eventuali responsabilità », e di capire « le ragioni che hanno impedito la ricostruzione dei fatti e l'individuazione dei responsabili ».

La seconda, molto più articolata ed esaustiva, viene presentata pochi giorni dopo, il 20 novembre 1997. Il tono politico di questo documento risulta molto più pacato rispetto all'originaria proposta. In realtà, forse per la prima volta, affrancandosi da comprensibili suggestioni emotive, si punta in modo razionale verso l'obiettivo sostanziale.

Cominciamo dal titolo, molto più mirato: « Istituzione di una Commissione parlamentare di inchiesta sulle circostanze che portarono al disastro della nave Moby Prince, nonché sui sistemi di sicurezza e prevenzione nei trasporti marittimi ».

Il numero dei firmatari di questa proposta è molto ampio e autorevole: fra i tanti, citiamo Giulietti, Matteoli, Mussi, Alemanno. Parlamentari di entrambi gli schieramenti, concordano sul fatto che sia necessario istituire una Commissione parlamentare in grado di procedere alle indagini e agli esami con gli stessi poteri e le stesse limitazioni dell'autorità giudiziaria, perché «del tutto oscure rimangono le cause della collisione e il prodursi del successivo rogo... Non è poi dato sapere se l'esito dell'inchiesta avrebbe potuto essere diverso ove nel corso delle indagini si fossero potuti utilizzare tutti gli strumenti che avevano registrato il prodursi dell'evento e fra questi, ad esempio, la documentazione in possesso della Nato relativa ai tracciati e ai rilievi satellitari che, invece, l'autorità giudiziaria livornese non ha avuto a disposizione. Imprescindibili esigenze di verità, che sono proprie non dei soli familiari delle vittime, né della sola comunità livornese, ma dell'intera collettività nazionale, impongono che si faccia assoluta chiarezza su quell'ormai lontano, immane disastro».

Il riferimento esplicito alle registrazioni radar e satellitari di cui è *in possesso* il sistema di intelligence della Nato è la vera novità positiva e riveste un'importanza centrale: l'acquisizione di tale documentazione viene finalmente ritenuta l'elemento fondamentale per arrivare laddove la giustizia ordinaria non è potuta arrivare.

Le proposte vengono esaminate per la prima volta dalla Commissione Affari costituzionali nel corso della seduta del 29 gennaio 1998: l'iter processuale non è ancora definitivamente concluso, è in fase di avvio il ricorso in appello contro la sentenza di primo grado del Tribunale di Livorno. Alla fine, la Commissione conviene sull'opportunità di rinviare a un momento successivo l'esame della documentazione relativa al caso Moby Prince.

L'ultima speranza: volare basso, fino in fondo

Si ferma a questo punto l'iter propositivo di un'inchiesta parlamentare sul caso Moby Prince. È auspicabile che il percorso venga ripreso al più presto. Senza proclami, volando basso. Perché ancora oggi nessuno è in grado di spiegare che cosa realmente sia accaduto quella sera; perché ottenere finalmente una registrazione radar o una foto satellitare o un'immagine elaborata delle boe meteomarine, in una zona dell'Alto Tirreno che pullula di sistemi di controllo militari non dovrebbe essere difficile per le istituzioni rappresentative di uno Stato sovrano. Perché la verità è un problema che ci riguarda tutti, al di là delle distinzioni politiche, perché riguarda il nostro comune futuro. Conoscere la verità è un nostro diritto, ma è prima di tutto un diritto delle famiglie di centoquaranta persone imbarcatesi su un traghetto a Livorno una sera di aprile di tanti, troppi anni fa, e mai più tornate a casa.

Volare basso, andare a fondo. E non è escluso che proprio attraverso un serio lavoro di inchiesta parlamentare mirato al solo caso Moby Prince, condotto senza pregiudizi e con i piedi ben piantati per terra, possano indirettamente scaturire nuove conoscenze anche su una serie di traffici illegali al cui disvelamento aveva ambiziosamente mirato l'originaria proposta di Commissione d'inchiesta, senza successo.

Il documento base esiste già, ed è firmato da rappresentanti di entrambi gli schieramenti parlamentari, e l'iter processuale penale è definitivamente concluso, non vi è più alcun rischio di interferenze da parte dell'attività parlamentare.

Insomma, se interessa davvero cercare la verità su questa tragica vicenda, non esistono più alibi.

Nel silenzio degli ultimi istanti

Il breve paragrafo che segue non ha nulla a che fare con il lavoro di ricostruzione documentale finora svolto. È una storia nuova, strana: non vi è traccia di nebbia, non vi sono scellerati timonieri che effettuano pericolose gimcane fra le navi al comando di un traghetto passeggeri. È la storia di una tranquilla navigazione che improvvisamente si trasforma in dramma. Una storia senza pretesa di verità, sebbene costruita su atti, documenti e testimonianze reali. Una semplice ipotesi, una delle tante possibili, in attesa di poter conoscere la storia vera, un giorno.

Provare a immaginare cosa può essere avvenuto quella sera è un passaggio inevitabile per chiunque abbia incrociato questa storia orribile. L'impulso a immedesimarsi in chi si trovava a bordo, ricostruendo un possibile percorso di comportamenti razionali in una storia che di razionale, sin dalle prime versioni ufficiali, sembra avere ben poco, aumenta dopo la lettura di testimonianze che sembrano ribaltare il quadro, aprendo nuove strade mai percorse, aumentando l'incertezza ma anche la consapevolezza che le cose non sono andate così come ce le hanno raccontate. Se non c'era nebbia e se la plancia del Moby Prince non era impazzita, cosa è successo realmente?

Le brevi righe che seguono non pretendono di dare risposta a questa fondamentale domanda. Chi attende da troppo tempo di conoscere la verità non ha bisogno di nuove suggestioni. Semplicemente, vorrebbe sapere una volta per tutte la ragione per cui centoquaranta persone, uomini, donne e bambini hanno concluso in modo orrendo la loro esistenza su un traghetto in fiamme nelle acque di un porto italiano.

Esiste in realtà anche un'altra ragione, più profonda, che spinge a scrivere quest'ultimo paragrafo. La necessità di scrivere la parola fine. Non si tratta di immaginare una storia, semmai del bisogno di elaborare un incubo, di placare certi fantasmi. Far parlare carte, atti e documenti scritti su fogli ingialliti in gergo burocratese può essere difficile e magari un po' noioso, ma è senza dubbio meglio che dover guardare alcune immagini, sfogliando fotografie allegate agli atti per rendersi pienamente conto di cosa è successo a bordo del traghetto. È un percorso di non ritorno: una volta osservate, quelle immagini non ti lasciano più.

Allora la questione, messa in questi termini, assume un significato diverso: scrivere questo breve paragrafo finale è come un atto dovuto. La necessità di dimostrare che esistono altre possibili strade da seguire, altre spiegazioni che nulla hanno a che fare con la «tragica fatalità». Il bisogno di rompere un vuoto insopportabile, un muro di silenzio che accompagna gli ultimi drammatici momenti di navigazione del Moby Prince e che dura ancora oggi. La conferma che la strada per la ricerca della verità è ancora aperta, basta percorrerla. È il completamento di un lavoro che, in caso contrario, sembrerebbe lasciato a metà. Non me lo chiede nessuno. Sento di doverlo a chi, da troppi anni, da qualche parte, in silenziosa quiete, aspetta.

L'ultimo viaggio

Adesso il traghetto è a meno di 2 miglia dalla costa, a poca distanza dal punto in cui è ancorata l'Agip Abruzzo, l'ultima delle navi alla fonda in rada, l'ultima da superare prima del mare aperto.

La nave cisterna Agip Abruzzo fa impressione, vista dal locale plancia del Moby Prince. È imponente e luminosa, lunga 280 metri. Una nave alta come un palazzo di dieci piani, lunga come tre campi da calcio allineati uno in fila all'altro, illuminata a giorno da un nuovissimo impianto della potenza di 40.000 Watt. Un impressionante gigante del mare, placidamente adagiato sulle acque scure della rada livornese.

«Cosa succede, comandante?». La domanda del timoniere scuote il comandante Chessa, distogliendolo dall'osservazione del monitor dell'impianto radar, dove sta seguendo da alcuni minuti i movimenti di numerose imbarcazioni presenti in rada, un po' oltre il punto di fonda della petroliera, poco distante dalla rotta che il traghetto sta seguendo. Imbarcazioni che non dovrebbero essere lì, non risultano alla fonda e non sono presenti nel registro dell'avvisatore marittimo. Eppure ci sono, il monitor rileva i loro rapidi spostamenti da nord a sud, dal Calambrone fino alla zona della rada situata oltre il punto di fonda della petroliera. «Che ci fanno tutte quelle navi in movimento a quest'ora?». Di sera è facile imbattersi in qualche peschereccio, ma quelle tracce sul monitor non sembrano proprio barche da pesca.

C'è molto traffico. Altre imbarcazioni, altri movimenti stanno avvenendo più a nord (sul lato destro rispetto alla prua del Moby Prince). Là c'è una grande nave ancorata e attorno a essa numerosi bersagli più piccoli in movimento: alcuni sembrano dirigersi ancora più a nord, verso Calambrone e il canale Navicelli; ma Chessa è preoccupato soprattutto da quegli strani bersagli sul monitor che tagliano la rada verso sud, verso la zona dov'è ancorata l'Agip Abruzzo, incrociando quella che il comandante aveva previsto come la più sicura rotta di uscita dalla rada... I suoi pensieri vengono interrotti da quella inusuale domanda del timoniere, «Che succede, comandante?». Chessa alza lo sguardo dal monitor del radar: là davanti, dietro l'enorme sagoma della nave cisterna, sta accadendo qualcosa di insolito.

Strane luci. Sembrano fuochi d'artificio. Forse le fiamme di un incendio, bagliori di qualcosa che sta bruciando in mare. Chessa smette di controllare il radar e continua a osservare, assieme al timoniere, quello strano fenomeno che fino a poco fa non era visibile dalla plancia del traghetto mentre ora, avvicinandosi alla petroliera, cattura inevitabilmente l'attenzione, nell'oscurità. Anche nel locale bar, sotto la plancia comandi, qualcuno ha smesso di guardare la partita in tv e osserva, più curioso che preoccupato, quanto sta accadendo in mare, proprio in direzione della prua del traghetto, dietro a una grande nave ancorata... «Ma che succede?». Forse si tratta di un incendio, forse quei numerosi bersagli in movimento sono imbarcazioni di soccorso... Ma è strano: dalla radio nessuna comunicazione di soccorso, nessuna richiesta di intervento. Solamente strane, continue interferenze.

Il comandante non lo sa, ma quegli strani bagliori che adesso si vedono dalla plancia del Moby Prince sono gli stessi, ben visibili da terra, che due ufficiali guardiamarina stanno da tempo osservando da un piazzale antistante il porto di Livorno. La differenza è che in mare questi bagliori sembrano accompagnati da rumori sordi, sembrano tonfi, boati soffocati, ai quali seguono talvolta piccole vibrazioni di diversa intensità.

«The passenger ship! The passenger ship!». Sono le 22:20'10", una voce ignota segnala l'avvicinarsi di una nave passeggeri. Quella voce viene sentita dal marconista, e rimane impressa sul nastro di Livorno Radio. Dal Moby Prince nessuna comunicazione: più che un tentativo di contatto quella frase sembra un avvertimento, rivolto ad altri. L'unica nave passeggeri in quel momento, è il Moby Prince. Da quel momento, le interferenze radio aumentano d'intensità, oltre alle continue comunicazioni di navi straniere. Chessa tenta inutilmente di mettersi in contatto con la petroliera, per capire cosa stia succedendo. Niente da fare, le comunicazioni sono sempre più disturbate.

Tutto funzionava regolarmente a bordo del traghetto prima di avvicinarsi a quella strana sorgente luminosa. Il comandante continua a osservare i bagliori coperti dalla sagoma della petroliera e osserva, esattamente sopra, un'altra fonte luminosa, più piccola, immobile: si tratta di un elicottero, sta sorvolando la rada, più o meno nella zona di mare da cui provengono quegli strani bagliori. La vicinanza di quell'elicottero sembra aumentare notevolmente i disturbi via radio, la qualità delle comunicazioni peggiora. Chessa si accorge che purtroppo adesso anche il radar di bordo ha problemi: sul monitor i bersagli, quelle imbarcazioni in rapido movimento dietro la petroliera non sono più distinguibili in modo chiaro, si tratta di un'immagine sempre più confusa, un alone bianco che rende indistinguibili i bersagli. Come se qualcosa accecasse il radar.

Ancora uno strano rumore, simile a un boato, sordo e improvviso, fa vibrare le fiancate di prua del traghetto e le pareti della plancia. Quella strana vibrazione sorda viene avvertita anche da altre persone a bordo: in una cabina, un passeggero sta effettuando riprese con la sua videocamera e quello strano e cupo rumore rimane impresso sul nastro. Che sta succedendo?

Chessa è preoccupato per la situazione a bordo del traghetto. È pericoloso procedere in quelle condizioni, con un impianto radio fortemente sovrastato da anomale interferenze, il radar che progressivamente sembra impazzire e numerosi bersagli, non segnalati, in continuo movimento sulla rotta del traghetto. La serata è chiara e limpida, la navigazione a vista procede perfettamente, ma non è proponibile effettuare una traversata notturna in quelle condizioni. Niente è più importante della sicurezza di passeggeri ed equipaggio, Chessa lo sa perfettamente. «Si torna indietro! Meglio rientrare in porto. Intanto avviamo la procedura di messa in sicurezza dei passeggeri. Torniamo indietro».

Non c'è di che allarmarsi, non vi è una situazione di effettivo e immediato pericolo, non occorre lanciare alcun segnale di soccorso: basta mantenere la calma e operare secondo le norme previste in questi casi: la voce del comandante viene diffusa dagli altoparlanti in ogni locale e in ogni cabina, più volte: «Preghiamo i passeggeri di radunarsi nel Salone de luxe seguendo le indicazioni del personale di bordo. Non c'è alcun pericolo: problemi tecnici ci obbligano, per ragioni di sicurezza, a non proseguire la navigazione e a rientrare temporaneamente in porto, cercheremo di essere più precisi appena possibile. Saremo nuovamente a Livorno nel giro di pochi minuti. Ci scusiamo per il disagio. Comunicazione di servizio per il personale di bordo: avviare le procedure per il rientro immediato in porto radunandosi nei punti di raccolta previsti sotto il responsabile operativo».

Il traghetto procede alla velocità di dieci metri al secondo. La rotta prevista avrebbe dovuto portare a questo punto il Moby Prince a virare a sinistra, superare l'Agip Abruzzo lasciando la prua della petroliera alla sua destra, rivolta a sud, e proseguire in mare aperto verso Olbia. Il comandante valuta la possibilità di virare prima di aver superato la petroliera. Ma in quelle condizioni può essere un azzardo: nessuno sa cosa stia accadendo alle spalle della petroliera, l'Agip Abruzzo è un bestione di quasi trecento metri, un movimento della nave cisterna a distanza così ravvicinata potrebbe creare problemi. Chessa prende la decisione più prudente e corretta: proseguire in linea retta su 220°, superare a distanza di sicurezza la petroliera lasciando la poppa della nave cisterna sul fianco sinistro, effettuare la virata a dritta per rientrare in porto senza più ostacoli sulla rotta e, intanto, osservare l'origine di quegli strani bagliori per cercare di capire quanto sta accadendo, verificare la necessità di soccorsi e subito effettuare la manovra di rientro verso il porto, per poi comunicare ogni cosa alla Capitaneria.

Nel frattempo i passeggeri iniziano ad affollare il Salone de luxe, con i loro bagagli, gli sguardi un po' persi, preoccupati nonostante le parole del personale Navarma che all'ingresso del salone li accoglie dicendo di stare tranquilli: «È solo un problema tecnico che ci costringe a rientrare temporaneamente in porto, ci scusiamo dell'inconveniente, fra pochi minuti saremo di nuovo a Livorno».

Il bar di prua adesso è vuoto, la televisione continua a trasmettere una partita che nessuno segue più. Diversi passeggeri, più incuriositi che spaventati, stanno osservando quegli strani bagliori provenienti dal mare, accanto alle finestre. Due bimbe sembrano eccitate per questo strano fuori programma, senza accorgersi dello sguardo teso e preoccupato dei loro genitori. Una signora stringe al petto il suo cagnolino, accarezzandolo. Poco più in là si trova una coppia di giovani sposi: lui prova a farla sorridere, senza riuscirci, immaginando il momento in cui racconteranno quella strana avventura fuori programma agli amici, una sera a tavola, appena saranno tornati a casa. Poco dopo, qualcosa oscura completamente il traghetto. Buio completo ovunque. L'elettricista di bordo cerca di intervenire ma non capisce cosa accada, gli impianti sembrano perfettamente a posto...

In plancia, strane e continue interferenze disturbano il canale radio 16 VHF, normalmente riservato alle comunicazioni di emergenza e di soccorso. Ma Chessa non sta più pensando alla radio e al radar, in questo momento: ordina al marconista di abbandonare la sua stazione di lavoro e di recarsi in plancia comandi, per continuare dal locale impianto VHF i tentativi di contatto con la Capitaneria di porto. Campus, il marconista, stava tentando di comunicare con un fornitore di Olbia per disdire le ordinazioni del giorno successivo. Inutilmente. Il tentativo di comunicazione rimane comunque registrato sul nastro IPL di Livorno Radio. Campus entra nella stazione di governo del traghetto e si reca subito all'impianto radio dislocato in plancia. Uno, due, tre tentativi, tutti inutili… «Non ci riesco comandante. Nessun segnale, nessuna risposta. Siamo sovrastati da continue interferenze, disturbi strani, non è mai successo prima».

Chessa rimane immobile a osservare l'orizzonte, gli rimangono in mente quelle ultime parole del marconista… È vero: altre volte era capitato di avere problemi con le comunicazioni via radio attraversando zone disturbate, ma mai così intensamente e così a lungo. Domande che alimentano una strana inquietudine, mentre mancano ancora poche decine di metri per superare completamente la petroliera e avviare la manovra di rientro.

Il Moby Prince sfila silenzioso sul mare lasciando l'Agip Abruzzo sul lato sinistro e adesso è tutto più chiaro: dalla plancia del traghetto, e anche dal sottostante Salone de luxe, molti vedono ciò che sta accadendo, anche se forse non tutti capiscono. Accanto alla petroliera, sul lato rivolto verso il mare, invisibile dal porto di Livorno, ci sono alcune piccole imbarcazioni. Altre ancora, non illuminate, sono in movimento: le loro sagome vengono illuminate dai bagliori delle fiamme.

Due imbarcazioni sono a distanza ravvicinata fra loro e dalla petroliera: a bordo di una di queste, simile a una chiatta, è scoppiato un incendio, anche l'altra è toccata dal fuoco ma sembra in minore difficoltà. Una terza imbarcazione pare impegnata a prestare soccorso alle altre due, ma con scarsi risultati. Ci sono fiamme anche sulla superficie del mare, ogni tanto segue un boato. Le vibrazioni… Non si tratta di pescatori, non sono bettoline quelle, e nemmeno rimorchiatori.

C'è una missione in corso quella sera, alla quale partecipano imbarcazioni che non dovrebbero trovarsi a quell'ora in navigazione. Il Moby Prince, the passenger ship, ci finisce in mezzo.

Altre navi, più grandi, sono visibili più al largo: sembrano ancorate, come in attesa. Altre imbarcazioni ancora, più piccole, stanno arrivando dalla zona del Calambrone: forse sono le stesse che il comandante seguiva sul monitor del radar prima che questo andasse fuori uso, ma ora procedono molto più lentamente e sono vicine, sono visibili. Una di queste, Teresa, ha rischiato più volte la collisione con altre navi in partenza da Livorno, pur di arrivare puntuale all'appuntamento che, quella sera, la lega a un'altra nave ancorata nella rada di Livorno.

Ancora il solito elicottero sorvola la zona, alternando rotazioni di breve raggio a momenti di sovrastante immobilità su quello specchio di mare. I suoi movimenti sono accompagnati da crescenti disturbi agli apparati di radiocomunicazione.

Uno strano presagio attraversa la mente del comandante Chessa mentre il timoniere si appresta a iniziare la manovra di rientro. Intanto, nessuno dalla plancia del traghetto si accorge che accanto alla chiatta incendiata tutta la superficie del mare adesso è in fiamme. Forse carburante riversatosi in acqua, forse altro. La chiatta sembra impazzita, inizia a roteare su se stessa come per allontanare le fiamme dallo scafo, ma la situazione peggiora perché adesso le fiamme sembrano circondarla completamente, senza scampo. Manovra inutile, anche perché sembra che l'origine delle fiamme provenga proprio da quello scafo. Chessa e il timoniere stanno intanto verificando l'eventuale presenza di ostacoli non illuminati e non segnalati sul lato di dritta del traghetto. «Via libera alla manovra di rientro», sembrerebbe dire il comandante, ma quella frase rimane come strozzata in gola.

Accade tutto in un attimo: l'imbarcazione incendiata schizza a tutta velocità in direzione opposta alla prua dell'Agip Abruzzo, verso nord, in rotta di collisione contro il Moby Prince. Il timoniere sembra incapace di governarla, vira a sinistra, poi a dritta, ora punta verso il fianco sinistro della prua del Moby Prince, forse ha perso il controllo, forse non fa nemmeno in tempo ad accorgersi che un'improvvisa deflagrazione sta per aprire una voragine nella fiancata destra della chiatta.

L'esplosione è violenta: parti di materiale esploso e incendiato vengono scaraventate a centinaia di metri di distanza, alcune finiscono in mare e continuano a bruciare, altre sono proiettate contro la zona di prua del traghetto passeggeri. Alcune parti finiscono sul ponte imbarcazioni, altre scheggiano la parte superiore della plancia comandi tranciando alcune antenne e sovrastrutture. La reazione del timoniere del Moby Prince è immediata, quasi istintiva, questione di una frazione di secondi: improvvisa virata a dritta per 30°, per evitare la collisione.

Il comandante invia una squadra di uomini sul ponte imbarcazioni per domare i focolai d'incendio e per verificare eventuali danni prodotti, illuminando la zona di prua con i fanali utilizzati per le operazioni di ormeggio. Trascorrono alcuni secondi, il peggio sembra passato.

«Non ce la faccio comandante, non riesco a rientrare in rotta». Chessa fissa lo sguardo del timoniere e darebbe chissà cosa per non sentire quello che sta per dirgli. «Comandante, la timoneria non risponde!» Il timoniere, compiuta la brusca virata, cerca di rimettere la prua in direzione est, verso la diga della Meloria ma i comandi non rispondono, la rotta del traghetto prosegue con lo stesso raggio di curvatura, 30° a dritta «Comandante, forse dovremmo...», Chessa non lascia finire la frase al timoniere. Ha già capito tutto. Assume la guida del traghetto e, come prima cosa, riduce la velocità, continuando nel contempo a tentare di sbloccare la timoneria e di riprendere la rotta di rientro attraverso i comandi ausiliari.

Ma è tutto inutile. Il traghetto, pur rallentando, continua a procedere a una velocità sostenuta. La petroliera è distante meno di duecento metri. Intanto, la squadra di marinai sul ponte imbarcazioni sta domando i focolai di incendio, ignari di quanto sta per capitare. Solo negli ultimi secondi si accorgono che la fiancata destra della petroliera si sta avvicinando troppo. Chessa ordina al timoniere Padula di raggiungere gli altri nel Salone de luxe. Al suo fianco rimane il marconista Campus.

« Chi è quella nave? », dice qualcuno al microfono di un'imbarcazione sconosciuta, presente a poca distanza. Come impietriti, gli occhi sbarrati di quasi cento persone riunite nel Salone de luxe assistono dalle vetrate di prua al prologo della loro fine. Inesorabilmente, l'enorme fiancata della petroliera si avvicina sempre di più. La prua del Moby Prince non è piatta e arrotondata come quella di altri traghetti: la linea è quella tradizionale degli scafi nordici, prestigioso marchio di fabbrica dei cantieri inglesi Cammell Laird di Birkenhead: prua affusolata, idrodinamica. Quella prua adesso s'infila dentro la fiancata della petroliera come fosse burro, lasciandovi un'enorme voragine a forma di « v ». La collisione è forte ma nessuno a bordo si ferisce: sono tutti pronti e consapevoli dell'impatto, gli adulti proteggono i bambini. La cosa che fa più impressione adesso è il rumore sordo delle lamiere che si accartocciano.

E poi il silenzio. Il greggio iranian light non fa alcun rumore mentre fuoriesce dalla tanica sfondata della petroliera e si riversa sulla prua squarciata del Moby Prince, inondando il ponte imbarcazioni e penetrando in ogni sottostante anfratto. Nessun rumore fino al momento del primo sfregamento delle lamiere che produce un suono sinistro, sembra un cupo lamento proveniente dagli abissi. La squadra di marinai sul ponte imbarcazioni si ferma: chissà se hanno il tempo, una frazione di secondo, per intuire cosa sta per accadere. Abbandonano la zona di prua, riescono a malapena a raggiungere la zona di poppa del ponte imbarcazioni.

Una scintilla, il fuoco, un boato, un altro ancora, l'inferno. Il marinaio Esposito, le scarpe e gli abiti intrisi di greggio, ha una reazione immediata e riesce a gettarsi in mare un attimo prima che la vampata arrivi: nuota e si dibatte a lungo in mezzo al mare, in attesa dei soccorsi, cercando di rimanere a galla il più a lungo possibile. Gli altri, i suoi colleghi rimasti a bordo sul ponte imbarcazioni, non hanno scampo. Sono i primi a morire. Giovanni Tagliamonte, uno di loro, un ragazzo di Ercolano, porta al polso un orologio metallico e le lancette rimangono bloccate registrando l'ora della fine, per lui e per i suoi compagni, le 10:30.

«May day, siamo in collisione, prendiamo fuoco!». Mentre il marconista continua a chiedere soccorso via radio, il comandante Chessa aziona dalla plancia il comando di chiusura immediata delle porte di sicurezza del salone, per riparare l'ambiente dalle fiamme e comunica di rimanere calmi: «Il salone è a tenuta ignifuga, siamo in attesa dei soccorsi, li abbiamo già avvisati, arriveranno a momenti. Ripeto: rimanete calmi dentro il salone, intanto per precauzione indossate i giubbotti di salvataggio seguendo le indicazioni dell'equipaggio».

Alcuni piangono, altri pregano, una donna urla abbracciando le sue due figlie, un'anziana signora rimane immobile con lo sguardo fisso come se non si rendesse ancora conto di quanto stia accadendo. Alcuni dispongono di un telefono cellulare e provano a mettersi in contatto con l'esterno, a chiamare qualcuno, chiedere aiuto. Niente da fare, nessun segnale, nessun suono, è come se il traghetto fosse isolato dal resto del mondo.

«Teresa a Nave Uno in rada a Livorno: me ne vado via, me ne vado via, passo e chiudo!». La collisione, l'incendio fanno saltare la missione in corso. I programmi cambiano, c'è un imprevisto. Una nave, Teresa, annuncia via radio il suo rapido allontanamento dalla rada, e non è l'unica. Altre imbarcazioni fuggono dal punto dove è avvenuta la collisione, anziché tentare di prestare soccorso. Un peschereccio d'altura in fiamme viene osservato dal capomacchine dell'Agip Abruzzo sfilare di fianco alla petroliera; un peschereccio bianco entra quasi in collisione con un'imbarcazione di soccorso, all'imboccatura della diga portuale. Una chiatta interamente illuminata da una strana luce rossa, inspiegabilmente ferma a poca distanza dal punto in cui la petroliera in fiamme è stata investita dal traghetto, viene osservata dall'ormeggiatore Mattei che sta raggiungendo il punto di collisione a bordo del suo piccolo scafo. Il comandante della Efdim Junior, una delle navi militarizzate ancorate e regolarmente segnalate alle autorità portuali, accende i motori alle 22:30 per allontanarsi dalla zona della collisione ma decide di rimanere fermo sul posto perché, annota sul registro, sul radar compaiono numerosi bersagli di navi in rapida fuga dal luogo della collisione. Troppo pericoloso.

Intanto il fumo provocato dall'incendio sale alto e si diffonde in una zona sempre più vasta, coprendo la vista del cielo. Le navi in fuga comunicano tra loro ma quasi nulla rimane impresso sui canali di IPL Livorno Radio. I disturbi agli altri impianti radio e radar continuano, i primi soccorritori accorsi cercano di individuare il bersaglio della petroliera sul monitor ma vedono i loro radar impazziti, lo schermo bianco, come se ci fossero mille bersagli in mare. Il misterioso elicottero continua a volteggiare sulla zona della collisione, invisibile ai soccorritori; il movimento rotatorio delle pale spinge ancora più in basso il denso e pesante fumo nero del greggio in fiamme, rendendo ancora più difficoltosa la visibilità a livello del mare. Però i suoi movimenti adesso vengono seguiti da alcune persone che, affacciate a una terrazza sul lungomare, osservano l'incendio in rada e lo vedono stazionare sopra la petroliera.

«May day, may day, may day da Moby Prince!»: è il secondo disperato may day lanciato dal traghetto in fiamme, sono trascorsi circa venti minuti dalla collisione. «Ma cosa fanno, perché non rispondono? Perché non arrivano? Stiamo bruciando!». Chessa è rimasto da solo nella plancia comandi, proprio sopra la zona dove l'incendio divampa con maggiore virulenza. Ha ordinato al marconista Campus di abbandonare la stazione di governo per cercare rifugio nei locali sottostanti: il Salone de luxe è ormai chiuso e inaccessibile, al marconista non resta che trovare riparo e tentare di resistere il più possibile nella toilette situata accanto alle cabine di seconda classe. Il suo corpo, carbonizzato, verrà trovato lì.

Altre esplosioni, altre fiammate; impossibile resistere oltre in plancia comandi, impossibile tentare di governare il traghetto. Impossibile trovare scampo, per Chessa: dopo una breve fuga per le scale, raggiunge il ponte imbarcazioni e cerca rifugio in un vano situato proprio sotto la cabina di pilotaggio, dove il fuoco lo attende in agguato. Il traghetto inizia la sua lugubre danza alla deriva.

Alessio Bertrand, il mozzo, è sconvolto: raggiunge la poppa del traghetto, rimane aggrappato al corrimano, si infila un giubbotto salvagente e continua a soffiare nel fischietto di segnalazione. «Arriveranno, i soccorsi arriveranno a momenti!», pensa, e continua a fischiare e a piangere, accanto ai corpi dei compagni.

Chi è rimasto intrappolato dentro la nave, ma fuori dal salone, cerca di organizzare una squadra per aprire varchi di fuga tra le fiamme, per trovare un ambiente non ancora aggredito dal fumo e dal fuoco. Ma dal garage salgono fiamme e vapori micidiali. È una trappola.

All'interno del Salone de luxe la temperatura e i vapori tossici iniziano a rendere l'aria faticosamente respirabile: alcuni tentano di occludere le feritoie dell'impianto di condizionamento con qualunque materiale, altri preferiscono stendere sul volto fazzoletti e asciugamani. Non c'è più acqua. «I soccorsi arriveranno a momenti», continua a ripetere uno dell'equipaggio e sembra crederci veramente.

Tra i passeggeri chiusi nel salone c'è chi tenta di uscire da quella che progressivamente sta trasformandosi in una fornace umana. Ma le porte rimangono bloccate. Una nuova fiammata, un'onda di fuoco e di fumo irrompe improvvisamente da prua all'interno del salone. Alcune persone sono già a terra, svenute; altre rimangono investite dall'onda di calore e vapori tossici. Non c'è più alcuna distinzione fra passeggeri ed equipaggio: sono tutti esseri umani allo stremo, sfigurati dal terrore e dalla fatica di respirare; tentano di sopravvivere portandosi in direzione opposta al fuoco, pressando contro il portellone di poppa, tentando di forzarlo. Riescono ad aprire uno spiraglio, sembra finalmente che la porta stia per cedere ma in agguato c'è una nuova vampata di fuoco e di gas tossici, in direzione contraria, che li investe inesorabilmente. Cadono tutti, uno dopo l'altro, uno addosso all'altro in quell'estremo e inutile tentativo di fuga. Una donna tiene ancora abbracciate le sue due piccole figlie, mentre si accascia sul pavimento priva di sensi. La ritroveranno così, i soccorritori.

Gerhard Baldauf e Antonio Rodi, rimasti fuori dal salone, hanno intuito che la loro possibile salvezza sta nel raggiungere un locale a chiusura stagna, se possibile sotto il livello del mare. Rimanere lì fermi, davanti alle porte del salone, significa non avere scampo. Rodi vaga per ore nel ventre della nave, finché alle prime luci dell'alba, stremato, risale sul ponte imbarcazioni, dove si accascia e dove viene fotografato – il corpo perfettamente integro – il mattino seguente da un fotografo in elicottero.

Baldauf indossa una camicia di jeans e pantaloni di felpa verde e percorre una via di fuga diversa: scende le scale trattenendo il fiato, raggiunge la sala macchine e vi si chiude dentro ermeticamente. In quel punto della nave la temperatura per il momento sembra ancora accettabile, l'aria respirabile. Non gli resta altro da fare che aspettare, sperare. «I soccorsi arriveranno a momenti, sicuramente ci hanno visto, stanno per arrivare...».

RINGRAZIAMENTI

Il primo pensiero di riconoscenza va agli avvocati Alfredo Galasso e Bruno Neri: senza il loro aiuto e la loro disponibilità, questo lavoro non sarebbe mai nato. L'archivio dell'ufficio livornese dello studio Neri si è rivelato una fonte preziosa di documenti, alla quale ho potuto liberamente attingere.

Utili si sono rivelati i contatti con gli avvocati Giunti, Bassano, Bernot.

Luigi De Franco, il magistrato incaricato delle prime indagini, è stato molto disponibile nel rispondere a numerosi dubbi e quesiti, soprattutto nella fase iniziale della ricerca, la più complessa. Analoga cortese disponibilità da parte di Federico Sgherri e Renato Roffi a Livorno.

Diverse persone si sono occupate prima di me di questa vicenda (e altre, mi auguro, continueranno a farlo per contribuire a far emergere la verità); la loro opera è stata utile per la stesura del libro, così come spero che questo lavoro possa servire ad altri. Fra queste voglio ricordare Luigi Grimaldi, fra i pochi che hanno cercato, ostinatamente, di andare oltre le cortine fumogene delle verità ufficiali.

Loris Rispoli, presidente del Comitato 140 e Angelo Chessa, figlio del comandante del Moby Prince, sono due pilastri della memoria: la loro sete di verità, la rabbia, la scelta di non arrendersi hanno rappresentato uno stimolo continuo.

Ho avuto la fortuna di incrociare, nel labirinto di quest'enigma, professionisti del giornalismo televisivo come Piero Riccardi e Michele Buono: senza il loro aiuto, e quello di Lorella Reale, questa ricerca avrebbe assunto un peso e un significato ben più limitato.

Un ringraziamento particolare e sincero all'editore e a Luciano Scalettari, inviato di *Famiglia Cristiana*, per aver creduto fin dall'inizio in questo libro. Le inchieste giornalistiche che svolge da tempo con i suoi colleghi, su alcune delle più torbide vicende legate ai traffici d'armi e rifiuti, rappresentano un prezioso riferimento per i capitoli centrali.

Un grazie alla mia famiglia per aver sopportato le lunghe presenze con la testa rivolta altrove e le assenze con il pensiero rivolto a casa.

A conclusione di questo percorso c'è un luogo, oltre a Livorno al quale mi sento profondamente legato: i boschi e i paesi ai piedi dello Schlern. La quiete e i colori di quelle terre, sono stati una risorsa insostituibile alla quale attingere nei momenti difficili, quando sei quasi arrivato a metà del guado e devi decidere se mollare tutto o andare avanti fino in fondo.

Un profondo e sincero riconoscimento, infine, a tutte quelle persone (consulenti, periti, avvocati) che, contattate per avere informazioni su questa vicenda, mi hanno sistematicamente sbattuto in faccia la cornetta del telefono. Grazie a loro ho maturato la convinzione che questo lavoro andava fatto.

E. F.

FONTI DOCUMENTALI

La versione originaria del libro presentava note a piè di pagina, che riportavano pedissequamente la citazione di ogni fonte documentale. Risultato: ne sarebbe scaturito un libro di circa ottocento pagine, utile come strumento di autodifesa ma poco adatto alla lettura.

Da qui la scelta – preservando comunque la prima versione in formato elettronico, completa di riferimenti – di evitare le note, elaborando un elenco finale delle fonti utilizzate per tutte le citazioni riportate nel libro (quelle impiegate per la ricerca complessiva sono di numero ben maggiore).

Verbali udienze

Verbali udienze processuali del 13 dicembre 1995; 19 dicembre 1995; 20 dicembre 1995; 26 gennaio 1996; 29 gennaio 1996; 31 gennaio 1996; 19 febbraio 1996; 12 aprile 1996; 17 aprile 1996; 19 aprile 1996; 10 maggio 1996; 13 maggio 1996; 15 maggio 1996; 20 maggio 1996; 22 maggio 1996; 29 maggio 1996; 30 maggio 1996; 3 giugno 1996; 5 giugno 1996; 6 giugno 1996; 10 giugno 1996.

Relazioni, inchieste amministrative e sentenze procedimenti penali

– Commissione d'inchiesta del ministero della Marina mercantile, risultati dell'inchiesta sommaria della Capitaneria di porto di Livorno, «Ricostruzione dell'evento».

- «Ricostruzione della dinamica del sinistro sulla scorta delle prime testimonianze», Capitaneria di porto di Livorno, 29 aprile 1991.
- Capitaneria di porto di Livorno, «Cronologia degli avvenimenti relativi alla collisione tra il M/T Moby Prince (sic!) e la M/C Agip Abruzzo avvenuta la sera del 10.4.1991 ricostruita dalle annotazioni riportate dall'operatore di servizio alla Centrale operativa nel brogliaccio della centrale».
- Sintesi della relazione conclusiva elaborata dalla Commissione della Capitaneria di porto di Livorno il 14 maggio 1991, e ricompresa nella relazione della Commissione d'inchiesta del ministero della Marina mercantile, Risultati dell'inchiesta sommaria della Capitaneria di porto di Livorno, cap. 3.1 «Ricostruzione dell'evento».
- Tribunale di Livorno, ufficio del Gip, procedimento n. 1283/91 Gip, n. 541/91 N.R., Disposizione di archiviazione nei confronti di Achille Onorato e Renato Superina, 10 ottobre 1994.
- Tribunale di Livorno, procedimento n. 541/91, Sentenza di primo grado processo Moby Prince.
- Pretura circondariale di Livorno, Sentenza n. 892 del 15 novembre 1997 nei confronti di Ciro Di Lauro e Pasquale D'Orsi.
- Corte d'appello di Firenze, Sentenza del 5 febbraio 1999, n. 415.
- Relazione della Commissione speciale d'inchiesta formale per la collisione e l'incendio delle navi M/T Moby Prince e M/C Agip Abruzzo, vol. I.
- Testo preparatorio della relazione Commissione d'inchiesta del ministero della Marina mercantile, cap. 9.3 «Considerazioni», paragrafo 9.3: «Soccorritori».
- Testo preparatorio della relazione Commissione d'inchiesta del ministero della Marina mercantile, cap. 9.3 «Considerazioni», paragrafo 9.3.3: «Provvedimenti».
- Relazione della Commissione speciale d'inchiesta del ministero della Marina mercantile, Appendice G.
- Testo preparatorio della relazione Commissione d'inchiesta del ministero della Marina mercantile, cap. 20 «Appendice».

Relazioni tecnico-scientifiche allegate agli atti di indagine e processuali

- Relazione «Incendio traghetto Moby Prince», p. D2.3, comandante provinciale dei VV.FF. ing. Fabrizio Ceccherini.

- Relazione «Incendio Agip Abruzzo», p. E2.1, comandante provinciale dei VV.FF. ing. Fabrizio Ceccherini.
- «Modalità d'intervento VV.FF. Incendio petroliera Agip Abruzzo. D1.2 - 12 aprile», p. D1.2, comandante provinciale dei VV.FF. ing. Fabrizio Ceccherini.
- «Rilievi tecnici della polizia scientifica di Livorno», atti del processo.
- Comunicazione della polizia scientifica, Divisione IV Sezione I, alla Procura della Repubblica di Livorno.
- Ministero dell'Interno, Dipartimento della Pubblica sicurezza, Direzione centrale della polizia scientifica, Servizio polizia scientifica, Divisione IV - Sez. Fisica, Prot. n. 123D/369/12A, oggetto: procedimento penale relativo alla sciagura verificatasi in Livorno il 10.04.1991 tra la M/N Moby Prince e la M/C Agip Abruzzo.
- Relazione sul microclima, limitatamente alla visibilità, nella rada di Livorno. Aeronautica militare, Pratica di mare, 22 gennaio 1997.
- Log delle registrazioni effettuate dalla stazione costiera IPL Livorno Radio.
- Procura della Repubblica presso il Tribunale di Livorno, P.P. n. 542/91, Relazione di consulenza tecnica in materia chimico esplosivistica a carico di Onorato Achille + 1 per il reato di omicidio colposo e altro, eseguita dal Consulente tecnico dr. Alessandro Massari, Roma 26 febbraio 1992.
- Procura della Repubblica presso il Tribunale di Livorno, P.P. n. 542/91, Relazione di consulenza tecnica in materia chimico esplosivistica a carico di Onorato Achille + 1 per il reato di omicidio colposo e altro, eseguita dal Consulente tecnico dr. Alessandro Massari, Roma 21 novembre 1992.
- Perizia della Commissione permanente per gli esperimenti del materiale da guerra, Marina militare, firmata fra gli altri da Luciano D'Alessandro, Carlo Di Stefano, Aldo Picedi, La Spezia, 26 ottobre 1992, 36 pagine.
- Relazione Fonit Cetra sulle operazioni peritali riguardanti l'esame delle copie del nastro originale audio registrato alla stazione radio costiera di Livorno (IPL) il giorno 10/4/91», inviata al giudice delegato ex art. 228 c.p.p. dott.ssa Maria Sammarco, Milano, 5 marzo 1997.
- «Perizia medico legale, reperto n. 7 identificato come Rodi Antonio, nato a Siderno Marina (RC) il 22/2/1950, ivi residente, via Ionio n. 10».

- «Perizia medico legale, reperto n. 104 identificato come Martignago Giuseppina, nata il 10/11/44 a Volpago del Montello (TV) e ivi residente, vicolo S. Carlo 7».
- «Perizia medico legale, reperto n. 1 identificato come Luigi Perez De Vera, nato a Napoli il 24/8/66 e ivi residente in via Vico Candelora 16».
- «Perizia medico legale, reperto n. 5 identificato come Tagliamonte Giovanni, nato a Ercolano (NA) il 22/4/1954, ivi residente, via Cegnacolo».
- «Perizia medico legale, reperto n. 51 identificato come Rizzo Salvatore, nato il 14/5/61 a Catania e residente a Misterbianco (CT), via Portella delle Ginestre 67».
- «Perizia medico legale, reperto n. 106 identificato come Fusinato Angelo, nato ad Arsié (BL) il 9/2/33 e ivi residente in via Fusinato».

Verbali testimonianze, atti d'indagine e rapporti informativi

- Verbale di riunione periti e consulenti n. 62 presso il Tribunale di Livorno, procedimento penale n. 542/91 N.R.
- Verbale di assunzione di informazioni da parte del comandante del porto di Livorno, Sergio Albanese, davanti al Pm Luigi De Franco, Procura della Repubblica presso il Tribunale di Livorno, 19 aprile 1991.
- Verbale di sommarie informazioni fornite da Renato Superina il 13 aprile 1991 presso gli uffici della polizia giudiziaria di Livorno.
- Verbale di sommarie informazioni rese da Sergio Mazzoni alla Procura della Repubblica presso il Tribunale di Livorno, 4 maggio 1991.
- Estratto giornale nautico della M/N Efdim Junior.
- Tribunale di Livorno, Sezione di P.G. carabinieri, verbale di s.i. rese da Romeo Ricci, 15 aprile 1991.
- Lettera raccomandata a mano inviata il 17 aprile 1991 dal comandante del porto al procuratore della Repubblica presso il Tribunale di Livorno.
- Questura di Livorno, Gabinetto provinciale di polizia scientifica, verbale di sommarie informazioni rese da Silverio Vitiello, 3 dicembre 1992.
- Questura di Livorno, ufficio Digos, verbale delle dichiarazioni rese da Michele Vitiello il 29 giugno 1995.

- Questura di Livorno, ufficio Digos, verbale delle dichiarazioni rese da Salvatore Pappalardo il 22 giugno 1995.
- Questura di Livorno, ufficio Digos, verbale delle dichiarazioni rese da Silverio Vitiello il 30 giugno 1995.
- Procura della Repubblica presso il Tribunale di Livorno, Sezione di polizia giudiziaria, Sezione carabinieri, verbale di sommarie informazioni rese da Michele Vitiello il 19 aprile 1991.
- Procura della Repubblica presso il Tribunale di Livorno, Stazione P.G. carabinieri, verbale di sommarie informazioni rese da Paolo Thermes il 15 aprile 1991.
- Questura di Livorno, Gabinetto provinciale di polizia scientifica, verbale di sommarie informazioni rese da Paolo Thermes il 18 febbraio 1993.
- Procura della Repubblica presso il Tribunale di Livorno, Stazione P.G. carabinieri, verbale di sommarie informazioni rese da Roger Olivieri il 29 aprile 1991.
- Questura di Livorno, Gabinetto provinciale di polizia scientifica, verbale di sommarie informazioni rese da Roger Olivieri il 18 febbraio 1993.
- Capitaneria di porto di Livorno, Commissione d'inchiesta sommaria, verbale delle dichiarazioni rilasciate da Romeo Ricci alla presenza dell'avvocato Guido Zavattoni in rappresentanza della società Snam e dell'avvocato Edoardo Morace del Foro di Napoli in rappresentanza della società Navarma, Livorno 16 aprile 1991.
- Procura della Repubblica presso il Tribunale di Livorno, Verbale di assunzione d'informazioni rese da Romeo Ricci il 19 aprile 1991.
- Procura della Repubblica presso il Tribunale di Livorno, verbale di assunzione d'informazioni rese da Romeo Ricci il 30 gennaio 1992.
- Verbale di sommarie informazioni rese da Renato Roffi alla Procura della Repubblica presso il Tribunale di Livorno, il giorno 15 maggio 1991.
- Tribunale di Livorno, memoria delle parti offese con indicazione di mezzi di prova ex art. 90 c.p.p., memoria ex art. 121 delle parti civili costituite con il patrocinio degli avv.ti A. Filastò e M. Giunti, Istanza ex art. 507 c.p.p., proc. n. 542/91 R.G.N.R., 6 giugno 1996.
- Verbale redatto il 27 aprile 1993, ore 14:30 presso il Gabinetto di polizia scientifica della Questura di Livorno, ispettore Giampietro Grosselle.

- Verbale di assunzione d'informazioni da parte di Alessio Bertrand, 11 aprile 1991, Uff. di P.G. Alemando e Giordano.
- Procura della Repubblica presso il Tribunale di Livorno, Verbale di assunzione di informazioni n. 462/91 da parte di Alessio Bertrand.
- Verbale di assunzione di informazioni da parte della Capitaneria di porto di Livorno, 26 aprile 1991 presso la Capitaneria di porto di Napoli, alla presenza di Alessio Bertrand; all'incontro sono presenti gli avvocati Daniele Perna e Eduardo Morace.
- Verbale di assunzione d'informazioni rese da Alessio Bertrand il 30 settembre 1991, Procura della Repubblica presso il Tribunale di Livorno.
- Verbale di sopralluogo n. 33 del 12/11/91, come riportato nella Sentenza n. 892 del 15/11/97 Pretura Circ. di Livorno.
- Procedimento penale n. 542/91, Verbale di Riunione n. 62 presso il Tribunale di Livorno, 27 gennaio 1993.
- Verbale Commissione ministeriale d'inchiesta, Roma, 16 novembre 1991.
- Verbale di assunzione d'informazioni da parte di Ennia Tomasin, 14 marzo 1992, davanti al Pm Luigi De Franco.
- Annotazione attività d'indagine, 23 aprile 1991 ore 16:30, brigadiere Angelo Arangio, Procura della Repubblica presso il Tribunale di Livorno. Sez. P.G. Aliquota carabinieri.
- Procura della Repubblica di Livorno, Verbale di persona informata sui fatti, dichiarazioni di Ezio Bertolini, 30 giugno 1993.
- Procedimento penale n. 542/91 N.R., verbale di riunione n. 45 del 22 settembre 1992, allegato B.
- Questura di Livorno, Gabinetto provinciale di polizia scientifica, verbale di s.i. rese da Venturi Umberto il 16 dicembre 1992.
- Procura della Repubblica di Livorno, dichiarazioni rese da Marco Pompilio in data 26 febbraio 1993.
- Procura della Repubblica di Livorno, verbale di assunzione d'informazioni rese da Renato Superina, 11 aprile 1991.
- Questura di Livorno, Gabinetto provinciale di polizia scientifica; oggetto: annotazione relativa alle indagini sulla collisione del traghetto Moby Prince con la petroliera Agip Abruzzo, 18 febbraio 1993.
- Verbale delle dichiarazioni rilasciate da Massimo Vernace, redatto il 27 aprile 1993, ore 14:30 presso il Gabinetto di polizia scientifica della Questura di Livorno, ispettore Giampietro Grosselle.

- Verbale delle dichiarazioni rilasciate da Federico Laviosa, redatto il 28 aprile 1993, ore 13:45, presso il Gabinetto di polizia scientifica della Questura di Livorno, ispettore Giampietro Grosselle.
- Questura di Livorno, Sezione di P.G. carabinieri, verbale di s.i. rese da Romeo Ricci, 15 aprile 1991.
- Procura della Repubblica presso il Tribunale di Livorno, verbale di assunzione d'informazioni da parte di Valentino Rolla, 8 febbraio 1993.
- Verbale delle sommarie informazioni rese da Roger Olivieri, 18 febbraio 1993.
- Verbale di sommarie informazioni rese da Paolo Thermes il 15 aprile 1991 alla Procura della Repubblica presso il Tribunale di Livorno.
- Rapporto informativo del 12 aprile 1991, dichiarazioni rilasciate da Roger Olivieri.
- Verbale di assunzione d'informazioni, 1° giugno 1993, da parte di Paolo Thermes davanti al Pm Luigi De Franco.
- Questura di Livorno, Gabinetto provinciale di polizia scientifica, verbale delle s.i. rese da Bergonzi Antonio.
- Verbale delle s.i. rese da Mattei Valter l'anno 1993, addì 10 del mese di febbraio, alle ore 9:30, negli uffici del Gabinetto di polizia scientifica della Questura di Livorno.
- Testimonianza di Paolo Thermes citata nella memoria delle parti offese con indicazione di mezzi di prova ex art. 90 c.p.p., 6 giugno 1996.
- Procura della Repubblica presso il Tribunale di Livorno, Verbale di sommarie informazioni rese da Marco Pompilio il 14 aprile 1991.
- Procura della Repubblica presso il Tribunale di Livorno, dichiarazione di Marco Pompilio innanzi all'ispettore di P.S. Grosselle delegato dal Pm, 26 febbraio 1993.
- Procura della Repubblica presso il Tribunale di Livorno, Verbale di s.i. rese da Marco Pompilio il 14 aprile 1991.
- Verbale delle s.i. rese da Mattei Valter l'anno 1993, addì 10 del mese di febbraio, alle ore 9:30, negli uffici del Gabinetto di polizia scientifica della Questura di Livorno.
- Copia dell'estratto giornale nautico della M/N Efdim Junior trasmessa dal comandante Kostis Petros alle autorità portuali del porto di Livorno.
- Verbale di assunzione d'informazioni da parte di Marcella Bini, 25 marzo 1993, n. 542/91 R.G. notizie di reato.

- Questura di Livorno, Gabinetto provinciale di polizia scientifica, «Annotazione relativa alle indagini delegate dal Pm svolte presso l'aeroporto militare di Pisa San Giusto, riferite alla sciagura verificatasi in data 10 aprile 1991 tra la M/N Moby Prince e la M/C Agip Abruzzo.

Documenti vari

- Lettera scritta il 24 maggio 2002 da John T. Oliver, capitano di vascello della Marina statunitense e capoufficio responsabile dell'avvocatura militare statunitense, al presidente del gruppo Margherita-Democratici presso il Consiglio regionale della Toscana, Erasmo D'Angelis.
- Commissione parlamentare d'inchiesta sul ciclo dei rifiuti e sulle attività illecite a esso connesse, presieduta da Massimo Scalia, seduta di martedì 20 febbraio 2001, relazione del senatore Giovanni Iuliano sulla situazione in Toscana e Umbria.
- Commissione parlamentare d'inchiesta sul ciclo dei rifiuti e sulle attività a esso connesse, presieduta da Massimo Scalia (XIII Legislatura), Documento sui traffici transfrontalieri di rifiuti approvato nella seduta del 21 dicembre 2000, Capitolo 7.2: I traffici verso l'Africa.
- Atti della Commissione parlamentare d'inchiesta sulla cooperazione con i Paesi in via di sviluppo, audizione del sostituto procuratore di Milano, dott.ssa Gemma Gualdi, 13 giugno 1995.
- Commissione parlamentare d'inchiesta sul ciclo dei rifiuti e sulle attività illecite a esso connesse, seduta di martedì 20 febbraio 2001, relazione del senatore Giovanni Iuliano sulla situazione in Toscana e Umbria.
- www.fbodaily.com/cbd/archive/1995/08(August)/11-Aug-1995/Msol001.htm.
- Relazione sui lavori della Commissione parlamentare sulle stragi, XI Legislatura, anno 1994.
- «La strategia terroristico-mafiosa connessa con gli attentati del 1993 in Italia: profili investigativi». Giovanni De Gennaro, vicecapo della polizia - Direttore centrale della polizia criminale. Atti del 1° Seminario Europeo «Falcon One» sulla criminalità organizzata, Roma 26-27-28 aprile 1995.
- Sentenza-ordinanza su piazza Fontana del giudice Guido Salvini.
- F. Calvi - F. Laurent, *Piazza Fontana. La verità su una strage*, Mondadori, Milano 1997.

- Nota informativa della Digos di Verona in data 1.6.1996 e atti allegati, vol. 8, fasc. 2, ff. 9 e ss.
- Resoconti stenografici sedute parlamentari, X Legislatura, intervento dell'on. Luigi Cipriani in aula, 2 agosto 1990.
- Comitato parlamentare per i servizi d'informazione e sicurezza, Primo rapporto sul sistema di informazione e di sicurezza, n. 2 maggio-agosto 1995.
- Comitato parlamentare per i servizi d'informazione e di sicurezza, Primo rapporto sul sistema di informazione e di sicurezza, documenti sulla VII Divisione e su Gladio, n. 2 maggio-agosto 1995.
- Atti parlamentari XIII legislatura, Camera dei Deputati, seduta del 31 marzo 1998, n. 336, illustrazione dell'interpellanza n. 2. 00890 a firma Nardini - Michelangeli.
- Procura della Repubblica di Asti, verbale dell'interrogatorio svoltosi il 7 giugno 1999 nei confronti di Roberto Ruppen, coinvolto nell'inchiesta sul Progetto Urano.
- M. Gambino - L. Grimaldi, *Traffico d'armi. Il crocevia yugoslavo*, Editori Riuniti, Roma 1995.
- Atti della Commissione parlamentare d'inchiesta sulla cooperazione con i Paesi in via di sviluppo, audizione del dott. Franco Oliva, 8 marzo 1995.
- www.portauthority.li.it.
- IX Commissione Trasporti, seduta n. 837 del 15/1/2001, Resoconto stenografico.
- Lettera inviata da Erasmo D'Angelis all'ambasciatore americano a Roma, Thomas Foglietta, nell'aprile 2002.
- www.greenpeaceweb.org/shipbreak/news59.asp, vedi: *Lloyd's List*, 24 ottobre 2003, p. 7.
- *Naval Vessel Register*, http://www.nvr.navy.mil/.
- Rai3 Toscana, rubrica settimanale Tgr7, *La morte vista dal cielo*, 8 aprile 1993. Intervista di Mammoliti della sede Rai di Firenze.
- Intervista a Romeo Ricci tratta da: *Moby Prince: una storia italiana* di Parissone, 13/05/93, Teche Rai.
- Camera dei Deputati, Doc. XXII n. 37, proposta d'inchiesta parlamentare presentata il 25 luglio 1995 d'iniziativa dei deputati Magrone e altri.
- Camera dei Deputati, Doc. XXII n. 12, presentato il 18 giugno 1996 da Pistone; Doc. XXII n. 22, presentato il 3 ottobre 1996 da Gambale e altri.
- Camera dei Deputati, Doc. XXII n. 38, presentato il 6 novembre 1997 da Massidda e altri.

- Camera dei Deputati, Doc. XXII n. 39, presentato il 20 novembre 1997 da Susini e altri.
- Resoconto sommario della seduta n. 215 della Commissione Affari costituzionali, giovedì 29 gennaio 1998, presidente Villone.
- Resoconto sommario della seduta n. 215 della Commissione Affari costituzionali, giovedì 29 gennaio 1998.
- *Il Tirreno*, 11, 12, 14, 16 e 17 aprile 1991.
- *La Repubblica*, 12 settembre 1984, 12 aprile 1991.
- *Corriere della Sera*, 4, 10, 14, 15 aprile 1991.
- *La Nazione*, 2, 5, 14, 16, 17 aprile 1991.
- *La Stampa*, 7 febbraio 2002.
- *Il Giorno*, 14 aprile 1991.
- *Il Nuovo*, 26 febbraio 2003.
- *Quotidiano.net*, 8 aprile 2001.
- *The Hindu*, 30 settembre 2003.
- *Liberazione*, 22 ottobre 1999.
- *Il Manifesto*, 5 febbraio 1998.
- R. Zordan, *Il Parlamento conferma*, in *Nigrizia*, 1° dicembre 2000.
- B. Carazzolo - A. Chiara - L. Scalettari, *E la nave va*, in *Famiglia Cristiana*, 8 aprile 1998.
- G. e L. Alpi - M. Gritta Grainer - M. Torrealta, *L'esecuzione*, Kaos, Milano 1999.
- B. Carazzolo - A. Chiara - L. Scalettari, *Ilaria Alpi: un omicidio al crocevia dei traffici*, Baldini&Castoldi, Milano 2002.
- *Next generation ocean observing buoy in support of Nasa's earth science enterprise*, in *Proceeding Ocean Community Conference, The Marine Technology Society Annual Conference*, Baltimora, MD, novembre 1998, pp. 124-128.
- E. Arrighi, *La tragedia del Moby Prince*, Valenti di Allegranti, Pisa 1993.

INDICE

Collana
LIBROTECA PAOLINE

Come « scrigno» di sorprese variegate ma piacevoli, la collana offre a un vasto numero di lettori e lettrici pagine di letture accattivanti sotto il profilo letterario e tematico, puntando di volta in volta l'attenzione anche su personaggi e argomenti di attualità.

29. *L'arte di non lasciarsi manipolare. Guida pratica*, di Isabelle NazareAga
36. *Etty Hillesum. Un itinerario spirituale. Amsterdam 1941 - Auschwitz 1943*, di Paul Lebeau
51. *Maddalena. Gesù e la donna che lo amava*, di Gordon Thomas
56. *I santi di tutto l'anno*, di Myriam Castelli
64. *I miracoli eucaristici in Italia*, di Raffaele Iaria
65. *Moby Prince. Un caso ancora aperto*, di Enrico Fedrighini
71. *Delle onde e del mare. L'avventura di un cristiano in dialogo con lo Zen*, di Luciano Mazzocchi
74. *Possessioni diaboliche ed esorcismo. Come riconoscere l'astuto ingannatore*, di Francesco Bamonte
78. *Bocchescucite. Voci dai Territori Occupati*, di Nandino Capovilla e Betta Tusset
79. *Angeli sulla mia strada. Storie vere*, di Enza Paola Cela
84. *Il diavolo esiste, io l'ho incontrato*, di Fra Benigno
88. *Gli angeli ribelli. Il mistero del male nell'esperienza di un esorcista*, di Francesco Bamonte
93. *Un cuoricino di nome Chiara. Una storia vera*, di Valentina Olivi
95. *Ali bruciate. I bambini di Scampia*, di Alessandro Pronzato e Davide Cerullo
96. *Amare. Storie di madri coraggiose*, di Licia Campi Pezzi
99. *Madre Maria Teresa dell'Eucarestia. Dalla clausura a una nuova forma di vita contemplativa*, di Sergio Zavoli, Eliana Pasini ed Enrico Garlaschelli
100. *Sentieri per lo spirito. Trekking per tutti nei luoghi della fede*, di Gianni Di Santo e Carlo Finocchietti
105. *Un parroco all'inferno. Abuna Manuel tra le macerie di Gaza*, di Nandino Capovilla
106. *Via crucis in Terra Santa. Dalla croce la pace*, di Nandino Capovilla e Betta Tusset
108. *Non esistono ragazzi cattivi. Esperienze educative di un prete al Beccaria di Milano*, di Claudio Burgio
109. *La Sindone. Storia di una immagine*, di Gian Maria Zaccone
110. *San Francesco di Sales e la sua lotta contro il diavolo*, di Gilles Jeanguenin
114. *Io, madre di mia suocera. Vivere accanto a un malato di Alzheimer*, di Monica Follador
115. *La Vergine Maria e il diavolo negli esorcismi*, di Francesco Bamonte
118. *Profondo come il mare. Io e i miei amici disabili*, di Myriam Altamore
119. *Francesco e la chiave del suo mondo. Autismo e musicoterapia*, di Franca Bianchi e Antonia D'Arcangelo
122. *Quando il silenzio parla. La vita dei Certosini*, di Tim Peeters
123. *Guarire le ferite dell'anima con san Francesco di Sales*, di Gilles Jeanguenin
124. *Il buttafuori di Dio. Una storia vera*, di John Pridmore e Greg Watts
125. *La speranza non fa rumore. Storie speciali di persone normali*, di Chiara Bertoglio
126. *Da Cristo al Guru andata e ritorno. L'esperienza di un cercatore di Dio*, di P. Joseph-Marie Verlinde

128. *La penisola proibita. Esperienza al Monte Athos*, di Alain Durel
129. *Io cristiano come voi*, di Gino Rigoldi
131. *Quella volta un angelo. Incontri che cambiano la vita*, a cura di Patrizia Ruscio
134. *I rom di via Rubattino. Una scuola di solidarietà*, a cura di Elisa Giunipero e Flaviana Robbiati
135. *La camera vuota. Riflessi di una vita interrotta*, di Maria Elena Sacchini
137. *Oltre le mura del tempio. Cristiani tra obbedienza e profezia. Conversazione con Aldo Maria Valli*, di Bartolomeo Sorge
138. *La meraviglia di un sorriso. Il mio primo anno da papà*, di Roberto Allegri
139. *Un gancio in mezzo al cielo*, di Giulia Gabrieli
140. *Gesù. Il Messia della pace*, di Alberto Vitali
141. *Un miracolo nella foresta. Sulle orme di Chiara Lubich. In dialogo con Martin Nkafu Nkemnkia*, di Sabina Caligiani
142. *Ernesto Balducci. La parola di Dio nella storia*, di Rosario Giuè
143. *Voglia di normalità. Finestre di resistenza nonviolenta palestinese*, di Nandino Capovilla e Betta Tusset
144. *Sul palmo della tua mano. Storie di speranza e miracoli d'amore*, di Gianni Mattia
145. *Unmilioneottocentomila passi. Io, il mio bambino e il Cammino di Santiago*, di Elisabetta Orlandi
146. *«Mi basta che tu mi vuoi bene». Il mio viaggio con i Rom*, di Vincenzo De Florio, a cura di Alba Monti
147. *Viva di nuovo. Come sono guarita dall'anoressia*, di Clara Brunello
148. *Più forte della violenza*, di Marie Deliesse
149. *Nate invisibili. Voci emerse dal silenzio*, di Laura Badaracchi
150. *La mia 'ndrangheta*, di Rosy Canale ed Emanuela Zuccalà
151. *La danza delle ombre. Con Mohammed nel mondo degli ultimi*, di Marina Scardavi
152. *Quel poco di fede che mi porto dentro. Il sacerdote e lo scrittore. Pagine scelte*, a cura di Laura Bosio e Bruno Nacci
155. *Parole in libertà. Diario semiserio della madre di un disabile*, di Laura Previdi
156. *Credere sperare amare con san Francesco di Sales*, di Gilles Jeanguenin
157. *Lettere all'anima. Pensieri vaganti e disordinati su Dio, sul vivere e sul morire*, di Alba Marcoli
160. *Frammenti di Infinito. Pensieri, riflessioni, ricordi*, di Ferrero Battani, trascritti da Paola Vivarelli
161. *Riscatto*, di Melo Freni
162. *Tenacemente donne*, di Alessandra Buzzetti e Cristiana Caricato
163. *Non mi rimaneva che pregare e piangere. Donne cristiane in Pakistan,* di Daniel Gerber
164. *Come un'oasi nel deserto. Piccoli sorsi di speranza,* di Luciagnese Cedrone
166. *Il violinista di Schindler. Storia di un'amicizia,* di Angela Krumpen
167. *Requiem per un giovane soldato. Montecassino 1944,* di Renée Bonneau
168. *A Medjugorje Dio ha parlato al mio cuore. Storia di una conversione*, di Angela Grignani Scainelli
169. *Storie da Lourdes. Incontri di speranza,* di Francesco Durante
170. *Appassionata. Incontro con il soprano Daniela Dessì*, di Mario Dal Bello
171. *Nasser, da clandestino a cittadino. Una storia vera*, di Luciano Zanardini
172. *Al di là del cielo. Una storia straordinaria di amicizia,* di Gianni Baini e Luigi Falco
173. *Parole dal cuore. Lettera alla mia sposa*, di Vincenzo Testa
174. *Cari libri. La lettura condivisa come laboratorio d'umanità*, di Monique Pistolato

175. *Esclusi. Nelle periferie esistenziali con papa Francesco*, di Nandino Capovilla e Betta Tusset
176. *L'altra resistenza. Storie di eroi antimafia e lotte sociali in Sicilia*, di Giuseppe Carlo Marino e Pietro Scaglione
177. *Sole di periferia. Storie di bambini e di famiglie rom*, di Silvio Mengotto
178. *L'ora blu delle fiabe. Nel ghetto di Theresienstadt*, di Ilse Herlinger Weber, a cura di Rita Baldoni
179. *Sindone. Storia scienza culto attualità*, di Pier Giuseppe Accornero
180. *Col fiato sul collo. Quando l'amore diventa persecuzione*, di Maria Luisa Eguez
181. *Come un chicco di grano. L'attesa di un figlio, le speranze di una madre*, di Vittoria Longo
182. *Svegliate il mondo! Testimoni della profezia del Vangelo*, di Alessandra Buzzetti e Cristiana Caricato
183. *Figlio del Concilio. Una vita con i preti operai*, di Roberto Fiorini
184. *A un passo da te. Viaggio di don Alessandro tra malattia e rinascita*, di Giovanni Gennai
185. *Boliviario. Delusioni e conquiste di un volontario*, di Gabriele Camelo
186. *Vincere il demonio con Gesù. Come liberare e liberarsi*, di Gabriele Amorth e Angela Musolesi
187. *È vita ed è religiosa. Una vita religiosa per tutti*, di Antonietta Potente
188. *Rimango qui ancora un po'. Storie di vita e segreti di longevità*, di Elena Miglioli e Renato Bottura
190. *Stravolti da Cristo. Storie di vocazione*, di Emanuele Lombardini
191. *Nawal. L'angelo dei profughi*, di Daniele Biella
192. *Anime attente. Dialogo con Etty Hillesum*, di Karima Berger
193. *Guida al concilio Vaticano II. Storia documenti protagonisti*, di Giuliano Vigini
194. *«Con lui Dio non si era sbagliato». Giampiero Morettini*, di Roberta Vinerba
195. *La ragazza del Mar Nero. La tragedia dei greci del Ponto*, di Maria Tatsos
196. *La giustizia capovolta. Dal dolore alla riconciliazione*, di Francesco Occhetta
197. *Donne e uomini di don Zeno. Essere genitori a Nomadelfia*, di Remo Rinaldi
198. *Se vince la luce. Storie di emarginazione e di speranza*, di Vincenzo Sorce
199. *Se i nonni si ammalano. Piccola guida pratica*, di Emma Luciani
200. *Cerco parole buone su vita, amore e morte*, di Christian Albini
201. *Guariti dalla Misericordia. Pagine evangeliche e testimonianze di oggi*, di Alberto Curioni
202. *L'uomo che dribblava i treni. Storie di un'umanità senza fissa dimora*, di Michele Capitani
203. *7 giorni. Diario dall'Isola di San Giulio in dialogo con Madre Cànopi*, di Beniamino Donnici
204. *Un violino per papa Francesco*, di Leopoldo Gasbarro
205. *Il coraggio della libertà. Una donna uscita dall'inferno della tratta*, di Blessing Okoedion e Anna Pozzi
206. *«Il vostro nemico, il diavolo». Misericordiosi come Gesù verso i tormentati e coloro che credono di esserlo*, di Fra Benigno
207. *Fatima. Un percorso spirituale*, di António Rego
208. *L'isola dei giusti. Lesbo, crocevia dell'umanità*, di Daniele Biella
209. *Vivere a colori. Angelica Tiraboschi*, di Cristian Bonaldi
210. *L'enciclica dei gesti di papa Francesco*, di Mimmo Muolo
211. *«Non sapevo che il mare fosse salato»*, di Nandino Capovilla e Betta Tusset

212. *Ho incontrato Francesco. Papa Bergoglio raccontato dai protagonisti del nostro tempo*, di Alessandra Buzzetti e Cristiana Caricato
213. *In viaggio verso Allah. Lettera di un prete a Monsef, giovane combattente islamico*, di Claudio Burgio
214. *Un miracolo per la vita. L'ultimo dono di don Oreste Benzi*, di Matteo Brunamonti e Helvia Cerrotti
215. *In un attimo l'infinito. Carlotta Nobile*, di Filomena Rizzo e Paolo Scarafoni
216. *Tutto il bello che c'è*, di Claudio Leonetti
217. *Mai più schiavi. Biram Dah Abeid e la lotta pacifica per i diritti umani*, di Maria Tatsos
218. *«Eccomi». Marco Mantovani. Una vita come dono*, di Francesca Lazzaro
219. *Un caffè con tanti baci. Storie vere per essere autentici*, di Marco D'Agostino
220. *Ricominciare dalle macerie. Quando salvare vite umane è lavoro quotidiano*, di Roberta Vinerba
221. *Una vita per i bambini dell'Africa. Lettere di Maria Bonino*, di Claudia Ghirardello
222. *The Courage of Freedom. A Woman who Escaped from the Hell of Human Trafficking*, di Blessing Okoedion e Anna Pozzi
223. *Miracoli a Lourdes. Il racconto diretto di chi è stato guarito*, di Fabio Bolzetta
224. *Il «guerriero» con il sorriso. Antonio Carretta*, a cura di Giacomo Ruggeri
225. *Cristiani di Siria. La voce tradita*, di Fulvio Scaglione
226. *Al diavolo le superstizioni!*, di Gilles Jeanguenin
227. *Il mediano di Dio. Nicola e la sua inguaribile voglia di vivere*, di Cristian Bonaldi
228. *I soldi della Chiesa. Ricchezze favolose e povertà evangelica*, di Mimmo Muolo
229. *«Perché non se ne stanno a casa loro?». Afriche: uno sguardo ravvicinato*, di Rosario Sardella
230. *C'era un vecchio gesuita «furbaccione». 100 + 10 parabole di papa Francesco*, di Luigi Accattoli e Ciro Fusco
231. *«Il silenzio si fa preghiera». Omaggio a Madre Anna Maria Cànopi*, a cura di Roberto Cutaia e Matteo Albergante
232. *Poveri noi! Don Pietro Sigurani: la rivoluzione della carità*, di Romano Cappelletto ed Elisa Storace
233. *«Prima gli ultimi». Le storie di chi non si è girato dall'altra parte*, di Rino Canzoneri
234. *In trincea per amore. Storie di famiglie nell'inferno delle droghe*, di Angela Iantosca
235. *Prima che sia notte. Quando la sofferenza cambia la vita. Una storia vera*, di Sophie Barut
236. *Oltre la pandemia. Storie vere, anticorpi di speranza*, di Fabio Bolzetta
239. *La scimmia sulla culla. Bambini in crisi di astinenza*, di Angela Iantosca
240. *Don Fortunato Di Noto. La mia battaglia in difesa dei bambini*, di Roberto Mistretta
241. *Il potere. Una forza seducente*, di Anselm Grün
242. *Resistenza senz'armi. Rosario Angelo Livatino un magistrato per i nostri tempi*, di Vincenzo Bertolone
243. *Come cerva sui monti. Suor Maria Pia Giudici*, di Graziella Curti
246. *Bambini nella tempesta. Gli orfani di femminicidio*, di Teresa Bruno
247. *Napoli. Il colore della speranza*, di Domenico Battaglia

Stampa: Geca s.r.l. - San Giuliano Milanese (MI) - 2022